JN434793

정보전송공학(개론) & 정보통신기기

김한기·고광채 共著

21세기사

PREFACE

정보통신 기술(Information Communication Technology ; ICT)이란 정보의 수집, 가공, 저장, 검색, 송신, 수신 등 정보 유통의 모든 과정에 사용되는 기술 수단을 총체적으로 표현하는 넓은 의미의 개념이라 할 수 있다. 그러나 이러한 개념과 분야의 범위적 한계를 어디까지에 두어야 할지 누구도 예측할 수 없을 정도로 발전하고 있다. 과거에는 정보통신이라고 하면 흔히 전화등의 유·무선 통신을 연상하였으나, 최근에는 유·무선 통신 기술이라는 단순한 분류에서 인터넷, 방송 서비스 기술, 방송· 통신 융합 기술(IPTV, 스마트TV 등)등으로 그 인식이 더욱 확대되어가고 있는 것이다. 결과적으로 국내 방송과 통신으로 대표되는 정보통신 서비스 시장은 WiBro, LTE 등 무선통신 서비스 활성화와 함께 IP TV, 스마트 TV 등 방송· 통신 융합서비스의 지속적인 성장이 예상된다. 또한, 정보통신 인프라는 다양한 콘텐츠 및 통신서비스 공급자를 사용자 및 기기/단말과 연결해 주는 핵심으로서, 인터넷 경제의 지속적인 성장을 이끄는 촉매 역할은 물론, 그 자체가 규모가 큰 시장을 형성하고 있다. 또한, 통신· 방송 융합 산업은 스마트폰, Cloud서비스, Smart Work, IPTV, 유비쿼터스 센서 기반의 지능 공간 등 다양한 융합형 서비스가 하부의 통신 매체에 관계없이 결합되어 고품질 고 신뢰성 서비스를 제공함으로써 지식경제 사회의 실현으로 이끄는 핵심 기반이 될 전망이다.

그러나, 이러한 전망에도 불구하고 국내 네트워크 통신 기업의 경우 이러한 경쟁 심화, 국산제품에 대한 차별 등의 문제를 극복하고, 영세성을 개선하여 수익성이 높은 고부가가치 시장에 진입해야 할 과제를 갖고 있는 것이 현실이다. 국내 소형 통신기기 시장의 경우 통신기기 시장이 부가 서비스 지원 기능이 강조된 고부가가치 제품 중심으로 형성되어 있으며, 이미 동질상품화에 따른 상호 경쟁의 심화되어 간다는 점에서 이를 극복하고 지속적인 성장 동력을 확보하기 위한 기술개발의 노력이 필수적인 것이다. 따라서 정보통신기기 산업이 우리나라의 가장 중요한 국책 전략산업으로서 이에 대한 국가적 차원의 제도와 지원이 지속되리라 예측되지만, 이에 앞서 가장 중요한 것은 정보통신기기 산업적 특성에 맞는 우수한 인력양성 없이는 불가능 한 것이다. 이것이 세계시장에 나아가 선진국 정보통신 시장의 성숙에 따른 어려움을 이겨내고 제품경쟁력을 강화하며 세계시장의 점유율을 높여 나가기 위한 지름길인 것임을 부인할 수 없을 것이다.

이상에서 언급한 정보통신 분야의 산업인력양성의 중요성에 비추어 정보통신기기를 다루는 인력 양성과 기술 향상을 위한 제도는 그 어느 때 보다도 중요한 시점에 있으며, 이에 한국방송통신전파진흥원에서는 정보통신기사 자격제도를 시행하여 정보통신 분야에 많은 기여를 하고 있다. 최근 정보통신 관련 전문 인력의 수요는 급증하고 있는 현 상황 속에서, 취업을 앞둔 학생들과 이 분야에 전공지식을 쌓으려는 대학의 관련학과 학생에게 조금이나마 보탬이 되고자, 그동안의 저자의 강의 경험을 토대로 이 책을 편찬하게 되었다. 특히 정보전송이론과 통신기기의 내용을 하나로 묶음으로써 학습의 효율성과 수월함을 증대시키고자 하였다. 독자는 이러한 특징을 주목하고 보다 유익하게 활용할 수 있다면 보다 효과적인 학습 성과의 즐거움을 얻을 수 있을 것이다. 아무쪼록 본서가 정보통신기기 분야의 전공지식을 함양하고 취업을 앞둔 학생들이 정보통신기술을 쉽게 이해할 수 있는 기회로 주어진다면 더한 기쁨이 아닐까 한다. 본서를 통해서 공부하게 되는 학생 여러분들의 실력이 향상되어 취업 및 국가 기술 자격시험 등 합격의 길에 이르고, 더 나아가 자격취득을 통해 현장 실무에 응용할 때 본서가 큰 역할을 하게 되기를 기원하며, 본서를 출간할 수 있도록 큰 도움을 주신 21세기사 사장님을 비롯한 임직원 여러분들께 진심어린 감사를 드린다. 앞으로 끊임없는 노력으로 보다 유익한 책으로서 여러분께 보답하고, 계속해서 미비한 점들을 보충해 나갈 예정이다.

저자 일동

CONTENTS

CHAPTER 06 유선통신기기 271

CHAPTER 07 무선이동통신 279

CHAPTER 08 위성통신기기 291

정보전송공학(개론)
&
정보통신기기

PART 1

정보전송공학(개론)

CHAPTER 1

정보통신 개론

1 정보통신

1.1 통신의 목적

내가 전달하고자 하는 제 3자에게 내 의사를 정확하게 전달하는 것.

1.2 통신의 형태

① 전기적 신호를 선이라는 전송매체로 한 유선통신

② 전자파를 선 없이 공기라는 매질을 전송매체로 한 무선통신

> **reference 정보통신이란?**
>
> 일반적인 통신 형태에 Computer라는 데이터 처리 장치를 혼합한 데이터 통신을 말한다.

2 정보통신 시스템의 구성도

정보통신 시스템은 DTE와 DCE, CCU, 처리 장치인 Host Computer로 구성된다.

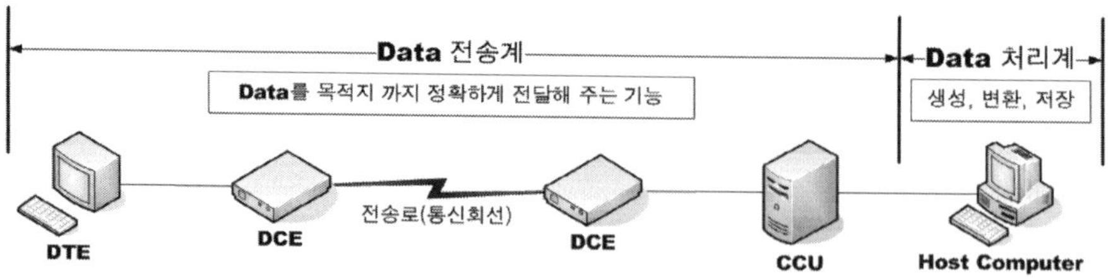

(1) DTE(Data Terminal Equipment)

① 데이터 단말 장치

② 입 · 출력 기능과 송 · 수신 기능 제공

(2) DCE(Data Communication Equipment)

① 데이터 통신 장치

② 송신측에서 보내려는 정보 신호(아날로그, 디지털)를 전송로에 보내기 적합한 다른 신호로 바꾸어 주는 기능 제공

③ 신호 변환 장치 또는 회선 종단 장치라고 부른다.

(3) CCU(Communication Control Unit)

① 통신 제어 장치

② 신호 레벨 변동을 감시(에러 검출 및 제어 기능 제공)

③ 문자 조립/분해 및 직병렬 데이터 변환 기능 제공

④ 전송 속도 변환 기능(흐름제어)

3 DCE 장비

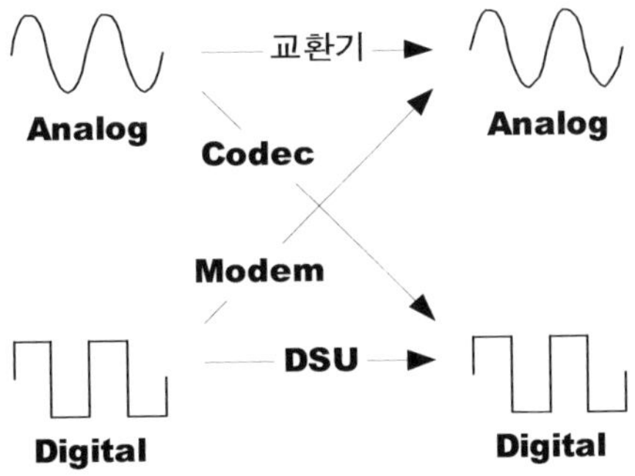

① 아날로그 신호를 아날로그 전송로에 보내기 위해 적정한 아날로그 신호로 변환하는 장치 → 교환기

② 아날로그 신호를 디지털 전송로에 보내기 위해 적정한 디지털 신호로 변환하는 장치 → Codec(코덱)

③ 디지털 신호를 아날로그 전송로에 보내기 위해 적정한 아날로그 신호로 변환하는 장치 → MODEM(모뎀)

④ 디지털 신호를 디지털 전송로에 보내기 위해 적정한 디지털 신호로 변환하는 장치 → DSU(디지털 서비스 유닛)

CHAPTER 2

디지털 신호 처리 방식

1 변조(Modulation)
2 PCM(Pulse Code Modulation)
3 다중화
4 PCM관련 변조 방식

1 변조(Modulation)

① 보내고자 하는 정보 신호를 반송파의 진폭, 주파수, 위상에 실어 보내는 과정

② 원 신호를 전송로에 보내기 적합한 신호로 변환시키는 과정

③ 변조신호의 스펙트럼을 높은 쪽으로 옮기는 조작

1.1 변조의 목적

① 원거리 전송을 하기 위해서

② 송 · 수신 안테나 길이를 해결하기 위해서

③ FDM(주파수 분할 다중화)를 하기 위해서

④ 각종 잡음이나 간섭에 영향을 덜 받게 하기 위해서

1.2 변조의 종류

원래의 신호 / 반송파	아날로그 신호	디지털 신호
연속함수 (연속 변조)	아날로그(Analog)연속 변조	디지털(Digital)연속 변조
	AM(진폭 변조) FM(주파수 변조) PM(위상 변조)	ASK(진폭 천이 변조) FSK(주파수 천이 변조) PSK(위상 천이 변조) QAM(직교 천이 변조)
펄스함수 (펄스 변조)	아날로그(Analog)펄스 변조	디지털(Digital)펄스 변조
	PAM(펄스 진폭 변조) PWM(펄스 폭 변조) PFM(펄스 주파수 변조) PPM(펄스 위치 변조)	PCM(펄스 부호 변조) PNM(펄스 수 변조) DPCM(차분 펄스 부호 변조) DM(델타 변조)

2 PCM(Pulse Code Modulation)

아날로그 정보를 디지털 펄스 코드로 바꾸어 전송하고 다시 아날로그 정보로 되돌리는 방식으로 디지털 펄스 변조 방식이다.

2.1 PCM 구성도

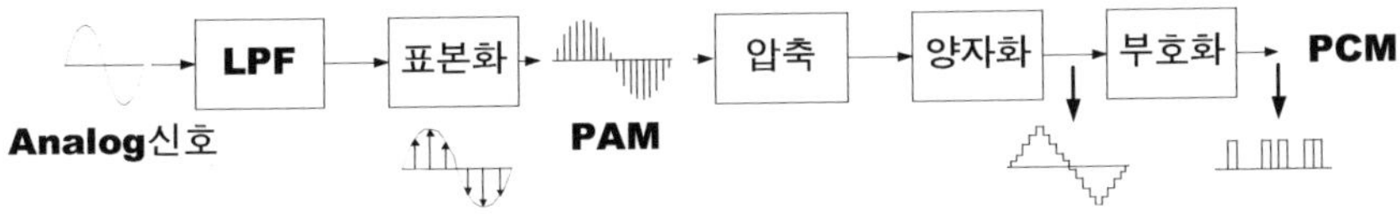

송신기

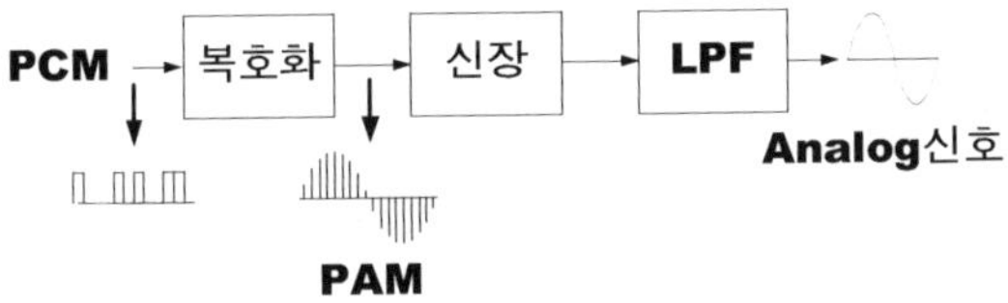

수신기

2.2 PCM 과정

① PCM의 3단계 : 표본화, 양자화, 부호화

② **표본화** : 대표 값을 뽑아내는 과정

③ **양자화** : 표본화된 PAM파를 이산적 신호로 바꾸는 과정

④ **부호화** : 양자 화된 이산적 신호를 0과 1에 해당되는 펄스의 조합으로 바꾸는 과정

2.3 표본화(Sampling)

대표 값을 뽑아내는 과정 : 원 신호를 전부 전송하면 좋지만 전송해야 할 데이터 량이 많아지므로 원 신호 전체를 보내지 않고 보내려는 신호의 대표되는 값만 보내도 원 신호 회복이 가능하다는 것

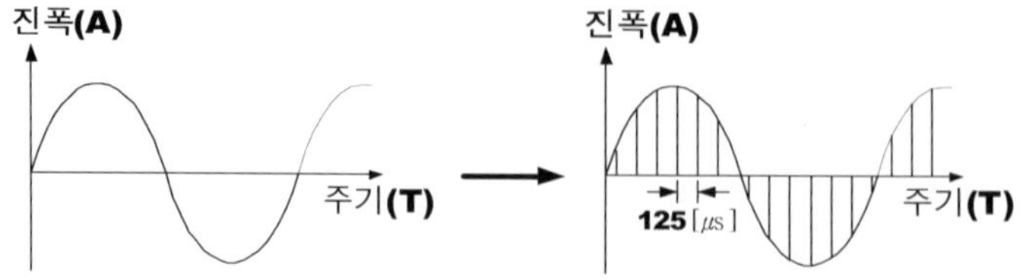

2.3.1 표본화 정리

신호가 가지고 있는 최고 주파수(f_m)으로 대역 제한된 신호(f_t)가 있을 때 이(f_t)를 T_s 간격으로 발췌하여 전송하여도 f_t가 가지고 있는 정보 전달에는 이상이 없으며 주어진 원신호를 정확히 회복할 수 있다

음성 신호의 경우 f_m은 3400㎐가 된다.

$$f_s \geq 2f_m \quad f_s \geq 3400 \times 2 = 6800\text{Hz}$$

$$T_s \leq \frac{1}{2f_m} \Rightarrow T_s \leq \frac{1}{3400 \times 2} = 147\mu\text{sec}$$

실제 음성의 표본화 주파수와 주기는 여유 있게 $f_s = 8$㎑ 이고 $T_s = 125\mu\text{sec}$를 사용하고 있다.

※ f_s(표본화 주파수)를 높이면 원신호 회복에는 유리하지만 정보량이 늘어나 전송속도가 늘여지므로 적절히 선택하는 게 좋다.

2.3.2 표본화 오차

(1) aliasing(엘리어싱)

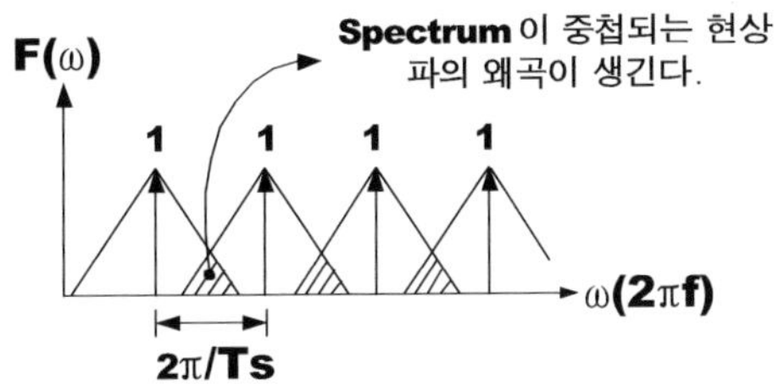

① $f_s \geq 2f_m$ 을 만족하지 못했을 때 생기는 오차

② 대책으로는 $f_s \geq 2f_m$ (표본화 주파수)를 만족시킨다.

③ 표본화 전에 LPF(저역여파기)를 설치한다.

(2) 절단오차

표본화의 전제 조건은 표본 값이 무한한 시간에 걸쳐 발생하나 실제 시스템에서 취급하는 신호는 유한한 것이기 때문에 생기는 오차

(3) 반올림 오차

연속적인 신호를 표본화를 통해 PAM신호로 만드는 과정에서 생기는 오차

2.4 양자화(Quantization)

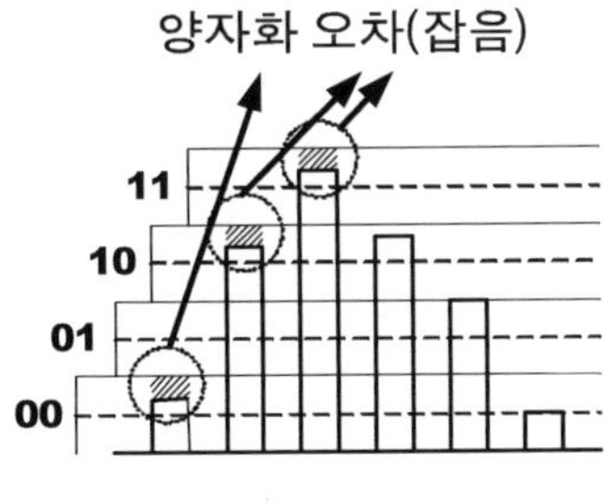

PAM파를 이산적 신호인 값으로 바꾸는 과정

(1) 양자화 잡음 개선책

① 양자화 Step수를 증가 시킨다.

② 비선형 양자화를 한다.

③ 압축과 신장(압신기)을 사용한다.

(2) 양자화 잡음 전력(P)

$$P = \frac{S^2}{12}$$

여기서 S 는 Step의 크기를 나타낸다.

(3) 신호전력과 양자화 잡음 전력의 비(S/N_q)

실제로 양자화 시 사용되는 bit수를 한 bit씩 증가시킬 때 마다 S/N비는 약 6[dB]씩 개선된다.

$$S/N_q[dB] = 6n + 1.8, \quad (n : \text{양자화시 사용되는 } bit \text{ 수})$$

(4) 양자화 시 발생되는 잡음의 종류

① 경사 과부하 잡음(Slope Over Load Noise)을 줄이기 위해 step의 크기를 키운다.

② 그래뉴러 잡음(Granular Noise)을 줄이기 위해 step의 크기를 줄인다.

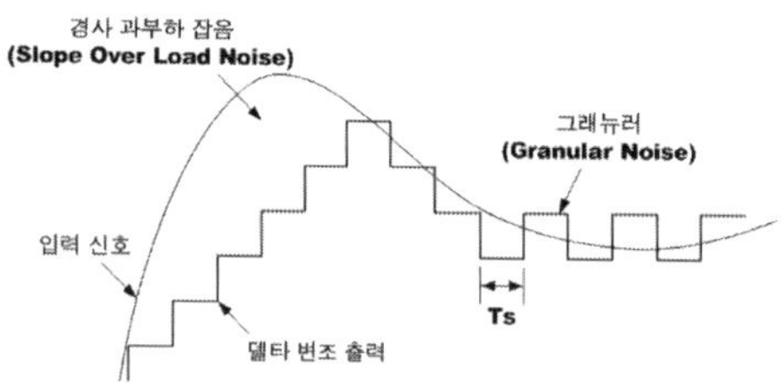

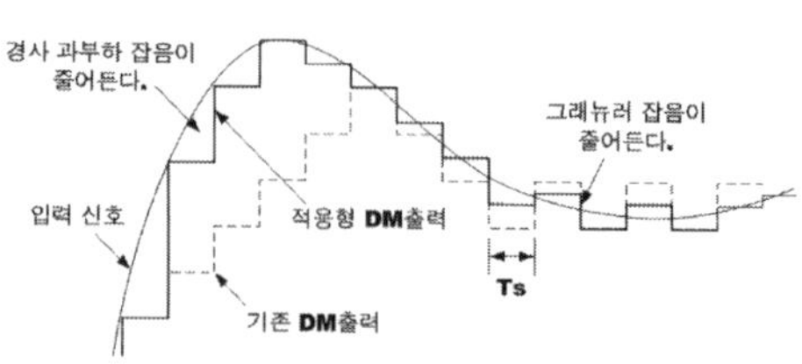

2.5 부호화(Encoding)

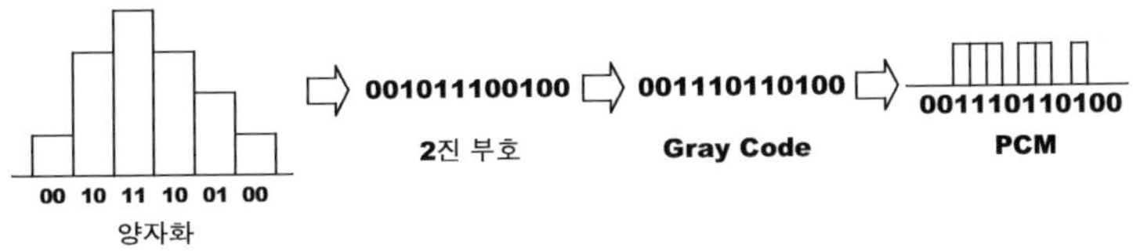

① 양자화를 거쳐 나온 이산적 신호를 전송로 상에 알맞은 펄스 부호로 바꾸는 과정

② 부호화 할 때 사용되는 코드로는 Gray Code(그레이 코드)가 있다.

2.6 디지털 중계기의 재생기능(3R 기능)

디지털 중계기에는 아날로그 중계기에 없는 재생 기능이 있다. 이러한 재생기능으로는 3가지가 있으며 모두 영문자 R로 시작하므로 다른 말로는 3R기능 이라고도 한다.

① **파형 재생**(Reshaping)

② **식별 재생**(Regeneration)

③ **타이밍 재생**(Retiming)

2.7 PCM 특징

(1) 장점

① 각종 잡음에 강하다.

② 누화나 혼선에 강하다.

③ 전송 구간에 잡음이 누적되지 않는다.

④ 저질의 전송로에도 사용이 가능하다.

(2) 단점

① 점유 대역폭이 넓다.

② PCM고유 잡음이 있다.(표본화 잡음, 양자화 잡음 등)

3 다중화

하나의 채널에 많은 량의 데이터를 동시에 전송할 수 있는 기술을 의미한다.

3.1 FDM(주파수 분할 다중화)

사용가능한 주파수 대역을 분할하여 다중화 하는 방식으로 각 채널을 서로 다른 반송파를 사용하여 변조한 다음 송신하고, 수신측에서는 BPF를 사용 각 채널별로 복조(검파)함으로써 원 신호를 얻어낸다.

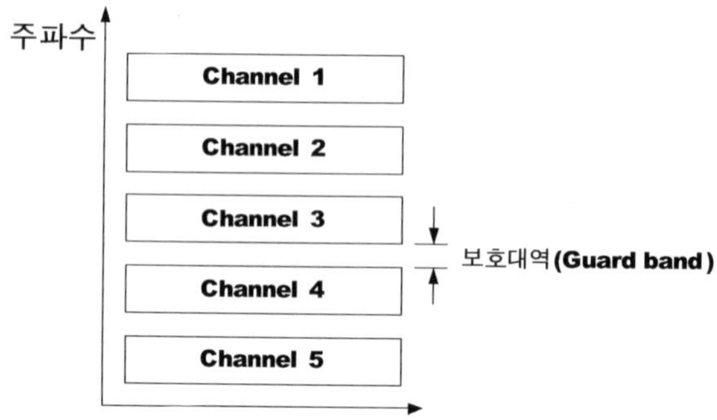

(1) 특징

① 주파수 할당 대역폭이 넓을 때 사용

② 보호대역(Guard band)으로 인해 주파수 낭비 초래

③ 장치가 복잡하다

④ 잡음 및 간섭에 약하다.

⑤ 비동기 방식에 사용한다.

3.2 TDM(시 분할 다중화)

사용가능한 시간 대역을 분할하여 다중화 하는 방식으로 각 채널에 정보 신호를 전송할 수 있는 시간인 Time Slot을 할당하여 전송하고 수신측에서 전체 망 동기를 통해 희망 채널 신호를 수신함으로서 원 신호를 얻어낸다.

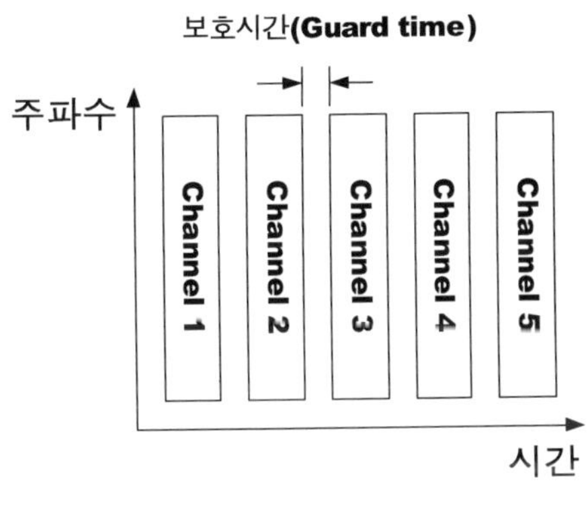

(1) 특징

① 주파수 할당 대역폭이 좁을 때 사용

② 가입자(각각의 채널)가 증가하면 시간적 지연(delay)이 생긴다.

③ 동기를 맞춰 주어야 한다.(동기식 방식에 사용)

④ 단국장치는 FDM보다 간단하다.

3.3 PCM/TDM

<table>
<tr><th colspan="2"></th><th colspan="2">PCM-24ch / TDM(북미방식)
T1반송 system (DS1)</th><th colspan="2">PCM-32ch / TDM(유럽방식)
E1반송 system (DE1)</th></tr>
<tr><td colspan="2">표본화 주파수</td><td colspan="2">8㎑(음성의 경우)</td><td colspan="2">8㎑(음성의 경우)</td></tr>
<tr><td colspan="2">표본화 주기</td><td colspan="2">125㎲</td><td colspan="2">125㎲</td></tr>
<tr><td rowspan="3">1Frame
Channel 수</td><td>음성 채널 수</td><td rowspan="3">24 채널</td><td>24 채널</td><td rowspan="3">32 채널</td><td>30 채널</td></tr>
<tr><td>신호용 채널</td><td>각 채널의 마지막 1bit</td><td>16번째 채널</td></tr>
<tr><td>동기용 채널</td><td>frame의 마지막 1bit</td><td>1번째 채널</td></tr>
<tr><td colspan="2">1Frame당 bit 수</td><td colspan="2">24ch(채널 수) × 8bit(1채널 당 bit 수)+1bit(동기용 bit) = 193bit</td><td colspan="2">32ch(채널 수) × 8bit(1채널 당 bit 수) = 256bit</td></tr>
<tr><td colspan="2">Time Slot(1frame에서
1bit가 차지하는 시간)</td><td colspan="2">125㎲ ÷ 193bit = 0.648㎲</td><td colspan="2">125㎲ ÷ 256bit = 0.448㎲</td></tr>
<tr><td colspan="2">정보전송량[bps]
(1ch의 전송속도)</td><td colspan="2">한 채널의 비트 수(8bit) × 표본화 주파수(8㎑) = 64Kbps</td><td colspan="2">8bit × 8㎑ = 64Kbps</td></tr>
<tr><td colspan="2">Pulse 전송속도
(1Frame의 전송속도)</td><td colspan="2">1 frame의 총 비트 수(193bit) × 표본화 주파수(8㎑) = 1.544Mbps</td><td colspan="2">256bit × 8㎑ = 2.048Mbps</td></tr>
<tr><td colspan="2">압신특성</td><td colspan="2">μ-Law μ = 255, 15절선식</td><td colspan="2">A-Law A = 87.6, 13절선식</td></tr>
</table>

4 PCM관련 변조 방식

(1) DPCM(Differential PCM) : 차동 펄스 부호 변조 방식

이전의 표본 값을 기준으로 입력된 신호를 예측하고, 예측된 표본 값과 실제 표본 값의 오차를 부호화 하는 방식

실제로 DPCM은 5bit 양자화를 수행한다.

(2) DM(Delta Modulation) : 델타 변조 방식

현재의 표본 값과 다음의 표본 값의 차이를 1bit로 하여 전송하는 방식으로 두 표본 값의 차가 양수이면 1로 음수이면 0으로 부호화 한다.

(3) ADPCM(Adaptive Differential Pulse Code Modulation : 적응형 차분 부호 변조)

ADM 방식은 양자화 스텝 크기를 적응적으로 변화시키는 적응 양자화 방법을 사용하는 방식이며, DPCM에서는 예측기를 사용한 예측 부호화 방법을 사용 하므로 이들의 기본적인 개념을 조합하여, 적응 양자화와 예측 부호화 개념을 동시에 사용하는 방식이 적응 차분 펄스변조(ADPCM)이다.

reference

■ **S/N 비교**

PCM > DPCM > DM

■ **전송 대역폭 비교**

PCM > DPCM > DM

핵심기출문제

1. 변조에 대한 다음 설명 중 잘못된 것은?

가. 변조를 수행하는 것은 장거리 전송을 하기 위해서이다.
나. 변조신호에 따라 반송파의 진폭 또는 주파수 또는 위상을 변화시켜 전송하는 것이다.
다. 시분할 다중통신을 행하기 위해 필요하다.
라. 변조신호의 스펙트럼을 높은 쪽으로 옮기는 조작을 말한다.

2. 변조에 대한 다음 설명 중 옳지 않은 것은?

가. 정보신호를 반송파에 실어 보내는 것을 말한다.
나. 잡음과 간섭의 제거 등 부수적인 이점을 얻기 위하여 실시한다.
다. 피변조파 스펙트럼을 낮은 주파수(신호파) 쪽으로 내리는 조작을 말한다.
라. 장거리 전송 및 FDM 등을 수행하기 위해 실시한다.

3. 부호화된 디지털 신호를 아날로그 전송신호로 변조하는 이유가 아닌 것은?★

가. 광전송을 하기 위해서
나. 위성을 이용한 무선 전송을 위해서
다. 기존의 아날로그 장비를 사용하기 위해서
라. 디지털 전송 방식보다 아날로그 전송방식이 좋기 때문

4. 데이터 모뎀의 변조방식으로 적당하지 않는 것은?

가. FSK　　나. DPSK
다. SSB　　라. QAM

5. PCM방식에서 송신순서로써 옳은 것은?★★★

가. 음성 - 표본화 - 양자화 - 부호화 - 전송로
나. 음성 - 양자화 - 표본화 - 부호화 - 전송로
다. 음성 - 표본화 - 부호화 - 양자화 - 전송로
라. 음성 - 양자화 - 부호화 - 표본화 - 전송로

6. 다음 중 PCM 방식의 계통도를 올바르게 나타낸 것은?

가. 표본화-양자화-복호화-재생중계-부호화-필터링
나. 표본화-부호화-양자화-재생중계-필터링-복호화
다. 표본화-양자화-부호화-재생중계-복호화-필터링
라. 표본화-부호화-필터링-재생중계-양자화-복호화

7. 다음은 PCM통신시스템의 블럭다이어그램이다. 각 블록에 들어갈 기능이 옳게 짝지어진 것은?★

가. ①표본화②부호화③양자화④복호화⑤양자화 ⑥필터링
나. ①표본화②양자화③부호화④양자화⑤필터링 ⑥복호화
다. ①표본화②양자화③부호화④필터링⑤양자화 ⑥복호화
라. ①표본화②양자화③부호화④양자화⑤복호화 ⑥필터링

정답 1. 다　2. 다　3. 라　4. 다　5. 가　6. 다　7. 라

8. 디지털 수신시스템의 순서를 바르게 나타낸 것은?★

가. 원천복호화 ->채널복호화 -> 캐리어복조
나. 원천복호화 ->캐리어 복조-> 채널복호화
다. 캐리어 복조-> 원천복호화-> 채널복호화
라. 캐리어 복조-> 채널복호화-> 원천복호화

9. PCM 통신방식에서 수신 단에만 설치하는 회로는?

가. 표본화 회로 나. 양자화 회로
다. 부호화 회로 라. 복호화 회로

10. 신호의 최고주파수를 f_m, 표본화 주파수를 f_s라 할 때, 표본화정리에서 원 신호를 정확히 복원할 수 있는 조건으로 옳은 것은?

가. $f_s \geq f_m$ 나. $f_s \geq 2f_m$
다. $f_s \leq f_m$ 라. $2f_s = f_m$

11. 표본화(sampling)와 관계가 깊은 항은?

가. Faraday 나. Coulomb
다. Shannon 라. Maxwell

12. $s(t) = \cos 6\pi f_0 t$인 신호를 표본화 하고자한다. 원신호를 재생하기 위한 표본화 주파수 (f_s)의 조건은?

가. $f_s \geq f_0$ 나. $f_s \geq 2f_0$
다. $f_s \geq 6f_0$ 라. $f_s \leq 2f_0$

13. 신호가 가지는 주파수가 200~5000㎐일 때 최소 표본화 주파수는 얼마인가?

가. 400[㎐] 나. 9600[㎐]
다. 10000[㎐] 라. 10400[㎐]

14. PCM방식에서 표본화 주파수가 8[kHz]라 하면 이 때 표본화 주기는?

가. 125[㎲] 나. 125[ms]
다. 8[ms] 라. 8[㎲]

15. 음성주파수(4[㎑])를 PCM 방식으로 전송하고자 할 때 재생에 필요한 표본화 주기는 얼마인가?

가. 25[㎲] 나. 500[㎲]
다. 100[㎲] 라. 125[㎲]

16. 연속적인 신호파형에서 최고 주파수가 W[㎐]일 때 나이퀴스트(Nyquist) 표본화 간격(주기)은?

가. $\frac{1}{2W}$ 나. 2W
다. $\frac{1}{W}$ 라. W

17. PCM의 표본화 과정에 의해 얻어진 신호는 다음 중 어느 신호인가?

가. PAM 나. PPM
다. PTM 라. PWM

정답 8. 라 9. 라 10. 나 11. 다 12. 다 13. 다 14. 가 15. 라 16. 가 17. 가

핵심기출문제

18. 아날로그 신호를 표본화했을 때 얻어지는 신호는?

가. PPM　　나. PWM
다. PCM　　라. PAM

19. 표본화 잡음의 주된 발생원인은?

가. 표본화 주기의 변동
나. 외부누화의 침입
다. 저역 여파기의 차단특성
라. 전송선로의 특성변동

20. 아날로그 신호의 표본화 시 표본화 주파수가 부적절하여 표본화된 신호의 주파수 스펙트럼이 서로 겹쳐 신호왜곡이 발생하는 것은?

가. 과부하 잡음(overload noise)
나. 재밍(jamming)
다. 에일리어싱(aliasing)
라. 양자화 잡음(quantizing noise)

21. 양자화에 있어 계단의 크기(step size)를 작게 하면 양자화 잡음과 경사과부하 잡음은 각각 어떻게 되는가?

가. 양자화 잡음은 작아지고 경사과부하 잡음은 커진다.
나. 양자화 잡음은 커지고 경사과부하 잡음은 작아진다.
다. 양자화 잡음도 커지고 경사과부하 잡음도 커진다.
라. 양자화 잡음도 작아지고 경사과부하 잡음도 작아진다.

22. 음성 비트(bit)를 7비트에서 8비트로 했을 때의 설명으로 맞지 않는 것은?

가. 압축 특성이 개선된다.
나. 신장 특성이 개선된다.
다. 양자화 잡음이 반(半)으로 감소된다.
라. 표본화 잡음이 반(半)으로 감소된다.

23. 다음 중 양자화 잡음이 나타나지 않는 전송 변조 방식은?

가. PCM　　나. ADPCM
다. 델타변조　　라. SSB

24. 다음 펄스 변조 방식 중 양자화를 하지 않는 방식은?

가. PPM　　나. ADPCM
다. PCM　　라. DM

25. 다음 중 양자화 잡음이 나타나지 않는 변조 방식은?

가. PCM　　나. APCM
다. DM　　라. FDM

26. 균일 양자화 PCM 에서 양자화를 위한 비트를 1개씩 추가 할 때마다 개선되는 신호대 양자화 잡음전력비는 몇 [dB]씩 개선되는가?

가. 3　　나. 4
다. 6　　라. 8

정답 18. 라　19. 다　20. 다　21. 가　22. 라　23. 라　24. 가　25. 라　26. 다

27. 과부하 잡음이 없는 경우 양자화 레벨의 수를 2배 증가(비트 수를 한 개 증가)시키면 입력 신호전력 대 양자화 잡음전력의 비는 몇 dB개선되는가?

가. 3　　나. 4
다. 5　　라. 6

28. PCM 통신의 부호화 과정에서 널리 사용 되고 있는 부호는?★

가. Gray 부호
나. BCD 부호
다. Biquinary부
라. Hamming 부호

29. PCM 과정 중 어느 단계에서 2진 부호로 변환되는가?

가. 표본화　　나. 양자화
나. 부호회　　라. 복호화

30. 디지털 신호 중계기의 기본 기능이 아닌 것은?

가. 파형성형(Reshaping)
나. 식별재생(Regenerating)
다. 정시(Retiming)
라. 복구(Recovery)

31. 전송로에서 사용되는 재생중계기의 3R 기능이 아닌 것은?

가. 식별재생　　나. 타이밍 재생
다. 파형정형　　라. 신호전송

32. 중계기의 구성요소가 아닌 것은?

가. 등화증폭회로
나. 식별회로
다. 타이밍회로
라. 위상검출기

33. 전송선로의 거리제한을 극복하기 위해 디지털신호를 재생하는데 사용하는 것은?

가. 증폭기　　나. 리피터
다. 라우터　　라. 다중화기

34. PCM 통신에서 질이 낮은(low quality) 전송선로로도 장거리 전송이 가능한 가장 큰 이유는?

가. 전력의 소모가 극히 적기 때문
나. 변조과정에서의 잡음이 극히 적기 때문
다. 잡음이 다소 있더라도 재생중계기를 사용하여 왜곡이 없는 신호로 재생이 가능하기 때문
라. 누화와 잡음을 변조할 수 있기 때문

35. PCM 통신에서 저질(low quality)의 전송선로로도 장거리 전송이 가능한 가장 큰 이유는?

가. 전력의 소모가 극히 적다.
나. 변조과정에서의 잡음이 극히 적다.
다. 중계 증폭 단을 누화 및 잡음에 관계없이 늘릴 수 있다.
라. 누화와 잡음을 변조할 수 있다.

정답 27. 라　28. 가　29. 다　30. 라　31. 라　32. 라　33. 나　34. 다　35. 다

핵심기출문제

36. DPCM에 대한 다음 설명 중 잘못된 것은?★

가. 실제 표본 값과 추정(예측)표본 값과의 차이만을 양자화 한다.
나. 양자화 시 사용하는 비트수가 PCM보다 증가한다.
다. PCM보다 정보전송량이 줄어든다.
라. TV신호전송 등에 이용된다.

37. 다음 중 PCM과 비교하여 델타변조(DM)의 장점을 올바르게 기술한 것은?

가. 신호 대 잡음비가 우수하다.
나. 낮은 샘플링 주파수를 사용한다.
다. 하드웨어가 간단하다.
라. 해상도가 우수하다.

38. 다음 중 디지털 변조방식에 해당하지 않는 것은?

가. 펄스부호 변조(PCM)
나. 델타변조(DM)
다. 적응차분 펄스부호 변조(ADPCM)
라. 위상변조(PM)

39. 차분펄스부호변조방식의 양자화기, 예측기중 어느 하나 또는 모두를 적응 형으로 변화시킨 방식은?

가. DM　　나. LDM
다. DPCM　　라. ADPCM

40. 전송에서 다중화 방식을 사용하는 이유를 가장 적합하게 설명한 것은?★

가. 누화를 줄이기 위해
나. 손실과 간섭을 줄이기 위해
다. 전송장치를 단순화하기 위해
라. 전송매체를 효율적이고 경제적으로 이용하기 위해

41. FDM에서 채널 간 사용되지 않는 부분은?★

가. 보호 주파수대
나. 보호 시간대
다. 보호 채널
라. 보호 간격대

42. 다중화 방식의 설명 중 옳은 것은?

가. TDM은 전송로의 잡음이나 누화 등의 방해가 FDM보다 많다.
나. FDM은 TDM에 비해 협대역이고 핵심기술은 필터이다.
다. TDM에서 상호변조의 결과 기저대역에서 채널사이에 혼선이 된다.
라. FDM의 가장 어려움의 하나는 다중통신 통신 자와 역 다중통신 통신자의 동기를 관리하는 것이다.

정답 36. 나　37. 다　38. 라　39. 라　40. 라　41. 가　42. 나

43. 다음은 주파수 분할 멀티플렉스(FDM) 방식에 대한 설명이다. 맞지 않는 것은?

가. 전송되는 각 신호의 반송주파수는 동시에 전송된다.
나. 전송하려는 신호의 필요 대역폭보다 전송 매체의 유효 대역폭이 작을 때 사용한다.
다. 반송 주파수는 각 신호의 대역폭이 겹치지 않도록 충분히 분리되어야 한다.
라. 전송매체를 지나는 혼성신호는 아날로그 신호이다.

44. 다중화 방식 중에서 사용되지 않는 타임 슬롯(time slot)들이 낭비되는 것을 효율적으로 이용하기 위하여 데이터를 송신할 단말장치에만 타임 슬롯을 동적으로 할당하는 방식은?

가. 동기 시분할 다중화
나. 비동기 시분할 다중화
다. 주파수 분할 다중화
라. 코드 분할 다중화

45. 발광 소자에서 파장이 다른 광 신호를 광 결합기로 결합하여 전송하고 광분파기로 분리하는 다중화방식은?

가. FDM　　나. TDM
다. SDM　　라. WDM

46. 다음 중 다중전송 기법에 해당하지 않는 것은?

가. 공간분할 다중화　　나. 주파수분할 다중화
다. 시분할 다중화　　라. 채널 분할 다중화

47. 다수의 사용자가 동일한 시간에 동시에 할당된 주파수 스펙트럼(spectrum)을 사용하도록 하는 다중화 기술은?

가. FDM　　나. TDM
다. CDM　　라. STDM

48. PCM방식에서 8비트로 구성된 펄스계열의 주기가 125[㎲]일 때 펄스의 전송속도는 몇 [kbps]인가?

가. 8　　나. 10　　다. 32　　라. 64

49. PCM 전송방식에서 4[㎑] 가량의 대역폭을 갖는 음성 정보를 8[bit] 코딩(coding)으로 표본화한다면 음성을 전송하기 위한 데이터 전송률은?

가. 16[Kbps]　　나. 32[Kbps]
다. 64[Kbps]　　라. 128[Kbps]

50. PCM 전송 방식에서 4[KHz]의 대역폭을 갖는 음성 정보를 7[bit] coding 으로 부호화 한다면 음성을 전송하기 위한 데이터 전송률은?

가. 0[Kbps]　　나. 24[Kbps]
나. 56[Kbps]　　라. 64[Kbps]

51. 북미 표준(T1) PCM 시스템의 전송속도로 적합한 것은?★

가. 56 Kbps　　나. 64 Kbps
다. 1.544 Mbps　　라. 2.048 Mbps

정답 43. 나　44. 나　45. 라　46. 라　47. 가　48. 라　49. 다　50. 다　51. 다

핵심기출문제

52. CEPT(32채널) 방식을 채택하고 있는 유럽 방식 PCM의 표본화 주파수가 8[㎑]일 경우 1채널당 점유되는 시간은?

가. 3.9[㎲]　　나. 5.2[㎲]
다. 2.048[㎲]　　라. 125[㎲]

53. CEPT 방식의 디지털 하이어라키를 설명한 것이다. 틀린 것은?

가. 1차군의 전송속도는 2.048[Mbps]이다.
나. 2차군의 전송속도는 8.448[Mbps]이다.
다. 3차군의 전송속도는 44.736[Mbps]이다.
라. 4차군의 전송속도는 139.264[Mbps]이다.

54. 중계선로의 잡음레벨을 측정한 결과 잡음전압이 0.02[V]이고 통화전압이 2[V]라면 신호 대 잡음비는 얼마인가?

가. 40[dB]　　나. 20[dB]
다. 60[dB]　　라. 30[dB]

55. 수신 신호전력의 측정값이 20dBm으로 나타났다. 몇 [mW]인가?

가. 100[mW]　　나. 150[mW]
다. 200[mW]　　라. 250[mW]

56. 어떤 전압이 10[mV]일 때 이를 dBmV로 나타내면? (단, 1[mV]는 0[dBmV]이다.)

가. 0　　나. 10　　다. 20　　라. 40

57. 어떤 전압이 1[V]일 때 이것이 몇 dBmV 인지 구하시오.(단, 전압이 1[mV]일때 0[dBmV]이다.)

가. 20[dBmV]　　나. 40[dBmV]
다. 60[dBmV]　　라. 80[dBmV]

58. 전압 100[V]는 몇 [dBmV]인가?

가. 60　　나. 80　　다. 100　　라. 120

59. 전력이 P 일 때 다음 중 dBw의 정의로 옳은 것은?

가. $\frac{1}{2}\log_{10}\frac{P}{10[mW]}$

나. $10\log_{10}\frac{P}{1[mW]}$

다. $10\log_{10}\frac{P}{1[W]}$

라. $20\log\frac{P}{1[W]}$

60. PCM 시스템에서는 ISI를 측정하기 위해 눈 패턴 (eye pattern)을 이용하는데 눈을 뜬 상하의 높이는 무엇을 나타내는가?★

가. 잡음에 대한 여유도
나. 시스템의 감도
다. ISI의 정도
라. 전송되는 데이터의 양

정답　52. 가　53. 나　54. 가　55. 가　56. 다　57. 다　58. 다　59. 다　60. 가

CHAPTER 3

디지털 변복조 방식

1 디지털 통신방식
2 전송부호
3 전송부호 방식
4 디지털 연속 변조
5 디지털 연속 변조의 에러 확률
6 통신속도
7 채널 용량
8 디지털 통신의 이점

1 디지털 통신방식

1.1 기저대역 전송(Baseband Transmission)

Digital 신호를 원 신호 그대로 전송하거나 또는 전송로 특성에 알맞은 전송 부호로 변환하여 전송하는 방식이다.

- 장점 : 신호만 전송하기 때문에 전송 신호에 품질이 좋다.
- 단점 : 직류를 포함하고 있기 때문에 감쇠 등의 문제가 있어 원거리 전송에 부적합하다.

대표적인 장치로는 DSU(Digital Service Unit)가 있다.

1.2 반송 대역 전송(Bandpass Transmission)

Digital 신호에 따라 반송파의 진폭, 주파수, 위상을 변화시켜 전송하는 방식으로 Digital 변조를 수행하는 것을 의미한다.

대표적인 장치로는 MODEM이 있다.

2 전송부호

Digital 신호의 0과 1을 전송로 특성에 알맞은 여러 형태의 부호로 변환시키는 것

(1) 전송부호가 가져야할 조건

① DC(직류)성분이 포함되지 않아야 한다.

② 동기 정보가 충분히 포함되어 있어야 한다.

③ 전송 대역폭이 작아야 한다.

④ 전송과정에서 에러의 검출과 정정이 가능하여야 한다.

⑤ 만들기 쉽고 부호 열이 짧아야 한다.

⑥ 전송 부호 형태에 제한을 받지 않아야 한다.(투명성을 가져야 한다.)

3 전송부호 방식

(1) 단극 펄스와 복극 펄스

① **단극(단류)펄스**

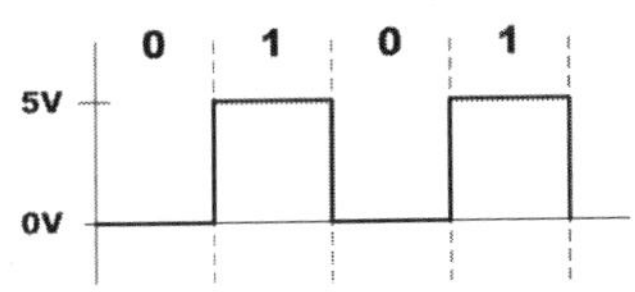

- 0과 1의 판정이 어렵다.
- 신호 레벨 변동에 약하다.
- 회로 구성이 간단하다.

② **복극(복류)펄스(양극펄스)**

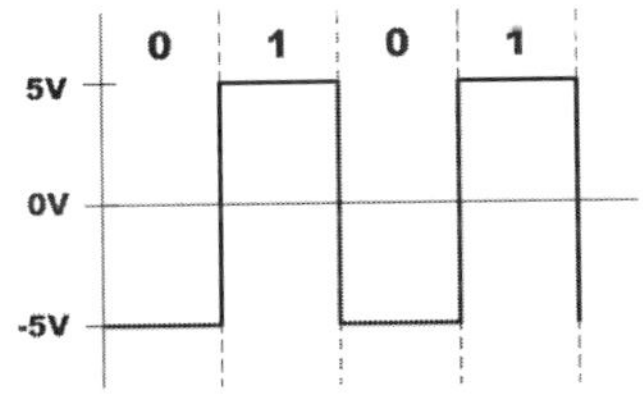

- +5V와 -5V 신호를 생성하는 회로가 따로 존재해야 하므로 단극펄스 방식에 비해 복잡하다.
- 0과 1의 판정이 우수하다.
- 신호 레벨 변동에 강하다.

(2) NRZ와 RZ방식

① NRZ방식

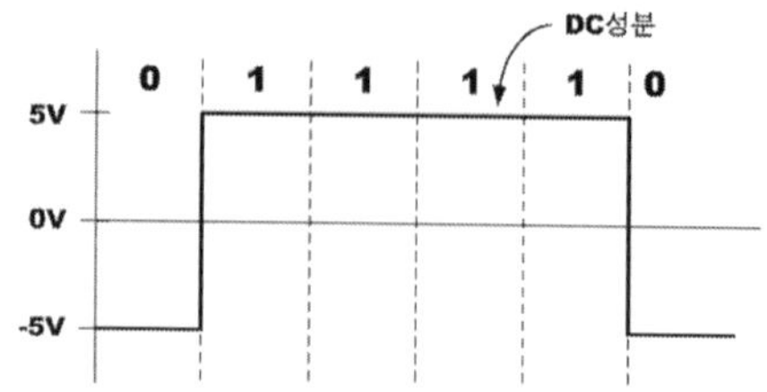

- 0전위로 되돌아오지 않는 방식으로 일정한 값을 가지는 비트가 연속해서 나타날 경우 직류 성분이 생긴다.
- 동기화 능력이 부족하다.

② RZ방식

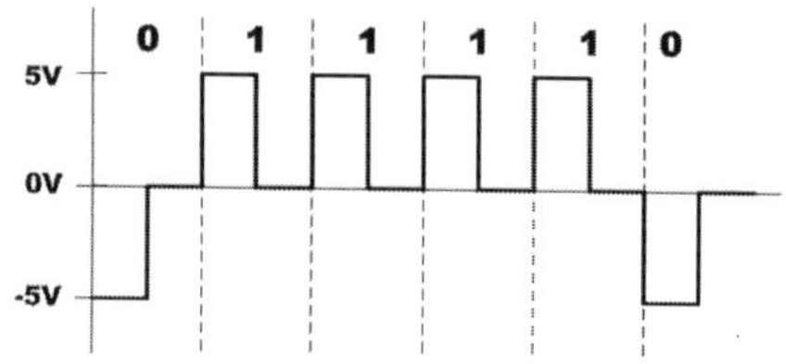

- 비트 펄스 사이에 반드시 0전위를 일정시간 유지한 후 다음 신호를 보내는 방식
- 직류(DC) 성분이 제거되어, 동기화 능력이 우수하다.
- 전송 대역폭이 넓어야 한다. 즉, 보낼 비트수가 증가된다.(단점)

> **reference** **DC 억압 부호(저주파 차단 부호)**
>
> - 바이폴라(Bipolar) = AMI(Alternative Mark Inversion)
> - 맨체스터(Manchester)
> - CMI(Coded Mark Inversion)

(3) 바이폴라(Bipolar) 방식

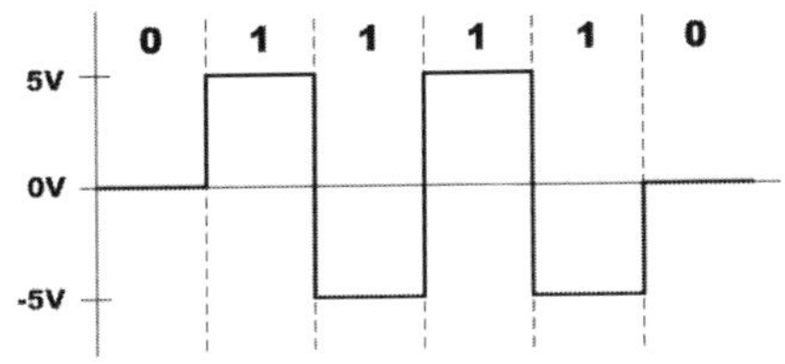

- 0부호는 0전위로 1부호는 +전위와 -전위 2개의 레벨을 교대로 반전
- 일명 AMI(Alternative Mark Inversion)이라고도 부른다.
- 0부호에 대한 직류 억압 기능이 없다.
- 한 부호에 대한 에러 검출이 가능하다.

(4) 맨체스터(Manchester) 방식

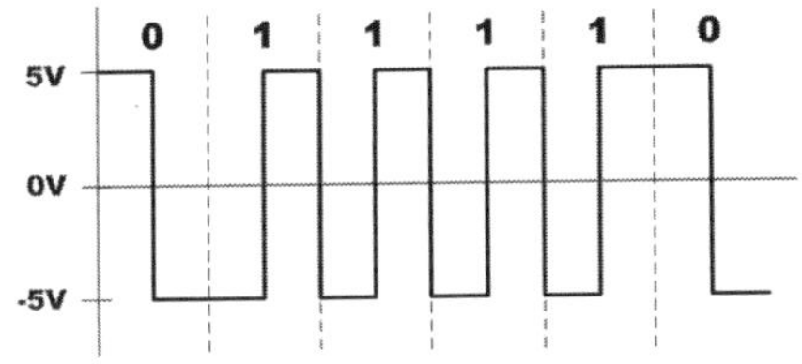

- 0부호는 +5V에서 -5V로, 1부호는 -5V에서 +5V로 하여 나타내는 방식
- 바이폴라 방식의 0부호 억압기능에 대체 방안으로 나온 방식
- 전송 대역폭이 넓어야 한다. 즉 보낼 비트수가 증가된다.(단점)

(5) CMI(Coded Mark Inversion)방식

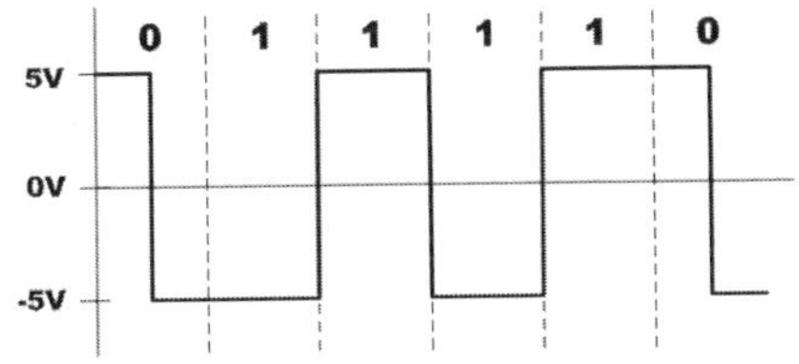

- CMI방식은 각 bit펄스에 대해 직류성분도 제거 시키고, 동기유지도 용이하면서 전송 대역폭도 줄이기 위해 바이폴라 방식과 맨체스터 방식을 합쳐 놓은 형태로, 0부호는 맨체스터 방식으로 1은 바이폴라 방식으로 적용시켜 전송하는 방식이다.
- 이 방식 또한 광섬유 매체를 이용한 고속 디지털 전송에 이용되는 방식이다.

(6) 차동부호 방식

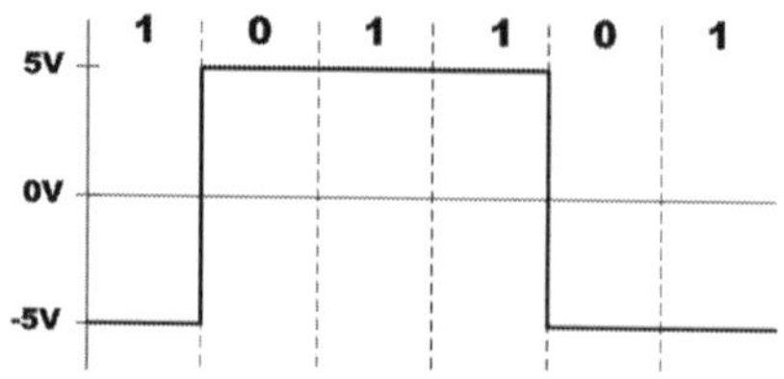

- 0은 상태 변화가 있음을 나타내고 1은 상태 변화가 없음을 나타내는 방식 즉 0에서 1로 1에서 0으로 부호가 변화면 0으로 표시하고, 1에서 1로 0에서 0으로 상태 변화가 없으면 1로 표시하는 방식이다.

(7) 다이코드 방식

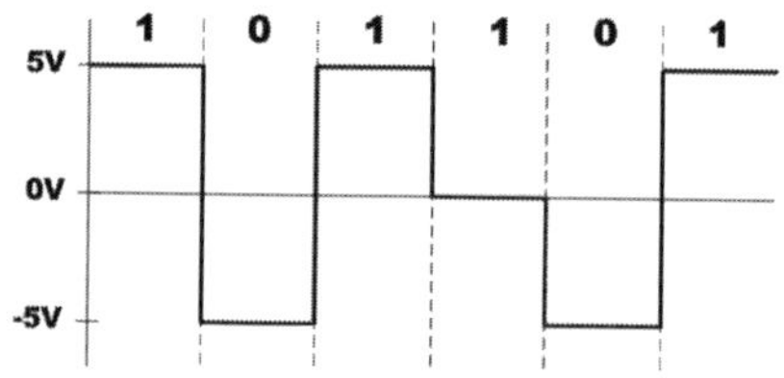

- 0에서 1로 부호가 변화면 +전위로 1에서 0으로 부호가 변화면 -전위로 부호 변화가 없으면 0전위로 나타내는 방식

4 디지털 연속 변조

(1) ASK(Amplitude Shift Keying)방식

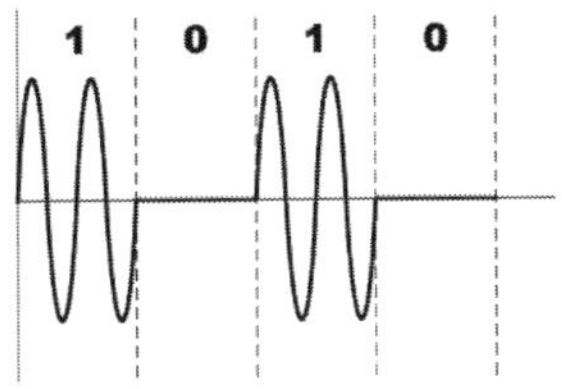

① 300bps이하의 저속도 전송에 사용된다.

② 각종 잡음이나 신호레벨 변동에 약하다.

③ 전송 비트수가 많아지면 수신측에서 진폭 구분이 어려워 1비트만 전송 가능하다.(2진 ASK)

④ OOK(On Off Keying)라고도 부른다.

(2) FSK(Frequency Shift Keying)방식

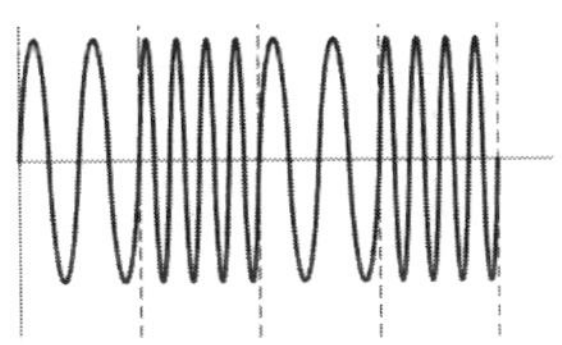

① 1200bps이하의 저속도 전송에 사용된다.

② 각종 잡음 및 신호레벨 변동에 강하다.

③ 수신측에서 대역폭만을 구분하여 전송 비트를 구별한다.

④ 전송 비트수가 많아지면 전송 대역폭이 늘어나고 수신측에서 대역폭 구분이 어려워진다.

(3) PSK(Phase Shift Keying)방식

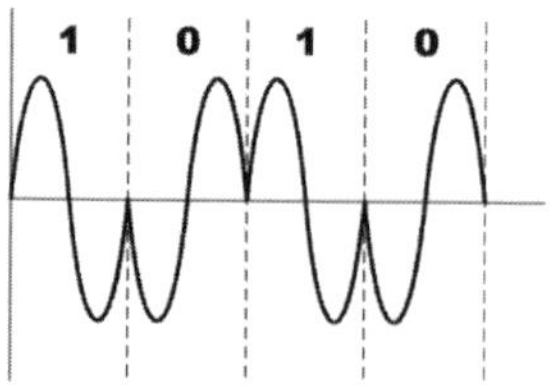

① 2400 ~ 4800bps의 중속도 전송

② 전송 비트를 위상으로 구분하므로 전송 비트수가 많아지면 위상차 구별이 어려워진다.

③ 16진 PSK이상은 사용하지 않는다.

④ 위상차 계산식 $\frac{2\pi}{M}$ (M진 $= 2^n$, n : 한번에 보낼 수 있는 bit 수)

(4) QAM(Quadrature Amplitude Modulation)방식

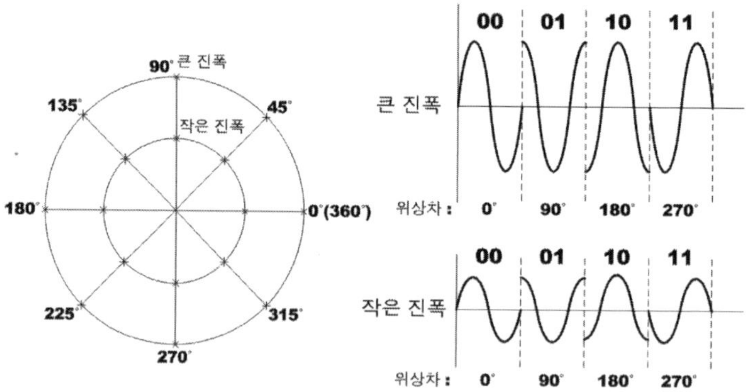

① AM의 진폭 변화 방식과 PSK의 위상 변화 방식을 결합한 방식

② 9600bps이상의 고속도 전송이 가능하다.

③ 많은 량의 데이터 비트열을 전송할 수 있다.

5 디지털 연속 변조의 에러 확률

ASK	FSK	DPSK	PSK	QAM
2진 ASK	2진 FSK	2진 DPSK	2진PSK(BPSK)	
		4진 DPSK	4진PSK(QPSK)	4진 QAM
		8진 DPSK	8진 PSK	8진 QAM
				16진 QAM
				M진 QAM

↑ 에러 확률감소

← 에러 확률 증가

(1) 변조 방식에 따른 에러 확률

ASK 〉 FSK 〉 DPSK 〉 PSK 〉 QAM

(2) 전송 비트수에 따른 에러 확률

M진 〉 16진 〉 8진 〉 4진 〉 2진

같은 변조방식에서는 한 번에 보낼 수 있는 비트수가 작을수록 에러 확률이 적다.

6 통신속도

(1) Data 신호 속도[bps]

① 초당 전송되는 비트 수

② 단위는 bps

(2) 변조 속도(B)

① 초당 신호 레벨(0 또는 1)이 변화는 속도(주파수와 같은 개념)

② 단위는 baud (보오)

$$B = \frac{1}{T}$$

- $[bps] = B(baud) \times n$ 여기서 n은 한 번에 보낼 수 있는 비트 수를 나타낸다.

※ BPSK 방식에서는 데이터 신호 속도와 변조속도가 같다.

(3) 데이터 전송 속도

① 데이터 회선을 통해 보내지는 문자 또는 블록 속도

② 단위는 문자/초, block/초, word/초

$$\frac{B}{m} \times \sec$$

여기서 m은 한문자가 구성된 비트 수 이다.

7 채널 용량

송신측에서 수신측으로 채널을 통해 전송 될 수 있는 상호 정보량의 최대치

(1) 샤논의 정리(Shannon)

① 채널 상에 백색 잡음이 존재한다고 가정한 상태에서 채널 용량을 구하는 공식

$$채널용량\ C = B\log_2(1 + S/N)\,[bps]$$

여기서, B는 전송 대역폭을 나타낸다.

② 채널 용량(C)은 대역폭과 신호 전력에 비례하고 잡음 전력에 반비례 한다.

채널용량(C)을 늘리는 방법

- 대역폭(B)를 넓힌다.
- 신호전력(S)을 키운다.
- 잡음전력(N)을 줄인다.

(2) 나이키스트 정리(Nyquist)

① 잡음이 없는 채널을 가정하고 지연왜곡에 근거하여 최대 용량을 구하는 공식

$$채널용량\ C = 2B\log_2 M\,[bps]$$

여기서, M은 $M = 2^n$ (n : 한번에 보낼수 있는 bit수)을 나타낸다.

8 디지털 통신의 이점

① 다른 채널로부터 간섭 현상이 적다.

② 잡음이 적다.

③ 비화 통신이 가능하다.

④ 경제적이고 다중화에 유리하다.

⑤ ISDN(Integrated Service Digital Network)구축에 유리하다.

핵심기출문제

1. 디지털 신호의 펄스열을 그대로 또는 다른 형식의 펄스 파형으로 변환시켜 전송하는 방식은?

가. 베이스밴드 전송방식
나. 반송대역 전송방식
다. 광대역 전송방식
라. 협대역 전송방식

2. 데이터 전송에서 데이터신호를 변조하지 않고 디지털 형태로 그대로 전송하는 방식은?

가. 직류전송 나. 반송 대역전송
다. 교류전송 라. 베이스밴드전송

3. 디지털변조에 의해 디지털신호를 주어진 주파수 대역 내의 신호로 변환시켜 전송하는 방식은?

가. 반송대역전송 나. 베이스밴드전송
다. PCM전송 라. DSB전송

4. 기저대 신호(base band signal)의 설명은?

가. 원래의 정보를 이와 동일한 스펙트럼을 갖도록 부호화 하는 방법.
나. 원래의 정보를 이와 다른 스펙트럼을 갖도록 부호화하는 방법.
다. 원래의 정보를 주파수 천이(shift) 시켜 부호화 하는 방법.
라. 변조된 정보를 복조하여 부호화 하는 방법.

5. 베이스밴드 전송방식에서 해당하지 않는 것은?

가. 리턴 투 제로 스페이스 방식
나. 폴라 방식
다. 바이폴라 방식
라. 위상변조 방식

6. 반송파 전송에 대해 알맞은 설명은?★

가. 임의의 주파수 대역을 가진 전송신호를 그대로 전류의 형태로 전송하는 형식이다.
나. 신호를 대역 통과시키는 전송방식이다.
다. 신호를 증폭하는 전송방식이다.
라. 송신기에 의해서 발진한 반송파로 신호를 변조시켜 전송로로 보내는 전송방식이다.

7. 전송로에 디지털 신호를 양극 부호펄스 형태로 전송시키는 가장 큰 이유는?

가. 직류성분을 추가한다.
나. 타이밍 신호를 넣을 수 없다.
다. 직류성분이 없다.
라. 연속하는 0을 취급하지 않는다.

8. 다음 중 NRZ 코드방식의 특징과 다른 것은?

가. RZ 코드방식보다 넓은 대역폭이 필요 하다.
나. 비트신호의 변화에 따라 전압레벨이 바뀌게 된다.
다. 직류성분이 존재하며, 동기화 능력이 부족하다.
라. 신호를 보내는 매체의 극성에 무관하다.

9. NRZ 코드방식에 대한 설명 중 옳지 않은 것은?

가. RZ 코드방식보다 넓은 대역폭이 필요하다.
나. RZ 코드방식보다 duty cycle이 길다.
다. 직류성분이 존재하며, RZ 코드 방식보다 동기화 능력이 떨어진다.
라. 잡음에 대한 성능 면에서 RZ 코드방식보다 우수하다.

정답 1. 가 2. 라 3. 나 4. 가 5. 라 6. 라 7. 다 8. 가 9. 가

10. RZ와 NRZ에 대한 설명 중 옳지 않은 것은?

가. RZ는 동기측면에서 NRZ보다 유리하다.
나. NRZ는 한 비트의 점유율이 100[%]인 부호이다.
다. NRZ는 RZ보다 잡음에 대한 성능이 우수하다.
라. RZ의 소요 대역폭은 NRZ 소요 대역폭의 반이다.

11. 다음 그림의 전송방식은?★

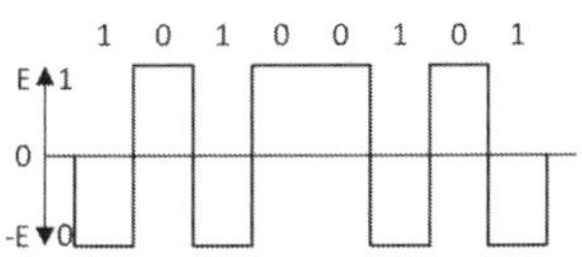

가. 단류 NRZ 방식 나. 복류 NRZ 방식
다. 단류 RZ 방식 라. 복류 RZ 방식

12. 다음 그림의 전송부호 형식은?

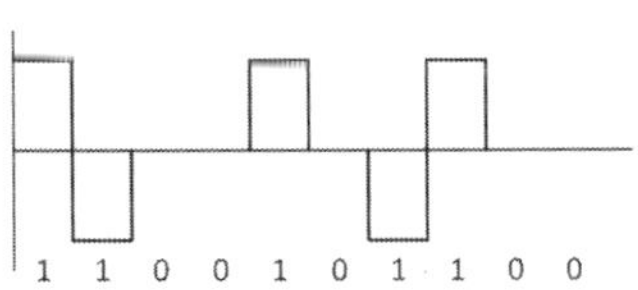

가. 단극방식 나. 복극 NRZ 방식
다. 복극 RZ 방식 라. 바이폴라 방식

13. 다음 그림과 같은 신호의 이름은?★

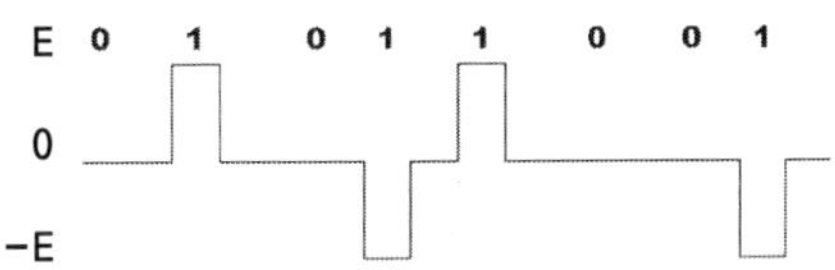

가. 단류 NRZ 나. 복류 RZ
다. AMI 라. Dicode

14. 다음 그림의 전송부호 형식은?

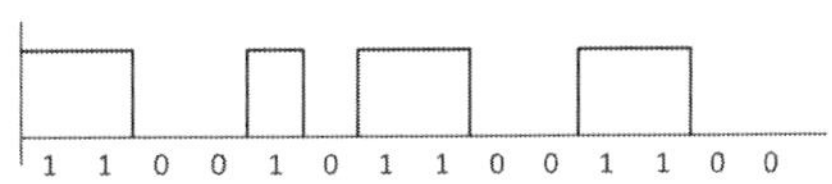

가. 단극 NRZ 방식 나. 복극 NRZ 방식
다. 복극 RZ 방식 라. 바이폴라 방식

15. 이원 전송부호 중에서 그림과 같은 부호의 형태는?

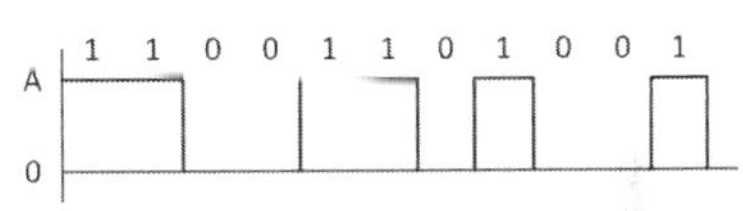

가. 양극 RZ 방식 나. 양극 NRZ 방식
다. 단극 RZ 방식 라. 단극 NRZ 방식

정답 10. 라 11. 나 12. 라 13. 다 14. 가 15. 라

핵심기출문제

16. 그림의 베이스 대역(Base band)전송방식은?

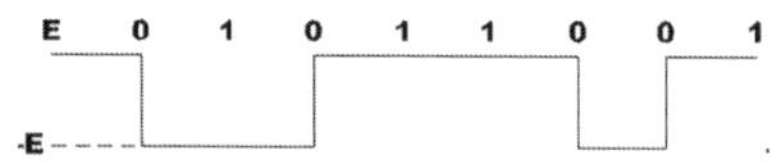

가. 바이폴라 RZ방식
나. 다이코드 방식
다. 차분방식
라. CMI방식

17. "0"에서 "1"로 변화할 때 (+)전위, "1"에서 "0"으로 변화할 때 (-)전위, "1"에서 "1" 또는 "0"에서 "0"과 같이 변화하지 않을 때 "0"전위로 전송하는 전송신호방식은?

가. NRZ 나. AMI
다. Dicode 라. CMI

18. 직류 및 저주파 성분이 감소하여 전송로에서 발생하는 저주파 차단 영향을 받지 않는 신호방식은 ?★★★★

가. 복류 RZ 방식 나. 복류 NRZ 방식
다. 바이폴라 방식 라. 양극방식

19. 반송파로 사용하는 정현파의 신호가 $V(t) = A(t)\sin(\omega t + \phi(t))$일 경우, $A(t)$를 변화시킴으로써 정보를 싣는 변조방식은?

가. AM 나. FM
다. PM 라. PCM

20. 진폭 편이 변조기의 구성요소가 아닌 것은?

가. 펄스 발생기
나. 저역여파기
다. 변조기
라. 위상지연기

21. 반복주기가 일정한 펄스의 시간 폭을 신호파의 진폭에 대응하여 변화시키는 방식은?

가. PAM 나. PWM
다. PPM 라. PCM

22. 다음 중에서 디지털 전송방법은?

가. PAM 나. PCM
다. PPM 라. PWM

23. 디지털 변조의 PSK에 해당되는 것은?★

가. 반송파의 위상에 변화가 없다.
나. 2개의 주파수를 할당하여 변화시킨다.
다. 주파수, 위상이 변하지 않는다.
라. 반송파의 주파수가 변하지 않는다.

24. 반송파로 아날로그 신호를 ON-OFF 하는 방식으로 전송대역을 유효하게 이용할 수 있으며 비동기 전송이 가능한 이점을 가진 변조방식은?

가. 주파수 변조방식(FM)
나. 진폭변조방식(AM)
다. 위상변조방식(PM)
라. 진폭위상변조방식(AM-PM)

정답 16. 다 17. 다 18. 다 19. 가 20. 라 21. 나 22. 나 23. 라 24. 나

25. 다음 그림과 같이 변조하는 방식은?★

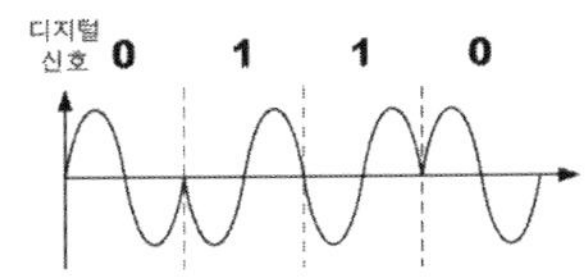

가. ASK　　나. FSK
다. PSK　　라. QASK

26. 16진 PSK에서 반송파간의 위상차는?

가. 12도　　나. 22.5도
다. 25도　　라. 42.5도

27. 한번에 3개의 비트를 PSK방식으로 전송하고자 한다면 반송파간의 위상차는 몇 도가 되는가?

가. 22.5　　나. 45
다. 90　　라. 135

28. 디지털변조 QPSK로 나타낼 수 있는 신호의 비트 수는?

가. 2　　나. 4　　다. 6　　라. 8

29. BPSK의 에너지는 16진 PSK 에너지의 몇 배인가?

가. 0.25배　　나. 0.5배
다. 2배　　라. 4배

30. 신호 점의 배치도가 다음 그림과 같이 주어지는 디지털 변조 방식은?

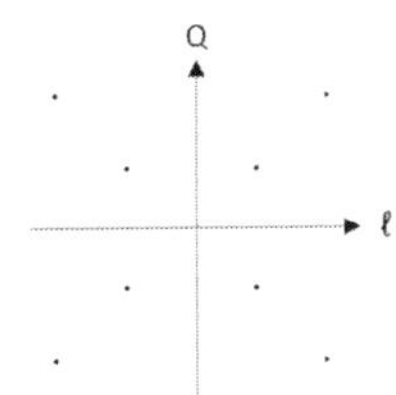

가. QAM　　나. ASK
다. FSK　　라. PSK

31. 디지털 변조 방식에서 진폭변조와 위상변조의 혼합형은?

가. ASK　　나. PSK
다. APK　　라. QPSK

32. ASK방식과 PSK방식을 결합한 디지털변조방식을 무엇이라 하는가?

가. PCM　　나. QAM
다. QPSK　　라. ADPCM

정답 25. 다　26. 나　27. 나　28. 가　29. 가　30. 가　31. 다　32. 나

핵심기출문제

33. 다음 그림의 발생기는 어떤 신호를 발생하는가?

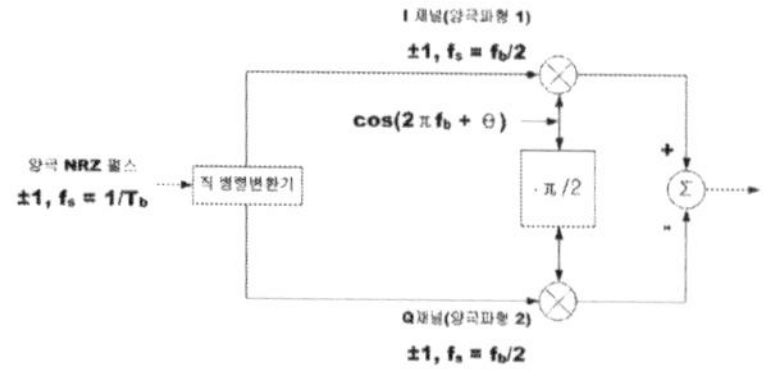

가. PSK　　나. DPSK
다. QPSK　　라. OQPSK

34. 다음 그림은 어떠한 변조의 복조과정을 나타낸 것인가?

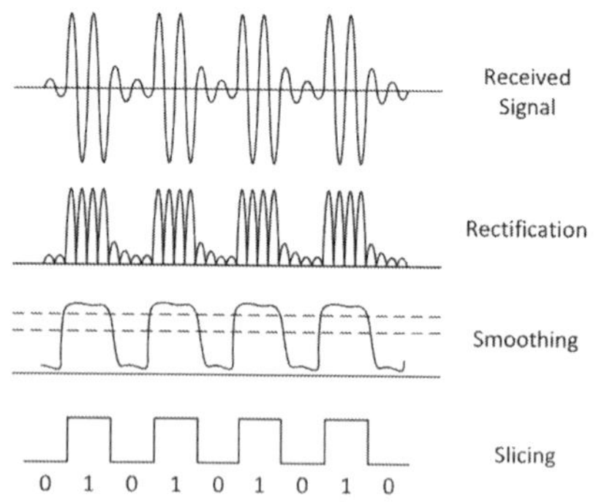

가. ASK　　나. PSK
다. FSK　　라. QAM

35. 다음 중 가장 빠른 속도로 데이터를 전송할 수 있는 변조 방식은?★★★

가. ASK　　나. FSK
다. QPSK　　라. BPSK

36. 다음 PSK(Phase Shift Keying)방식의 특징에 대한 설명 중 틀린 것은?

가. 디지털신호 0 또는 1에 따라 반송파의 위상을 변화시킨다.
나. ASK보다 속도가 높은 데이터 전송에 사용된다.
다. ASK, FSK에 비해 에러 확률이 적다.
라. 케리어 주파수가 일정하여 costas loop가 필요 없다.

37. 복수의 위상에 각각 특정의 데이터 신호를 할당함으로써 동일주파수에서 고능률의 전송을 할 수 있는 변조방식은?

가. 진폭위상변조방식
나. 차분위상 변조방식
다. 다중위상 변조방식
라. 잔류측대파 진폭변조방식

38. 다음 변조 방식 중 데이터 통신 시스템에서 사용하지 않는 것은?

가. 강도 변조방식
나. 주파수 변조방식
다. 위상 변조방식
라. 직교 진폭 변조방식

정답　33. 다　34. 가　35. 다　36. 라　37. 다　38. 가

39. 비트의 평균 에너지대 잡음전력(E_b / N_o)비가 동일한 경우 오류확률이 가장 낮은 변조방식은? (단, 모두 동기식 검파를 가정한다.)★

가. BPSK　　나. QPSK
다. 8-PSK　　라. 16-PSK

40. 다음 중에서 동일한 신호 대 잡음비에 대하여 비트 오류율(bit error rate)이 가장 적은 디지털 전송방식은?

가. ASK　　나. FSK
다. PSK　　라. DPSK

41. 다음 중 스펙트럼 효율(대역폭 효율)이 가장 좋은 변조 방식은?

가. BPSK　　나. QPSK
다. 8진 PSK　　라. 16진 PSK

42. 다음은 신호 대 잡음비(S/N)의 영향의 정도를 나타 낸 것이다. 무 잡음 상태에 가장 가까운 것은 몇 [dB]인가?

가. 0　　나 10　　다. 30　　라. 40

43. 다음 중 PLL(Phase Locked Loop)의 구성요소가 아닌 것은 ?★

가. 위상 비교기(Phase Comparator)
나. 진폭 비교기(Amplitude Comparator)
다. 루프 여파기(Loop Filter)
라. 전압제어 발진기
(Voltage Controlled Oscillator)

44. 다음 아날로그 변조방식 중 포락선 검파를 이용하여 복조가 가능한 변조방식은 어느 것인가?

가. AM(Amplitude Modulation)
나. DSB(Double Side Band)
다. SSB(Single Side Band)
라. FM(Frequency Modulation)

45. 4상 PSK에서 변조속도가 1,200보(baud)일 때 데이터 신호 속도는?

가. 1,200[bps]
나. 2,400[bps]
다. 4,800[bps]
라. 6,400[bps]

46. 1200 보오(baud)의 전송속도를 갖는 전송선로에서 신호 비트가 트리비트(tribit)이면 전송속도는 몇 bps인가?★

가. 1200　　나. 2400
다. 3600　　라. 4800

47. 변조된 신호의 bit rate와 baud rate가 같은 디지 털 변조 방식은?

가. BPSK　　나. QPSK
다. 8PSK　　라. 16PSK

정답　39. 가　40. 다　41. 라　42. 라　43. 나　44. 가　45. 나　46. 다　47. 가

핵심기출문제

48. BPS(Bits Per Second)의 설명으로 틀린 것은?

가. 정보의 유통 단위이다.
나. 마아크와 스페이스와 같이 서로 상반되는 부호의 정보량은 1 bit 이다.
다. 5단위 부호의 정보량은 $\log_2 2^5$ = 5bits 이다.
라. 4진 신호레벨에서는 baud와 동일하다.

49. 부호를 구성하고 있는 비트가 1초간에 몇 개 전송 되는가를 표시하는 척도는?

가. 데이타 신호속도
나. 변조속도
다. 데이타 동기속도
라. 베어러(beare)속도

50. 데이터 신호속도가 2400bps일 경우, 이것을 4상 위상편이 변조(PSK)하여 전송한다면 변조속도는 얼마인가?

가. 600[baud]　　나. 1200[baud]
다. 2400[baud]　　라. 4800[baud]

51. A진 위상 변조를 하는 동기식 모뎀의 변조 속도가 B(baud)일 경우 데이터 신호 속도(bps)를 구하는 식은?

가. A $\log_{10}$ B　　나. A $\log_2$ B
다. B $\log_{10}$ A　　라. B $\log_2$ A

52. QPSK(4상식 위상 변조) 방식에서 변조 속도가 2400[baud]이면 데이터 신호 속도는 얼마인가?

가. 1200[bit/s]　　나. 2400[bit/s]
다. 4800[bit/s]　　라. 9600[bit/s]

53. MODEM에서 $T=833\times10^{-6}$초의 단위펄스가 4개의 독립 적인 변조파를 갖는 4위상 변복조 방식에 의하여 표시될 때에 전송되는 비트수를 나타내는 데이터 신호 속도는 몇[bps]인가?★

가. 1200　　나. 2400
다. 3600　　라. 4800

54. 2×10^6 비트가 전송될 때 20개의 비트 에러가 발생 한 경우 비트 오율(BER)은?★★

가. 1×10^5　　나. 40×10^6
다. 10×10^{-6}　　라. 10×10^{-5}

55. 다음과 같은 조건을 갖는 전송회선의 에러 비트 수는? 단, 속도=9600bps, 시간=15분, 에러 율 = $5\times\ 10^{-5}$비트/초)

가. 72비트　　나. 288비트
다. 432비트　　라. 720비트

56. 엔트로피 율에 대한 다음 설명 중 잘못된 것은?

가. 평균 정보량을 의미한다.
나. 정보율이라고도 한다.
다. 단위로는 [bps]를 사용한다.
라. 기호속도와 엔트로피를 곱하여 얻을 수 있다.

정답 48. 라　49. 가　50. 나　51. 라　52. 다　53. 나　54. 다　55. 다　56. 가

57. 채널의 전송용량 C(bit/sec)를 결정하는 식은? (단, BW:채널의 대역, S:신호전력, N:백색잡음 전력)

가. $C = BWlog_2(1+S/N)$
나. $C = Nlog_2(BW/N)$
다. $C = BW(1+S/N)$
라. $C = BWlog_{10}(1+S/N)$

58. 신호대 잡음의 비가 15이고, 대역폭이 3400[Hz]라고 하면 통신용량은 몇[bps]인가?

가. 11500　　나. 12500
다. 12900　　라. 13600

59. 금속선로의 채널의 데이터 속도는 초당 송출 비트수이다. 채널용량(데이터속도)과 관계없는 것은?★

가. 신호전력　　나. 잡음전력
다. 채널의 대역폭(Hz)　　라. 선로부호

60. 데이터 전송에서 전송 용량을 늘리기 위한 방안이 아닌 것은?★

가. 전송선로의 대역폭을 늘린다.
나. 전송선로의 잡음을 줄인다.
다. 전송신호의 신호 대 잡음비를 높인다.
라. 전송신호의 대역폭을 늘린다.

61. 다음 중 통신로의 용량을 결정하는 것은?★

가. 대역폭과 BER
나. 대역폭과 전송속도
다. 전송속도와 신호 대 잡음비
라. 대역폭과 신호 대 잡음비

62. 채널의 대역폭과 전송할 수 있는 데이터양과는 어떤 관계가 성립하는가?

가. 전송할 수 있는 데이터양은 채널의 대역폭에 비례한다.
나. 전송할 수 있는 데이터양은 채널의 대역폭에 반비례한다.
다. 전송할 수 있는 데이터양은 채널의 대역폭의 제곱에 비례한다.
라. 전송할 수 있는 데이터양은 채널의 대역폭의 제곱에 반비례한다.

63. 첫 번째와 두 번째 전송로의 단위 펄스간격이 500×10^{-6}초, 1000×10^{-6}초이고, 단위펄스가 나타내는 상태의 수가 각각 4,8이라고 하면 전체 전송로의 용량은 몇[bps]인가?

가. 1000　　나. 3000
다. 5000　　라. 7000

64. 백색 잡음(white noise)에 가장 근사한 잡음은?★

가. 험 잡음　　나. 플리커 잡음
다. 유색 잡음　　라. 열잡음

65. 다음은 디지털 전송방식의 특징을 설명한 것이다. 틀린 것은?

가. 아날로그 전송에 비하여 전송거리가 크고, 양질의 전송 품질 제공이 가능하다.
나. 재생중계가 가능하여 아날로그 전송보다 주위의 잡음이나 방해에 강하다.
다. 전송에 필요한 주파수 대역폭이 아날로그 전송보다 감소하였다.
라. A/D, D/A 변환 기능과 송수신간의 동기가 필요하다.

정답 57. 가　58. 라　59. 라　60. 라　61. 라　62. 가　63. 라　64. 라　65. 다

CHAPTER 4

전송 선로

1 선로의 분포 정수 회로
2 전송매체
3 무선 전송로

1 선로의 분포 정수 회로

전송 선로에 고주파 전류를 흘리는 경우 회로 소자를 선로의 단위 길이 당 균일하게 분포되어 있다고 해석되는 회로이다.

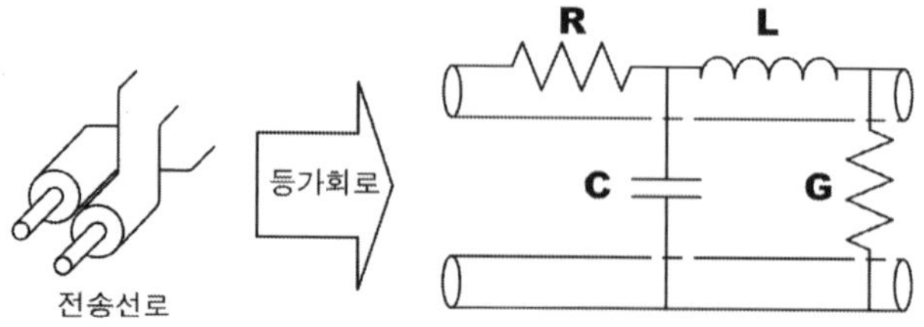

① **분포 정수 회로의 1차 정수** : $R,\ L,\ C,\ G$

② **분포 정수 회로의 2차 정수** : 특성 임피던스(Z_0), 전파정수(γ), 감쇠정수(α), 위상정수(β)

(1) Z_0(특성, 파동 임피던스)

전송 선로상의 특정 한 점에서의 저항성분으로 전압 대 전류비로 나타내며 선로의 길이와는 무관하다.

$$Z_0 = \sqrt{\frac{Z}{Y}} = \sqrt{\frac{R+j\omega L}{G+j\omega C}}$$

여기서, R과 G가 모두 0이라면 $Z_0 = \sqrt{\frac{L}{C}}$ 가 되며 $R=0,\ G=0$ 을 무손실 조건이라 한다.

그러나 실제회로에서 R과 G를 임의로 0으로 만들 수 없지만 사용 주파수를 높여서 상대적으로 작은 값인 R과 G를 무시할 수 는 있다.

이렇게 사용 주파수를 높여 사용하는 선로를 고주파 선로 화라 한다.

$$\omega L \gg R$$
$$\omega C \gg G$$

전송 선로 상에 고주파 신호를 사용하면 R과 G를 무시할 수 있어 파의 세기는 좋아지지만 L에 의한 저항 값은 커지고 C에 의한 저항 값은 작아져서 파의 변형이 생길 수 있다. 이러한 파의 변형을 막기 위해서는 R, L, C, G 값을 잘 적용하면 되는데 이것을 무왜 조건이라 한다.

$$\text{무왜 조건은 } \frac{G}{C} = \frac{R}{L} \quad \therefore LG = RC$$

(2) γ(전파정수)

전송선로 상의 단위 길이 당 파가 얼마만큼 감쇠(α)되고 위상의 변화(β)가 얼마나 일어나는가를 나타내는 것

$$\gamma = \alpha + j\beta = \sqrt{Z \cdot Y} = \sqrt{(R + jwL)(G + jwC)}$$
$$\approx \frac{1}{2}\sqrt{LC}\left(\frac{R}{L} + \frac{G}{C}\right) + jw\sqrt{LC}$$

여기서 감쇠정수(α)는

$$\alpha = \frac{1}{2}\sqrt{LC}\left(\frac{R}{L} + \frac{G}{C}\right)[neper/m]$$

위상 정수(β)는

$$\beta = j\omega\sqrt{LC}\,[rad/m]$$

참고

$1[neper] \doteqdot 8.686[dB]$, $1[dB] \doteqdot 0.15[neper]$

(3) 저항성분

전송선로의 저항은 주파수가 높아지면 커지는 저항도 있고, 작아지는 저항도 있다. 그 중에서 사용 주파수가 높아지면 저항 값이 커지는 저항으로는 근접작용, 표피작용, 와류 작용, 타 도체와의 반작용등의 의해서 증가한다.

2 전송매체

2.1 평형 케이블

2개의 선로가 평행하게 위치해 있는 케이블로 두 도선에 흐르는 신호의 진폭과 위상이 같아 평형 케이블이라 한다.

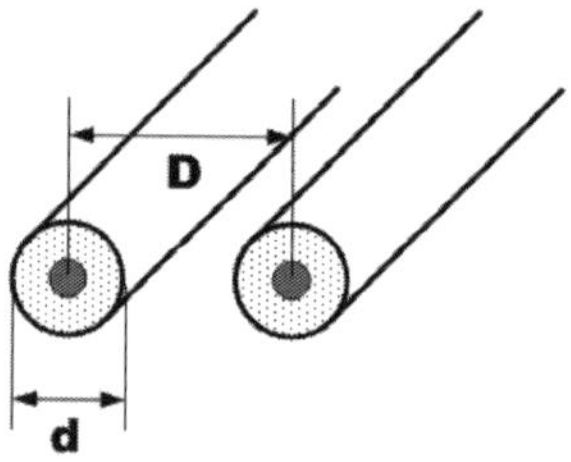

(1) 특성 임피던스 $Z_0 = \frac{120}{\sqrt{\varepsilon_s}} \log_e \frac{2D}{d} = \frac{276}{\sqrt{\varepsilon_s}} log_{10} \frac{2D}{d} [\Omega]$

평행 2선식 케이블은 두 도선 사이의 거리(D)가 크고 도선의 두께(d)가 작을수록 커진다.

(2) 특징

① 유도 방해에 약하다.

② 충격에 약하다.

③ 누설 전류가 많다.

④ 저렴하다.

2.2 동축 케이블

동축 케이블은 내부 도체와 외부도체로 구성되며 서로 흐르는 파의 크기가 달라 불평형 선로라 한다.

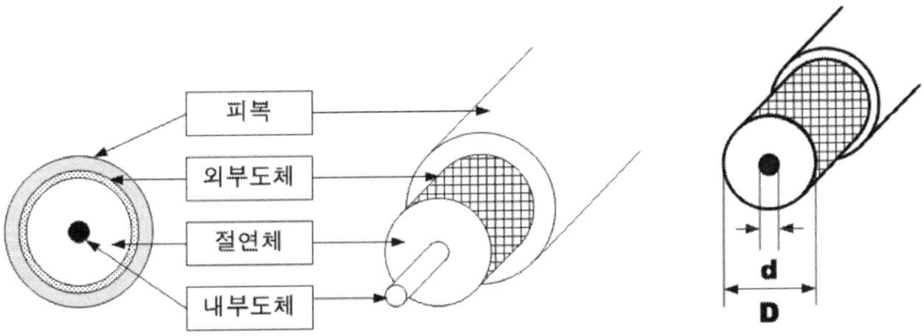

(1) **특성 임피던스** $Z_0 = \frac{60}{\sqrt{\varepsilon_s}} \log_e \frac{D}{d} = \frac{138}{\sqrt{\varepsilon_s}} log_{10} \frac{D}{d} [\Omega]$

위의 수식에서 외부 도체의 내경을 D라 하고, 내부 도체의 외경을 d라 했을 때 동축 케이블은 내부도체의 외경과 외부 도체의 내경에 의해서 좌우된다.

(2) **최적비**

동축 케이블의 외부 도체와 내부 도체의 비를 나타내는 것으로 가장 감쇠가 적은 최적의 조건을 의미하며 3.59정도가 가장 최적이다.

따라서 동축 케이블의 최적 비는 외부도체와 내부도체의 비가 약 3.6정도가 된다.

$$\frac{D}{d} \fallingdotseq 3.6$$

(3) **특징**

① 유도 방해에 강하다.

② 충격에 강하다.

③ 방사(복사)손실이 적다.

2.3 광 케이블

빛을 이용한 통신을 하기 위해 빛이라는 신호를 전송 시킬 수 있는 케이블로 송신측에서 보내려는 신호를 빛으로 변환하여 빛의 전반사의 원리로 전파하게 된다.

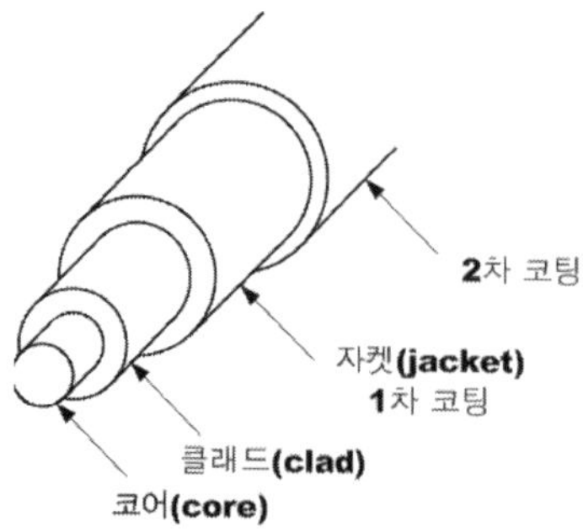

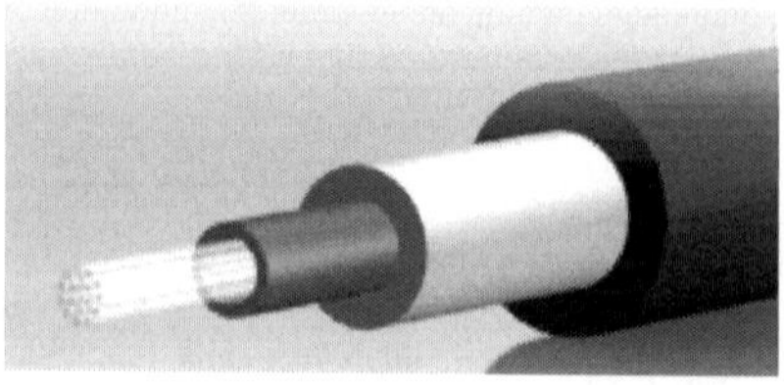

(1) **광학 파라메터**

① **수광각**(Acceptance Angle)

빛을 받아 들일 수 있는 각으로 광을 Core내에서 전달하기 위한 최대의 입사각도

$$\text{최대 수광각} = \sin^{-1}\sqrt{2\frac{n_1^2 - n_2^2}{n_1^2}}$$

② **개구수**(Numerical Aperture)

입사광에 대해 받아들일 수 있는 최대 수광각 (광을 모을 수 있는 능력)

$$NA = \sqrt{n_1^2 - n_2^2}$$

③ **규격화 주파수**(Normalized Frequency)

Optical Fiber가 단일 모드 인지, 다중 모드 인지를 구별하는 것

$$V = \beta\alpha\sqrt{n_1^2 - n_2^2}$$

여기서 $\beta = \frac{2\pi}{\lambda}$, $\lambda = \frac{C}{f}(C = 3\times 10^8)$, α : 광케이블의 반지름을 나타낸다.

$V > 2.405$ 이면 다중 모드이고, $V < 2.405$ 이면 단일 모드이다.

(2) 광케이블의 종류

① 단일 모드 광섬유 케이블

- 신호(광)을 코어 내에 적당한 임계각으로 하나만 보내는 것
- 고속 대용량 전송에 적합하다.
- 원거리 전송에 유리하다.
- 모드 간 간섭이 없다.
- 코어의 직경이 작아 제조 및 접속이 어렵다.

② 다중 모드 광섬유 케이블

- 모드 간 간섭이 존재한다.
- 고속 대용량 전송에 부적합하다.
- 코어의 직경이 커서 제조 및 접속이 유리하다.
- 근거리 전송에 사용된다.

(3) 구조 파라미터

① **외경** : 케이블의 바깥지름

② **편심률** : 코어의 중심과 클래드의 중심 간의 차

③ **비원률** : 정원(완전한 원)에서 벗어난 률

(4) 광섬유의 전송 손실

분산(Dispersion) : 광섬유가 전송 중에 광 펄스의 파형이 퍼져 이웃하는 광 펄스와 서로 겹침으로서 광섬유의 대역폭이 제한되는 현상

① 색분산(모드 내 분산)

파장에 따른 전파 속도 때문에 생기는 분산으로 단일 모드 다중 모드 모두에 존재한다.

② **모드 간 분산**

다중 모드 광섬유 에만 존재하는 것으로 모드 사이의 전파 속도 차 때문에 생기는 분산 색 분산보다 더 안 좋은 현상으로 이를 줄이기 위해 언덕 형(GIF) 광섬유 케이블을 사용한다.

단일 모드 광섬유는 색 분산만 존재하고 다중 모드 광섬유는 색 분산과 모드 간 분산 모두 존재한다.

(5) 광섬유의 특징

① **장점**

- 가요성(유연성)
- 무 유도성
- 광 대역성
- 고속성
- 경제성
- 세경성
- 경량성

② **단점**

- 제조가 어렵다.
- 접속이 어렵다.
- 분산 현상이 생긴다.
- 중계기에 전원 공급을 위해 급전선이 따로 필요하다.

(6) 광통신 시스템

광통신이란 레이저 빛을 광섬유를 통해 전반사의 원리를 이용하여 정보를 주고받는 통신 방식을 광통신이라 한다.

① **광원(발광 소자)**

전기 신호를 광신호로 변환시켜 주는 전광소자로서 발광 다이오드(LED : Light Emitting Diode)와 레이저 다이오드(LD : Laser Diode)가 있다.

② **광 검출기(수광 소자)**

광 신호를 전기 신호로 변환시켜 주는 광전소자로서 PD(Photo Diode)와 레이저 APD (Avalanche Photo Diode)등이 있다.

③ **광변조 방식**

- IM(Intensity Modulation)
  전송하고자 하는 정보 신호를 부호화하여 1과 0의 Digital 전기 펄스를 만든 다음 이것에 따라 광원을 On/Off 하여 광 펄스를 전송하는 방식으로 incoherent 방식이라고도 부른다.
- coherent 방식
  광의 강약에 의해 신호를 전송하는 것이 아니고, 일반적인 전파와 같이 전송하고자 하는 정보신호에 따라 광파의 위상이나 주파수를 변화시켜 신호를 전송하는 방식

④ **광 검출 방식**

광 신호를 검출하는 방식으로는 광 신호의 크기를 직접 검출하는 DD(Direct Detection) 방식을 사용한다.

현재 우리나라에서는 광변조 및 광 검출방식으로 IM/DD방식이 이용되고 있다.

⑤ **WDM(Wavelength Division Multiplexing)**

여러 발광 소자에서 나오는 파장이 다른 광신호를 광결합기로 결합하여 전송하는 다중화 방식.

3 무선 전송로

3.1 마이크로웨이브

UHF와 SHF사이의 주파수를 사용하여 통신을 행하는 방식

(1) 중계방식

① **직접 중계방식** : 증폭과 중계만 하는 방식으로 원거리 전송이 곤란하다.

② **무 급전 중계방식** : 반사판을 설치하여 각도를 조절해서 전파의 진행 방향을 바꾸어 주는 방식

③ **헤테로다인 중계방식** : 마이크로웨이브를 증폭하기 좋은 중간 주파수(IF)로 바꾸어서 증폭하는 방식
변복조를 반복하지 않으므로 열화특성이 쌓이지 않아 원거리 전송에 적합하다.

④ **검파 중계방식** : 수신된 신호를 복조하여 원 신호를 회복시킨 다음 에러 수정 및 증폭하고 다시 변조하여 전송하는 방식
변복조를 많이 하므로 신호 파형의 변형이 생겨 근거리만 전송이 가능하다.
다른 말로는 Video 중계방식이라고도 부른다.

3.2 위성통신

지구의 적도 중심으로 35,768㎞상공에 위치에 있는 3개의 정지위성을 사용하여 통신하는 방식

위성 통신은 우주에 존재하는 위성을 사용하므로 약 250ms의 전파지연이 있으며 지구국에서는 대형 안테나인 카세그레인 안테나를 사용하여 통신할 수 있다.

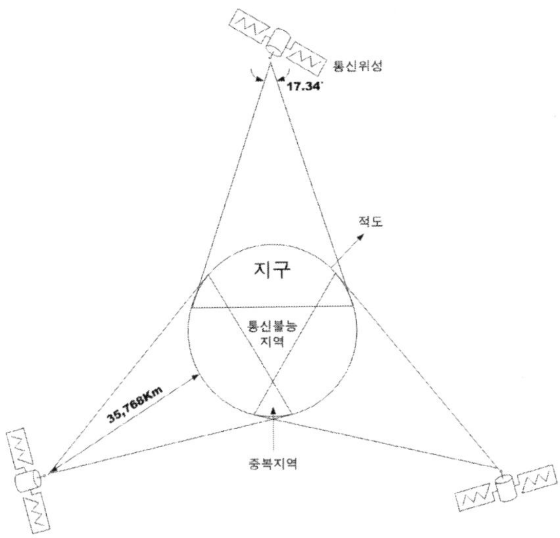

(1) 특징

① 장점

- 동보성
- 회선 구성의 융통성
- 전송 지연이 발생한다.(약 250㎳)
- 신뢰성
- 고속성
- 광대역성
- 광역성

② 단점

- 위성의 유지 비용이 비싸다
- 유지 보수가 곤란하다.
- 전원 공급이 어렵다.
- 통신 비밀이 어렵다

(2) 위성통신에서 사용하는 주파수 대역

위성통신에서 사용되는 주파수 대역은 SHF(3㎓ ~ 30㎓)를 사용하며, 가장 많이 사용하는 대역은 C 밴드라 불리고 있는 마이크로파대의 6/4㎓(up link주파수/down link주파수)와 Ku밴드의 14/12㎓대역이 사용되고 있으나 Ka밴드의 30/20㎓대역도 점차 사용이 확대되고 있다.

또한 장래의 새로운 주파수대역인 Q밴드의 50/40㎓ 주파수 대역도 연구 개발완료 단계에 있다.

우리나라의 무궁화 5호 위성의 경우 사용하는 통신용 중계기 24기 모두 Ku Band를 사용하고 있으며, 무궁화 3호의 경우에는 통신용 중계기 24기는 Ku Band를 나머지 3기는 Ka Band를 사용하고 있다.

3.3 이동통신

(1) 구성요소

① **무선 교환국** : 등록 기능(통화량 관리), 위치 검출 기능, 통화 절체(Hand off)등을 수행

② **무선 기지국** : 일반적으로 중계기라 한다.

③ **이동 전화 단말장치(이동국)**

(2) 전파특성

① **주파수 재사용** : 지역을 여러 개의 셀로 나누어 한정되어 있는 주파수 대역을 일정거리 떨어져 있는 셀에서 재사용할 수 있어 주파수의 이용 효율을 높이는 방식이다.

② **도플러 효과** : 이동체의 움직임에 따라서 사용되는 주파수 대가 변동하는 현상이다.

③ **페이딩** : 수신 전계강도가 시간에 따라서 변화는 현상이다.

핵심기출문제

1. 상호변조왜곡(intermodulation distortion) 의 방지대책으로 적절하지 않은 것은?★
   가. 다중화 방식을 TDM에서 FDM으로 변경한다.
   나. 필터를 이용하여 통과대역 밖의 신호를 잘라낸다.
   다. 입력신호의 크기를 너무 크게 하지 않는다.
   라. 송수신장치 및 전송매체를 선형 영역에서 동작시킨다.

2. 전송선로의 전송특성 요인이 아닌 것은?
   가. 전송손실　　나. 주파수 특성
   다. 누화특성　　라. 전계강도

3. 인접한 다른 선로와 전자기적 유도현상에 의해 발생하는 잡음은?
   가. 열잡음　　나. 신호감쇠
   다. 누화잡음　　라. 지연왜곡

4. 다음 중 나머지 세정수와 관계가 없는 것은?★
   가. 감쇠정수　　나. 위상정수
   다. 진폭정수　　라. 전파정수

5. 전송선로의 임피던스 정합조건을 바르게 설명한 것은?
   가. 임피던스의 크기는 같고 위상도 같아야 한다.
   나. 임피던스의 크기는 같고 위상은 반대이어야 한다.
   다. 임피던스의 크기는 다르고 위상이 같아야 한다.
   라. 임피던스의 크기가 다르고 위상도 반대이어야 한다.

6. 전송선로의 무 왜곡 전송조건에 대한 설명으로 틀린 것은?
   가. 전송대역의 전 주파수 대역에 걸쳐서 특성임피던스가 일정해야 한다.
   나. 위상정수가 전송채널의 주파수에 대해서 일정해야 한다.
   다. 전송대역의 전 주파수 대역에 걸쳐서 감쇠정수가 일정해야 한다.
   라. 감쇠량 최소 조건과 동일하다.

7. 전송선로에서 감쇠왜곡의 주된 원인은?
   가. 진폭에 대한 감쇠 불균형
   나. 주파수에 대한 감쇠 불균형
   다. 주파수에 대한 속도의 불균형
   라. 진폭에 대한 속도의 불균형

8. 일반적인 통신선로에서 선로의 길이에 관계되지 않는 것은?
   가. 상호 임피던스　　나. 특성임피던스
   다. 절연저항　　라. 정전용량

정답 1. 가　2. 라　3. 다　4. 다　5. 나　6. 라　7. 가　8. 나

핵심기출문제

9. 전송로의 진폭왜곡이나 위상왜곡에 의해 발생하는 부호 간 간섭(ISI)의 영향을 감소시키는 장치는?

가. 분주기 나. 증폭기
다. 감쇠기 라. 등화기

10. 모뎀(Modem)의 구성장치 중에서 전송로 상의 잡음이나 왜곡에 의해 발생되는 위상지연이나 주파수에 따른 진폭감쇠를 보상해 주는 장치는?

가. 자동이득조절기 나. 대역 통과 여파기
다. 디스크램블러 라. 등화기

11. Ferranti 현상이란?

가. 수단 전압의 절대치는 송단 전압의 절대치보다 크다.
나. 이종(異種)금속 간에 열기전력을 발생하는 현상
다. 수단 전류는 송단 전류의 평방근에 비례한다.
라. 환상 소레노이드 중앙에 발생하는 역기전력에 관한 현상

12. 케이블 선로에서 장하라 함은 무엇을 의미 하는가?★

가. C를 첨가하는 것
나. G를 첨가하는 것
다. R를 첨가하는 것
라. L를 첨가하는 것

13. 꼬임 쌍선(twisted-pair cable)을 꼬인 모양으로 만드는 이유로 가장 적합한 것은?

가. 케이블의 강도를 높이기 위하여
나. 전송거리를 늘리기 위하여
다. 디지털 전송방식을 사용하기 위하여
라. 누화를 방지하기 위하여

14. 다음 동축 케이블에서 특성 임피던스가 가장 높은 것은?★ (단, d는 내부도체의 직경, D는 외부도체의 직경이다.)

가. d=6[㎜], D=8[㎜]
나. d=2[㎜], D=8[㎜]
다. d=1[㎜], D=3[㎜]
라. d=4[㎜], D=11[㎜]

15. 동축케이블에서 가장 감쇠가 적게 하기 위해서는 내부도체의 외경(d)과 외부도체의 내경(D)과의 비(ratio) D/d의 값을 얼마로 만드는 것이 가장 좋은가?★

가. 1.8 나. 3.6
다. 5.8 라. 7.2

16. 동축 케이블의 구성 요소에 해당하지 않는 것은?

가. 내부 도체 나. 클래드
다. 절연체 라. 외부 도체

17. 동축케이블에 있어서 사용주파수가 높아지면 그 값 또는 작용이 감소되는 것은?

가. 누화현상 나. 표피작용
다. 근접작용 라. 와류손실

정답 9. 라 10. 라 11. 가 12. 라 13. 라 14. 나 15. 나 16. 나 17. 가

18. 동축 케이블에서 반사 현상이 생기는 주요 원인으로 가장 타당한 것은?

가. 케이블 접속점의 불균일
나. 내 · 외부 도체간의 절연 불균일
다. 케이블 내부 구조의 불균일
라. 케이블 피복 재료의 종류

19. 동축 케이블에 대한 다음 설명 중 잘못된 것은?

가. 근단 누화가 많이 발생한다.
나. 누화 때문에 60[KHz]이하에서는 잘 사용하지 않는다.
다. 광대역 전송로에 이용된다.
라. 비유전율 1을 가지는 동축 케이블 내에서의 전파속도는 광속과 같다.

20. 동축 케이블의 특징이 아닌 것은?

가. 내부도체와 외부 도체의 사이에는 절연 물실로 되어있다.
나. 사용 주파수가 높아지면 누화가 감소한다.
다. 전기적인 잡음에 영향을 받지 않는다.
라. 전력전송이 가능하다.

21. 다음은 동축케이블에 대한 설명이다. 틀린 것은?

가. 장거리 전화 및 TV전송에 사용된다.
나. 아날로그와 디지털 신호전송에 모두 이용될 수 있다
다. 0 전위 이상의 전위를 가지며, 동진폭, 역위상의 신호가 전송된다.
라. 광대역 전송로로 사용된다.

22. 동축 케이블에서 반사 현상이 생기는 주요 원인으로 가장 타당한 것은?

가. 케이블 접속점에 임피던스 불균등점이 발생한 경우
나. 내 · 외부 도체간의 절연체로 폴리에틸렌을 사용한 경우
다. 케이블의 외부도체를 철 테이프로 감았을 때
라. 케이블의 외부피복을 코팅처리 하였을 때

23. 다음 중 동축케이블의 응용분야로 적당하지 않은 것은?

가. CATV 전송로
나. 시내 전화 케이블
다. 측정 장비용 케이블
라. 해저 케이블

24. 트위스티드 페어 케이블과 동축케이블에 관한설명 중 틀린 것은?

가. 트위스티드 페어 케이블은 차폐형인 UTP와 비차폐 형인 STP로 구분한다.
나. 동축케이블의 특성 임피던스(Zo)는 $\sqrt{\frac{L}{C}}$ 이고 세심 동축케이블의 경우 75Ω이다.
다. 동축 케이블이 UTP 보다 장거리 전송(500m 이상)시 전송속도가 빠르다.
라. 동축케이블에는 BNC 커넥터를 사용하고 UTP에는 RJ-45와 같은 커넥터를 사용한다.

정답 18. 가 19. 라 20. 다 21. 다 22. 가 23. 라 24. 가

핵심기출문제

25. 광섬유 통신의 근본 원리는 빛의 무슨 성질을 이용한 것인가?

가. 굴절성　　나. 전반사성
다. 직진성　　라. 투과성

26. 광섬유 케이블의 심선구조에 있어서 코어와 클래드의 굴절률을 서로 비교하면 어느 쪽이 더 높은가?★

가. 코어가 더 높다.
나. 클래드가 더 높다.
다. 코어와 클래드가 동일하다.
라. 사용재료에 따라 달라진다.

27. 다음 전송로의 특징을 서술한 내용 중 알맞은 전송로는?

> • 저 손실, 장거리전송이 용이하다.
> • 광대역, 대용량전송이 용이하다.
> • 무유도성으로 외래 잡음이 적다.
> • 분기디바이스 등 고도의 기술이 필요하다.

가. 페어케이블　　나. 무장하케이블
다. 광파이버　　라. 동축케이블

28. 광섬유케이블 내에서 손실의 직접적인 원인이 아닌 것은?

가. 클래드에 이물질이 있을 때
나. 광섬유의 마이크로 벤딩이 있을 경우
다. 광섬유 접속 시 축 어긋남이 생길 때
라. 코어와 클래드의 경계면이 매끄럽지 않을 때

29. 한 개의 광섬유에 파장이 각각 다른 신호를 단일 빔으로 모아서 전송하는 광 다중 전송 방식은?

가. WDM　　나. PPM
다. PFM　　라. TDM

30. 다음 중 광통신 시스템 특유의 잡음은?

가. 양자화 잡음　　나. 열 잡음
다. 모드 분배 잡음　　라. 오부호 잡음

31. 광섬유의 유리 중에 포함된 Fe나 Cu등의 천이금속이 나 수분 등의 불순물에 의하여 일어나는 전송손실은?

가. 접속에 의한 손실
나. 계면손실
다. 흡수손실
라. 산란손실

32. 광파이버의 전송특성의 하나인 불순물이온에 의해 생기는 광손실은?

가. 흡수손실
나. 산란손실
다. 마이크로밴딩손실
라. 굽힘손실

33. 광섬유의 재료 자체(불순물)에 흡수되어 열로 변환됨으로써 발생하는 손실을 무엇이라 하는가?

가. 흡수 손실
나. 결합 손실
다. 산란 손실
라. 마이크로벤딩 손실

정답 25. 나　26. 가　27. 다　28. 가　29. 가　30. 다　31. 다　32. 가　33. 가

34. 유리 광섬유에서 손실을 일으키는 원인이 아닌 것은?

가. 모드혼합 나. 흡수
다. 산란 라. 기하학적 영향

35. 광파이버의 광학적 파라미터에 속하는 요소는?

가. 외경 나. 편심률
다. 비원률 라. 개구수

36. 다음 광학 파라미터(parameter)중 광케이블이 단일모드 파이버(single mode fiber)인지 다중모드 파이버(multi mode fiber)인지를 구분하는데 사용 되는 것은?

가. 개구수
나. 비굴절률차
다. 수광각
라. 규격화 주파수

37. 광케이블에서 사용되는 규격화 주파수에 대한 설명 중 바르지 못한 것은?

가. V number라고도 한다.
나. 광케이블에서 생기는 광신호의 위상변화를 의미한다.
다. 2.405보다 작아야 한다.
라. 광케이블이 단일모드 광케이블인지 다중모드 광케이블인지 구분하는데 이용한다.

38. 단일모드 광섬유(single mode fiber) 케이블에 대한 설명 중 틀린 것은?★

가. 색분산이 존재한다.
나. 모드간 간섭이 없다.
다. 제조 및 접속이 어렵다.
라. 모드가 한 개밖에 존재하지 않아 고속, 대용량 전송이 어렵다.

39. 단일모드 광섬유의 설명으로 틀린 것은?

가. 모드 내에 간섭이 일어난다.
나. 고속 대용량의전송이 가능하다.
다. 코어 내를 전파하는 모드는 HE_{11}만 존재한다.
라. 코어의 직경이 3~10[㎛]로 제조 및 접속하기가 어렵다.

40. 단일모드(single mode)의 광섬유 특징이 아닌 것은?

가. 단거리 전송에 적합하다.
나. 코어(core)의 지름이 작다.
다. 고속 전송용이다.
라. 빛의 산란이 적다.

41. 광섬유 케이블의 레일리 산란에 대한 설명 중 잘못된 것은?★

가. λ^2에 비례한다.
나. 파장이 길수록 레일리 산란 손실은 적다.
다. 입사되는 빛의 파장보다도 미소한 굴절률의 흔들림에 의해 일어나는 것이다.
라. 전송되는 모드 및 코어의 직경과 무관하다.

정답 34. 라 35. 라 36. 라 37. 다 38. 라 39. 다 40. 가 41. 가

핵심기출문제

42. 다음 중 광케이블에 의해 야기되는 손실이 아닌 것은?

가. 레일리산란손실
나. 적외선흡수손실
다. 구조불완전손실
라. 와류손실

43. 다중모드 광섬유의 설명으로 틀린 것은?

가. 코어 내를 전파하는 모드가 여러 개다.
나. 모드와 모드 사이에 간섭이 있다.
다. 단일모드 광섬유에 비해 고속·대용량 전송에 사용한다.
라. 코어의 직경이 커서 단일모드 광섬유에 비해 접속이 쉽다.

44. 광통신의 특징을 기술한 것은?

가. 광대역이다.
나. 전자유도에 약하다.
다. 단면적이 크다.
라. 증폭기 설치 간격이 좁다.

45. 다음 중 광통신 시스템이 갖고 있는 특성으로 볼 수 없는 것은?

가. 장거리 중계　　나. 대용량 전송
다. 누화방지　　라. 접속용이

46. 단일모드에 비하여 다중모드 광섬유 케이블(multi mode fiber)에 대한 다음 설명 중 잘못된 것은?

가. 전송되는 모드가 여러 개다.
나. 장거리 광케이블로 사용된다.
다. 모드 간 간섭이 생긴다.
라. 제조 및 접속이 용이하다.

47. 통신선로 중 광섬유 선로가 현대통신에서 각광을 받는데 이 같은 광섬유의 특징이 아닌 것은?

가. 경량 성으로 작업능률이 양호하다.
나. 무유도성으로 전자유도의 영향이 없다.
다. 통신 속도가 빨라 대용량 전송이 가능하다.
라. 차폐용 동 테이프를 사용하여 누화가 없다.

48. 단일모드(single mode) 광섬유의 특징이 아닌 것은?

가. 단거리 전송에 적합하다.
나. 코어(core)의 지름이 작다.
다. 고속 전송용이다.
라. 빛의 산란이 작다.

49. 디지털 광통신 방식에서 레이저 광선의 변조를 위해 현재 주로 사용되는 변조 방법은 ?

가. IM(Intensity Modulation)
나. FSK(frequency shift keying)
다. WDM(wavelengh division multiplexing)
라. FM(Frequency Modulation)

정답　42. 라　43. 다　44. 가　45. 라　46. 나　47. 라　48. 가　49. 가

50. 광케이블의 설명으로 맞지 않는 것은?

가. 대역폭이 넓어 채널당 경제성이 있다.
나. 접속률이 좋아 유지보수가 간단하다.
다. 전기적인 잡음에 영향을 받지 않는다.
라. 크기가 작고 가벼워서 설치비용이 적게 든다.

51. 광섬유에 대한 설명으로 틀린 것은?

가. 광대역 전송이 가능
나. 손실률이 낮음
다. 간섭에 강함
라. 보안성이 낮음

52. 다음 중 광통신 시스템이 갖고 있는 일반적인 특성으로 볼 수 없는 것은?

가. 유도장해가 없음　나. 접속 용이
다. 대용량 전송　라. 장거리 중계

53. 다음 중 동선케이블 전송선로와 비교하여 광 전송선로의 특징이 아닌 것은?

가. 경량 및 저 손실
나. 대용량 전송
다. 외부 유도잡음이 적음
라. 높은 내구성

54. 광파이버 내에서 손실의 직접적인 원인이 아닌 것은?

가. 코아와 클래드의 경계면이 매끄럽지 않을 때
나. 광섬유의 마이크로 밴딩이 있을 경우
다. 광섬유 접속시 접속단면이 평행하지 않을 때
라. 클래드에 이물질이 있을 때

55. 광파이버(유리)의 굴절률이 전파하는 광의 파장에 따라 변화함으로써 생기는 분산을 무엇이라고 하는가?

가. 모드분산　나. 재료분산
다. 구조분산　라. 도파로분산

56. 광섬유 케이블의 분산(dispersion)에 대한 설명 중 옳지 않은 것은?

가. 파장 및 모드에 따른 전파 속도 차 때문에 발생한다.
나. 단일모드 광섬유에서는 색분산 및 모드분산이 생긴다.
다. 다중모드 광섬유에서는 색분산 보다 모드분산 비중이 더 크다.
라. GIF 광섬유를 사용하면 모드분산을 줄일 수 있다.

57. 광섬유의 분산에 대한 설명으로 틀린 것은?

가. 멀티모드 광섬유에서는 색분산이 문제가 되고 싱글모드 광섬유에서는 모드분산이 문제가 된다.
나. 일반적인 광섬유에서 0분산은 1310[nm] 파장 대에서만 존재한다.
다. 장거리 전송을 위해서는 분산이 0일 때 최적이다.
라. 분산은 광섬유에서 광 펄스를 입사하면 광섬유를 통과하면서 빛이 퍼지는 현상이다.

정답 50. 나　51. 라　52. 나　53. 다　54. 라　55. 가　56. 나　57. 가

핵심기출문제

58. 멀티모드에서 그레이드 인덱스 형 광섬유(Graded Index Fiber)를 사용하여 줄일 수 있는 분산은?

가. 색 분산
나. 도파로 분산
다. 모드분산
라. 재료분산

59. 다음 전송선로 중 대역폭이 가장 넓은 전송매체는?

가. twist pair cable
나. base band coaxial cable
다. CATV coaxial cable
라. fiber optics cable

60. 다음 중 광통신용 발광소자는?★

가. LD　　나. PD
다. APD　　라. LAP

61. 광전송 시스템의 구성요소 중 광섬유를 통하여 전송된 광을 수신하기 위한 수광 소자에 해당하는 것은?★

가. 반도체 레이저(LD)
나. 고체 레이저
다. 발광다이오드(LED)
라. 에벌런치 광검출기(APD)

62. 직경 0.4mm인 케이블로 측정 주파수 2[㎑]인 가입 자 선로의 손실이 8[dB]로 설계하고자 한다. 이때 케이블의 적정한 거리는? (단, 0.4mm 케이블의 감쇄 손실은 1.9[dB/Km]이다.)

가. 2.6　　나. 3.7
다. 4.2　　라. 5.0

63. LAN에서 사용하는 UTP 케이블 등급 중 100Mbps의 통신 속도를 제공해주는 것은?

가. Category 2　　나. Category 3
다. Category 4　　라. Category 5

64. 헤테로다인 중계 방식이란?

가. 수신파를 국부발진기의 고주파 신호와 혼합하여 중간 주파수로 변환한 뒤에 전력을 증폭하는 방식
나. 수신파를 국부발진기의 파와 혼합하여 주파수 변환 한 뒤에 복조하여 베이스 밴드를 얻어 마이크로파로 변조하는 방식
다. 베이스 밴드까지 되돌리는 변복조를 중계마다 반복하여 변조하는 방식
라. 증폭기의 비 직진성을 개선하기 위해서 변조하는 방식

65. 지구 적도 상공 약 35,800Km의 높이에 궤도 경사각 0도, 초속 3Km의 속도로 지구를 도는 위성의 궤도는?

가. 정지궤도　　나. 동기궤도
다. 회기궤도　　라. 준회기궤도

정답 58. 다　59. 라　60. 가　61. 라　62. 다　63. 라　64. 가　65. 가

66. 이동통신시스템의 구성요소가 아닌 것은?

가. 무선교환국
나. 무선기지국
다. 트랜스폰더
라. 무선전화단말장치

67. 이동통신채널의 특징 중 이동체의 움직임에 따라 수신신호 주파수가 변하는 것과 가장 관계 깊은 것은?

가. 페이딩　　나. 채널간섭
다. 지연확산　　라. 도플러현상

68. 이동 통신 채널의 특징 중 여러 가지 전송 경로에 따라 간섭을 일으켜 수신 신호 레벨의 변동이 발생하는 것과 가장 관계가 깊은 것은?

가. 페이딩　　나. 채널간섭
다. 시역 확산　　라. 도플러 현상

69. 이동통신 가입자가 자신이 가입한 서비스 지역을 벗어나 다른 지역에 가서도 자기가 가입했던 지역에서와 동일하게 통신 서비스를 받을 수 있는 기능을 무엇이라 하는가?

가. 헤드엔드(head end)
나. 로밍(roaming)
다. 보코딩(vocoding)
라. 전력제어(power control)

70. 이동통신의 채널에서 일어나는 현상이 아닌 것은?

가. 도플러 현상　　나. 표피효과
다. 지연확산　　라. 페이딩

71. 이동통신에서 수신안테나를 두 개 이상의 장소에 설치하고 이들의 출력을 동상으로 만들어 합성하거나 또는 가장 양호한 출력을 선택하여 수신하는 방식은?

가. 공간 다이버시티
나. 주파수 다이버시티
다. 각도 다이버시티
라. 경로 다이버시티

72. 기지국의 서비스 지역을 확대시키기 위한 방법이 아닌 것은?

가. 송신 출력을 증가시킨다.
나. 기지국 안테나 높이를 감소시킨다.
다. 지형에 맞는 안테나를 사용한다.
라. 고이득 또는 지향성 안테나를 사용한다.

73. 다음 중 CDMA 이동통신에 이용되는 대역 확산 방식이 아닌 것은?★

가. 주파수 호핑 방법
나. 잡음 호핑 방법
다. 직접 시퀀스방법
라. 시간 호핑 방법

74. 다음 중 스펙트럼 확산통신의 원리를 이용하는 다중화 방식은 어느 것인가?

가. 부호분할 다중화
나. 시분할 다중화
다. 공간분할 다중화
라. 주파수분할 다중화

정답 66. 다　67. 라　68. 가　69. 나　70. 나　71. 가　72. 나　73. 나　74. 가

핵심기출문제

75. 다음 중 송신선로의 레벨을 넓게 잡음 신호처럼 확산시키는 다중통신방식은?

가. 부호분할다중방식
나. 시분할다중방식
다. 공간분할다중방식
라. 주파수분할다중방식

76. 대역확산통신방식의 장점이 아닌 것은?

가. 시스템이 간단하다.
나. 비밀보호가 더 잘된다.
다. 선택적 어드레싱이 가능하다.
라. 저밀도 전력 스펙트럼을 갖는다.

77. 다음 중 광 아이솔레이터에 요구되는 성능이 아닌 것은?

가. 순방향 손실이 작은 것
나. 역방향의 광을 저지 할 것
다. 온도변화에 강하고 경량으로 가격이 저렴한 것
라. 역방향 손실이 작은 것

78. 마이크로파 통신에서 페이딩에 의한 전송품질의 저하를 방지하기 위해 사용하는 것은?

가. 다이버시티 나. 프리엠파시스
다. 디엠파시스 라. 스크램블

79. 진공 중에서 광속도와 전자파속도를 비교한 설명 중 맞는 것은?

가. 광속도와 전자파속도는 같다.
나. 광속도가 더 빠르다.
다. 전자파속도가 더 빠르다.
라. 속도가 불규칙하여 비교할 수 없다.

80. LAN에 대한 설명으로 적합하지 않은 것은?

가. 통상 단일조직에 의해 점유되어 있다.
나. 넓은 지역(수십 km)내의 각종 장치를 상호 접속하기 위한 범용 데이터 망이다.
다. 전송선로로서 UTP 케이블이 널리 사용된다.
라. 장비의 확장 및 재배치가 비교적 쉽고, 통신 속도가 고속이다.

81. CDMA 이동통신에서 많이 사용하는 디지털 변조방식은?

가. GMSK 나. BFSK
다. OQPSK 라. 64QAM

해설 QPSK phase를 보면 Zero Crossing(phase가 180° 변화하는 지점)이 존재한다. phase가 급격히 변화면 Amplitude의 급격한 변화를 소비한다. 그리고 이런 부분이 안테나에서는 매우 높은 파워를 소비한다. 그리하여 Zero crossing되는 부분을 줄이기 위해서 OQPSK를 사용한다. OQPSK 방식은 QPSK에서 Q-channel을 bit interval 만큼 delay 시킴으로서 180° phase 변화를 제거한 방식이다.

82. 다음 중 주파수가 가장 높은 전파는?

가. 밀리파 나. 서브밀리파
다. 마이크로파 라. 극초단파

정답 75. 가 76. 가 77. 라 78. 가 79. 가 80. 나 81. 다 82. 나

CHAPTER 5

디지털 데이터 전송

1 데이터 전송 방식

1.1 전송 방향에 따른 분류

(1) 단방향 통신

정보의 흐름이 한쪽 방향으로만 진행하는 방식

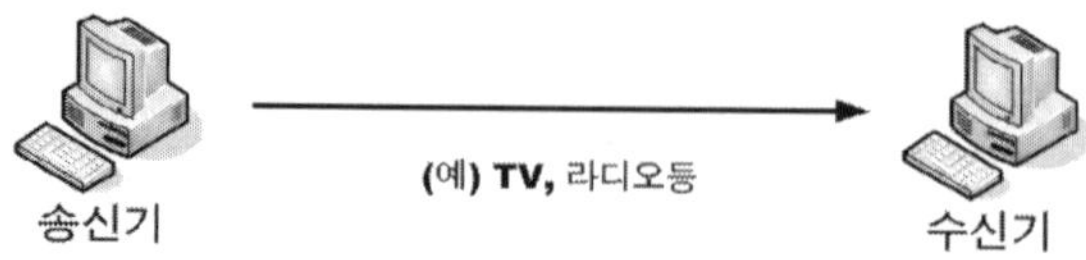

(2) 양방향 통신

① **반이중 통신** : 양방향 통신이나 동시통신이 불가능하며 어느 한순간에는 한쪽 방향으로만 데이터 전송이 일어나는 방식

② **전이중 통신** : 동시에 양방향으로 데이터 전송이 일어나는 방식

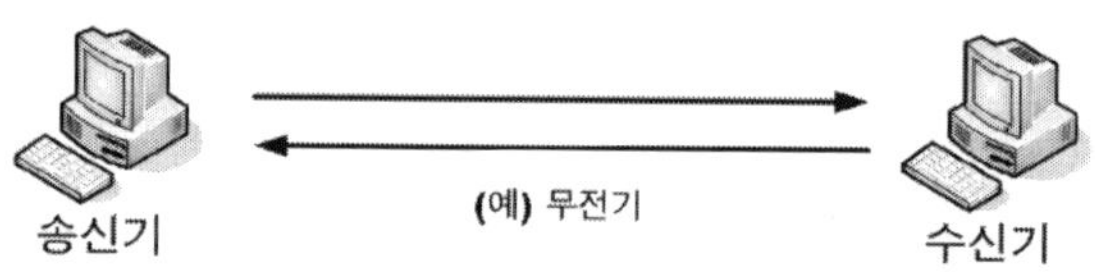

1.2 전송 방법에 따른 분류

(1) 직렬전송

한 글자를 구성하는 각 비트들이 하나의 전송매체를 통해 차례로 전송하는 방식

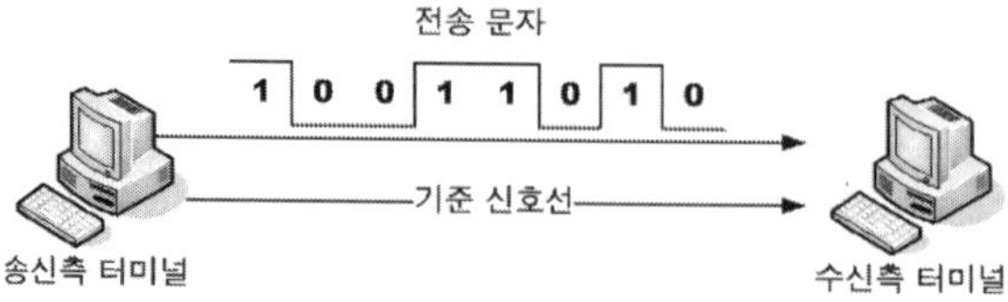

① 시스템 구성이 간단하고 경제적이다.

② 원거리 전송에 적합하다.

③ 전송속도가 느리다.

④ 직/병렬 변환 회로가 필요하다.

(2) 병렬전송

여러 개의 비트를 다수의 전송로에 한꺼번에 전송하는 방식

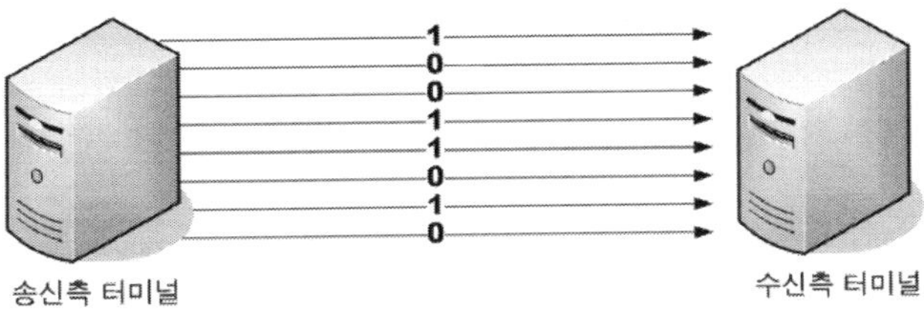

① 전송속도가 빠르다.

② 근거리 전송에 적합하다.

③ Strobe와 Busy신호를 이용하여 송 · 수신을 한다.

Strobe 신호는 데이터를 기억장치나 회로에 입력할 때 타이밍을 잡는 신호.

Busy 신호는 자신이 일련의 작업을 수행 중이라는 사실을 알리는 신호.

④ 직/병렬 변환 회로가 필요 없다.

1.3 동기 방식에 따른 분류

(1) 비동기 전송

정보 전송 형태는 문자단위로 이루어지며 송신측과 수신측이 항상 동기 상태에 있을 필요가 없다.

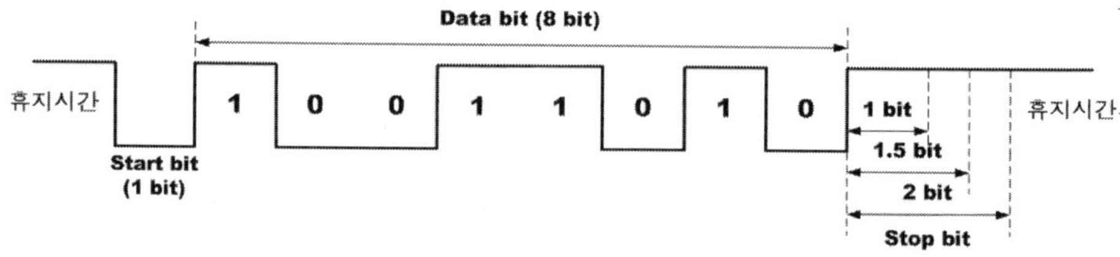

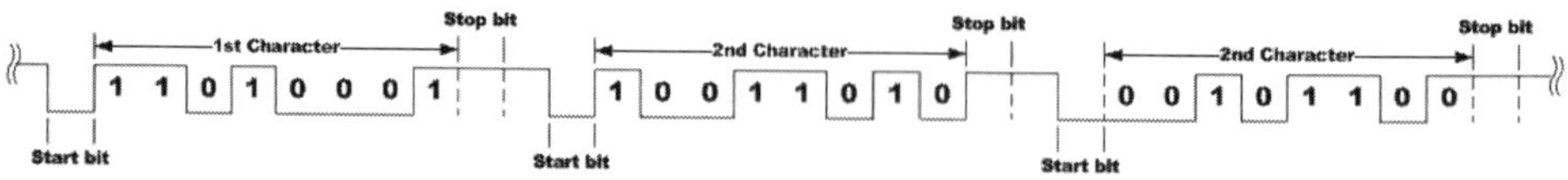

① 1비트의 스타트 비트와 1~2비트의 스톱 비트가 필요하다.

② 문자와 문자 사이에 휴지 시간이 있다.

③ 각 문자를 전송할 때 마다 스타트 비트와 스톱 비트를 추가하여 비트열을 구분하는 방식이다.

④ 2000bps이하의 전송속도에 사용된다.

⑤ 전송 성능이 나쁘고, 대역폭도 넓게 차지한다.

(2) 동기 전송

송신 신호 중 동기 신호가 포함되어 있어, 수신측에서 두 신호를 읽어 들여 동기가 이루어지는 방식

정보 전송 형태는 block단위로 이루어지고, 송신측과 수신측이 항상 동기 상태에 있어야 한다.

① 2000bps이상의 전송 속도에 사용된다.

② 전송속도가 빨라 수신측 단말기에는 버퍼 기억 장치가 필요하다.

③ 전송 성능도 좋고 전송 대역폭도 좁게 차지한다.

2 회선 구성 방식

(1) Point to Point(일대일 방식)

각 단말 간 회선을 일대일로서 구성하는 방식으로 회선이 많아져서 비경제적이다.

① 전송되는 정보량이 많은 경우에 적합하다.

② 회선의 설정이 불필요하다.

③ 고장 발생 시 유지보수가 용이하다.

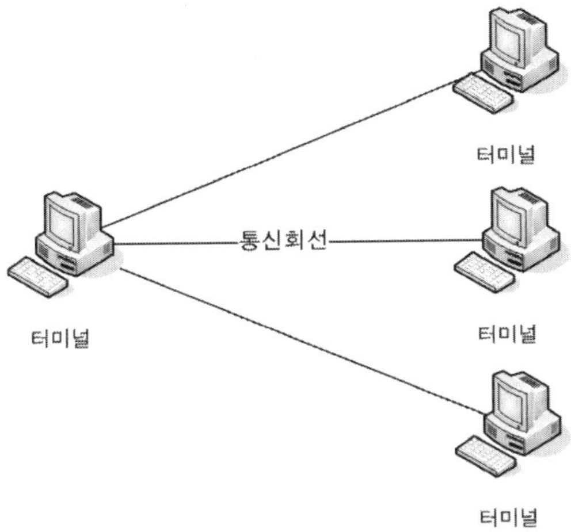

(2) Multi to Point(일대다 방식)

다수의 단말장치를 하나의 통신회선에 직접 접속하는 방식으로 각 단말기는 각자의 주소를 가지고 있어야 한다.

① 비교적 정보량이 적을 때 적합하다.

② 원거리 전송 시 사용 한다.

③ 회선의 유지 보수가 복잡하다.

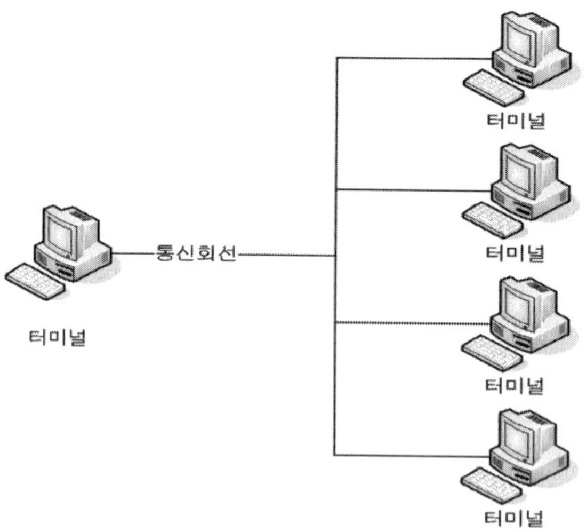

(3) Loop(Ring 방식)

서로 이웃하는 단말끼리만 연결하는 구성 형태

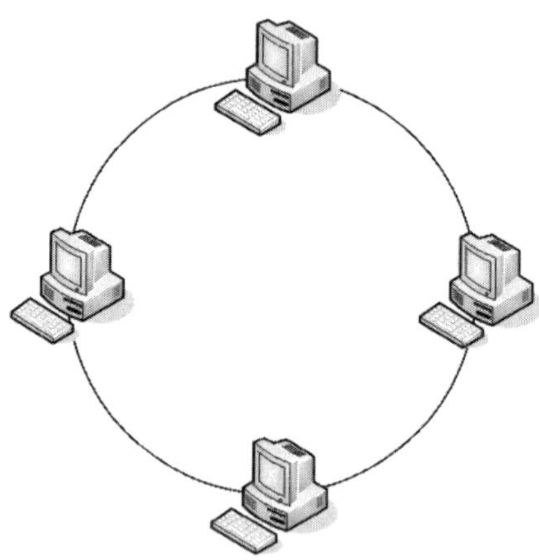

3 회선 접속 형태에 따른 분류

통신망의 접속 형태는 전송로(링크)와 연결된 단말간의 관계에 대한 기하학적 표현이며 기본적인 접속 형태는 그물 형, 스타 형, 트리 형, 버스 형, 링 형 등 다섯 가지가 있다.

(1) 그물 형(Mesh형)

그물 형은 통신망상의 모든 단말들을 통신회선으로 상호 연결한 형태로서 모든 단말 간 개별적인 통신회선으로 연결하기 때문에 비용이 많이 들어가고 각각의 단말들은 다수의 통신 포트들을 가지고 있어야 한다. 대신 각 단말 간 데이터 전달 속도가 가장 빠르다는 장점이 있으며 다음과 같은 특징을 가진다.

① 근거리 통신망(LAN) 보다는 광대역 통신망(WAN)에 많이 사용된다.

② 한 회선의 장애발생시 우회 경로가 있어 위회하여 통신이 가능하다.

③ 데이터 전송속도가 가장 빠르고, 신뢰성이 가장 우수한 방식이다.

④ 가장 많은 통신회선이 필요하며, 통신망의 구축비용이 가장 높다.

⑤ 단말기 개수를 n이라 했을 때 필요한 그물형 통신망의 회선 수는 $\frac{n(n-1)}{2}$가 된다.

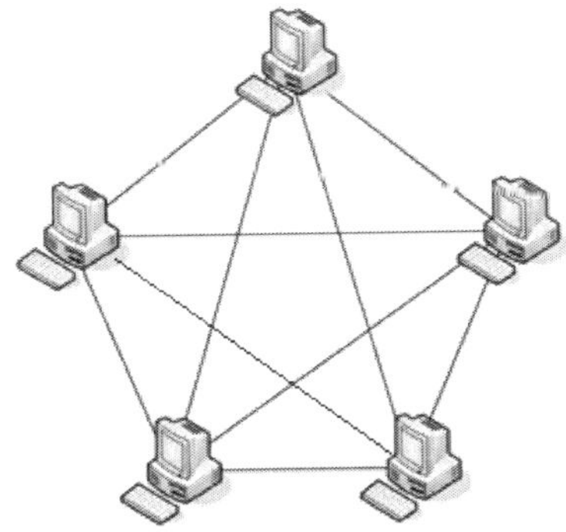

(2) 스타 형(Star형)

스타 형은 전송되는 데이터를 중앙의 컴퓨터나 교환기가 제어해주고 중앙의 컴퓨터나 교환기에 모든 단말들이 일대일 또는 일대다로 연결된 형태로 소규모 근거리 통신망(LAN)

구축에 적합하고 통신회선의 융성의 뛰어나며 다음과 같은 특징을 가진다.

① 단말의 고장 시 발견이 쉽고 유지보수가 용이하다.

② 각 단말기마다 전송속도를 다르게 설정할 수 있다.

③ 단말의 추가 및 제거가 용이하다.

④ 중앙 컴퓨터나 교환기에 장애 발생 시 전체 통신망 기능이 정지된다.

⑤ 단말기 증가에 따라 통신회선이 많이 필요하다.

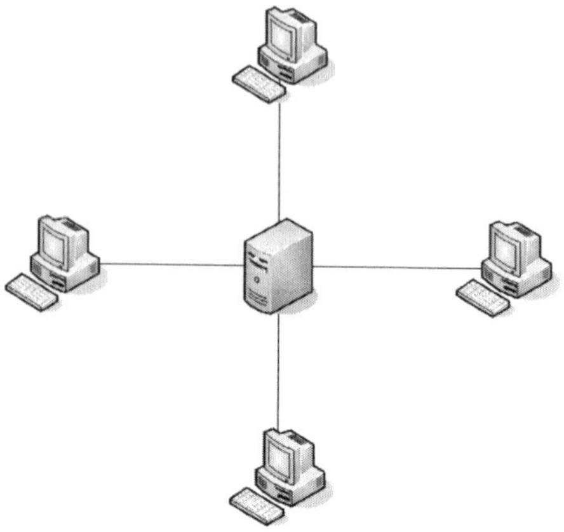

(3) 트리 형(Tree 형)

트리 형은 하나의 단말에서 여러 개의 통신회선이 뻗어 나가는 형태로서 중앙에 하나의 단말을 두고 일정 지역의 단말까지는 하나의 통신회선으로 연결되고 일정 지역의 단말에서 다시 그 지역의 다수의 단말과 연결되어 마치 그물 형처럼 하나의 단말에 여러 개의 단말을 연결되는 방식이다.

마치 나뭇가지가 뻗어나가는 형태로 되어 있어서 트리 형이라 부르고 통신망을 확장할 때 가장 가까운 단말에 연결하기 때문에 통신망의 확장 및 구축이 용이하다는 장점을 지니며 다음과 같은 특징을 가진다.

① 근거리 통신망(LAN) 보다는 광대역 통신망(WAN)에 많이 사용된다.

② 통신망의 추가 및 확장이 용이하다.

③ 상위의 통신망에 장애 발생 시 하위 통신망의 모든 단말들은 통신이 중단된다.

④ 통신망의 확장이 많아질 경우 트래픽이 한곳에 집중될 수 있다.

⑤ 분산처리 시스템 구성이 가능하다.

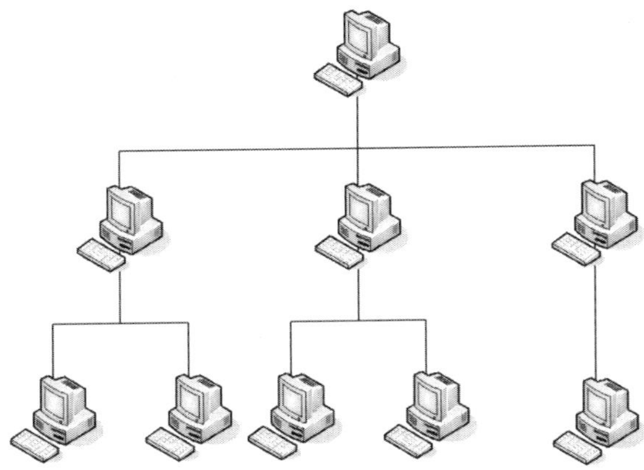

(4) 버스 형(Bus 형)

버스 형은 하나의 케이블에 모든 단말기들이 연결되어 있는 형태로서 각 단말에서 전송되는 데이터는 방송형태로 전송되고 모든 단말기들은 수신된 정보의 단말기 식별번호에 의해 해당하는 정보만 수신하는 방식이다.

이 방식은 통신만 구조가 간단하고, 각 단말의 추가 제거가 용이 하지만 중심 케이블 양 끝에는 신호의 바운딩 현상을 막기 위해 디미네이터라는 장치를 부착해야 하며 다음과 같은 특징을 가진다.

① 모든 단말기들이 하나의 통신회선을 공유하므로 통신망의 구축비용이 저렴하다.

② 단말기 고장 시 전체 통신망에 영향을 주지 않아 신뢰성이 높다.

③ 모든 단말기가 통신회선 상에 전송되는 데이터를 수신할 수 있어 데이터의 비밀 보장이 곤란하다.

④ 통신회선에 장애 발생 시 전체 통신망에 영향을 준다.

⑤ 통신회선의 길이에 제한을 받으며 주로 근거리 통신망(LAN)에 주로 이용된다.

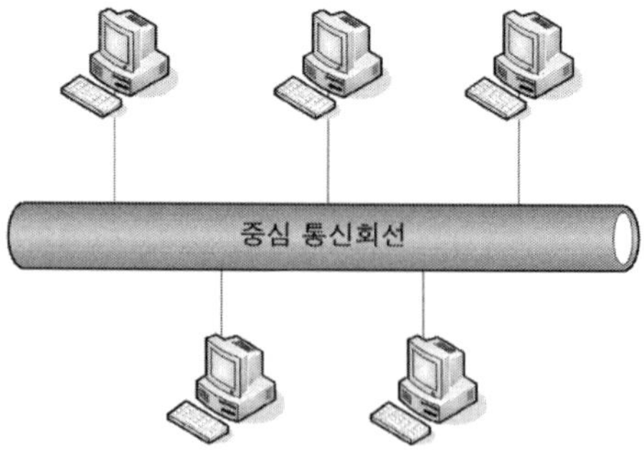

(5) 링 형(Ring 형)

링 형은 각각의 단말기들이 서로 이웃하는 것끼리만 직접 또는 중계를 통해 연결하는 형태로서 전송되는 데이터는 방송형태로 전송되므로 각 단말기마다 공평한 통신 서비스를 수행할 수 있다.

이웃한 단말기간 거리가 가까울 때 경제적이며 주로 근거리 통신망(LAN)에 이용되며 다음과 같은 특징을 가진다.

① 통신회선과 단말기 고장 시 발견이 용이하다.

② 새로운 단말의 추가 또는 기존 단말의 삭제 시 통신회선을 절단해야 함으로 불편하다.

③ 단말기 고장이나 통신회선 장애 시 전체 통신망에 영향을 주므로 우회기능과 통신회선의 이중화 등이 필요하다.

④ 각 단말에서 데이터 전송이 전송지연이 발생할 수 있다.

⑤ 통신회선의 길이에 제한을 받는다.

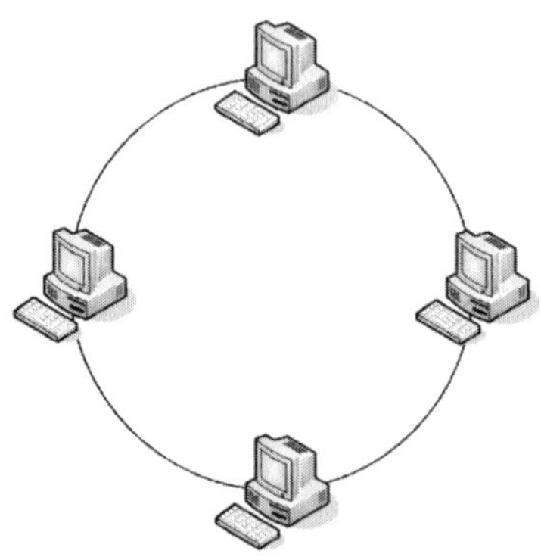

4 데이터 교환 방식

(1) 회선 교환망

먼저 요청된 신호가 먼저 하나의 회선을 선택하고, 일대일 통신을 하는 방식 접속률이 회선 수에 따라 결정된다.

회선이 선택되면 마치 전용회선처럼 사용되어 속도는 빠르나 가입자 수용에 한계가 있어 회선 이용 효율이 나쁘다.

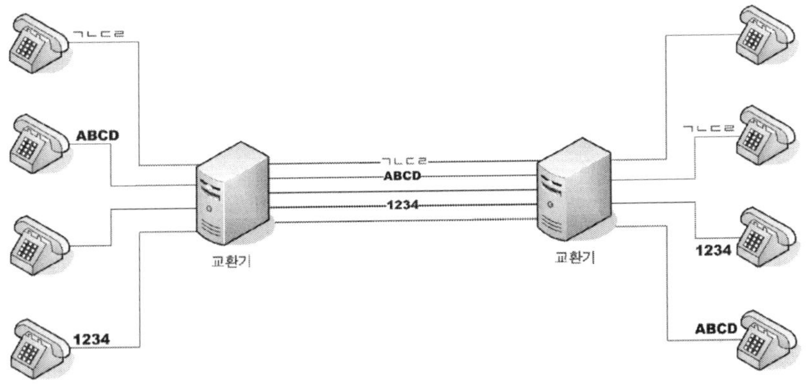

(2) 메시지 교환망

데이터를 메시지 단위로 전송하는 방식으로 데이터 전송 단위에 목적지 주소를 부여 비어 있는 회선을 골라 전송하는 방식

하나의 회선에 여러 개의 메시지를 보낼 수 있어 회선 이용률이 높다.

① 전송되는 정보가 교환기내에 축적되는 동안 전송지연이 발생한다.

② 각 메시지마다 순서 번호가 부여된다.

③ 목적지 주소 등 오버헤드가 존재한다.

④ 메시지의 길이가 일정치 않아 실시간 데이터 전송에 불리하다.

⑶ 패킷 교환망

데이터를 패킷 단위로 일정하게 나누어서 전송하는 방식

① 실시간 데이터 전송에 유리하다.

② 메시지 교환 방식보다 회선 이용률이 높다.

③ 가상회선 방식과 데이터 그램 방식으로 나눠진다.

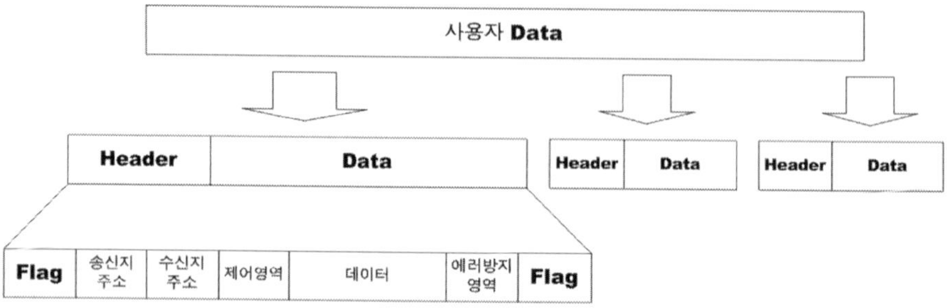

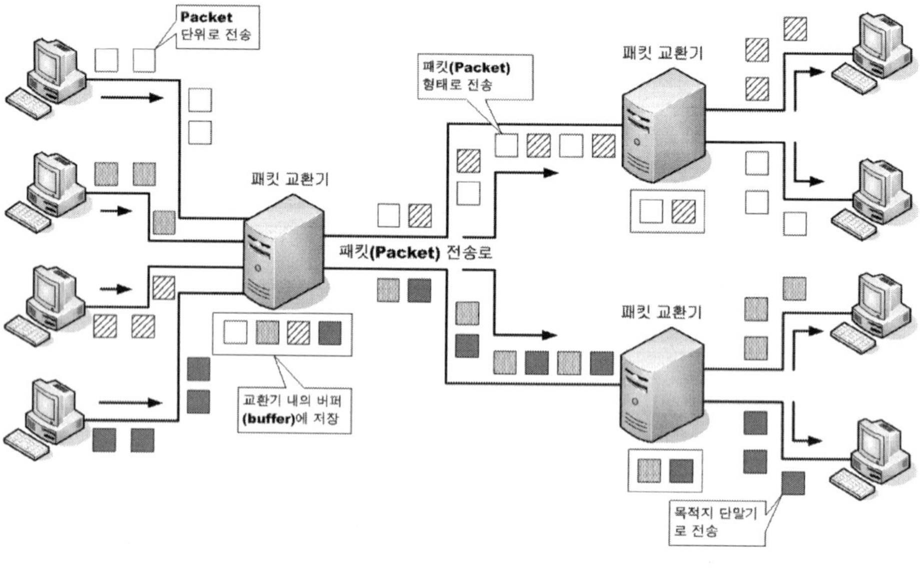

5 망 동기 방식

(1) 독립 동기 방식

동기가 필요할 때 시스템 마다 따로따로 각자의 동기 클록을 사용하는 방식

(2) 종속 동기 방식

송신측, 수신측 둘 중 한 개의 동기 클록만을 동일하게 사용하는 방식

① SMS(단순 종속 동기 방식)

주국의 클록을 중심으로 부국들이 동기를 맞추는 방식

단 주국 고장 시 전체 통신이 마비된다.

② HMS(계층 종속 동기 방식)

주국 고장 시 전체 통신 마비 현상을 막기 위해서 계층적으로 주국을 두는 방식으로 비용이 많이 든다는 단점이 있다.

③ PAMS(선 지정 대체 종속 동기 방식)

예비용으로 대체 주국을 따로 하나 더 두고 운용하는 방식

마스터 주국 고장 시 대체 주국이 사용되는 방식이다. 계층 종속 동기 방식의 비용 부담을 줄이기 위해 사용된다.

(3) 상호 동기 방식

각 시스템은 각자의 클록 원과 제 3의 클록 원 2개를 가지고 있어 서로 다른 시스템끼리 데이터 전송 시 제 3의 클록을 발생시켜서 동기를 맞추는 방식

6 광전송 서비스의 형태

광통신을 이용한 서비스는 기존의 동선케이블에 비해 전송손실이 적고 무한대의 정보를 전송할 수 있어 앞으로의 통신환경 변화에서 대용량 멀티미디어 정보를 취급하기 위해 동선 가입자 선로의 대체 수단으로 각광받고 있으며 현재는 기존의 동축케이블을 이용한 케이블TV망에 광케이블을 혼합한 HFC전송망과 FTTx(Fiber To The x)의 광가입자망 서비스가 활발히 진행되고 있다.

6.1 FTTx(Fiber To The x)광 가입자망 서비스

FTTx란 전화국에서부터 구역, 지점, 기업, 가정까지 광케이블을 설치하여 초고속 대용량 서비스를 제공하는 광가입자망의 포괄적인 표현으로 광케이블이 가정이나 댁내까지 공급되는 FTTH, 빌딩이나 아파트 건물까지 공급되는 FTTO, 일정 가입자의 지역 내의 전신주나 지하에 설치된 함체까지 공급하는 FTTC등이 있다.

(1) FTTC(Fiber To The Curb)

FTTC는 어느 정도의 가입자를 집합시킨 수요밀집지역까지 광케이블 공급하는 형태로서 일반적으로 가입자 지역 내에 광망 종단장치(ONU)를 설치하고, ONU부터 가입자까지는 기존의 동선 케이블로 연결한다.

(2) FTTO(Fiber To The Office)

FTTO는 가입자의 빌딩 또는 아파트 건물 구내까지 광케이블이 공급되는 형태로서 가입자 건물 내의 통신실(MDF)내에 광망 종단장치(ONU)를 설치하고 ONU부터 건물 내의 각층의 가입자까지는 기존의 동선케이블로 연결한다.

(3) FTTH(Fiber To The Home)

FTTH는 일반 가입자 댁내까지 광망 종단장치(ONU)를 공급하여 광케이블이 각 가정에까지 인입되는 수준이다.

6.2 HFC(Hybrid Fiber Coaxial) 혼합 광 동축 케이블망

HFC전송망은 음성 및 영상 데이터와 같은 광대역 멀티미디어 콘텐츠를 전달하기 위해 기존의 케이블 TV망을 서로 다른 부분에서 광케이블과 동축케이블을 혼합하여 사용하는 통신기술로서 서비스 구역을 여러 개의 Cell로 분할하여 방송국에서 분배센터 그리고 각 Cell내의 광망 종단장치(ONU)까지는 광케이블로 연결하고 광망 종단장치(ONU)부터 각 가입자 댁내까지는 동축케이블을 사용하여 서비스 하는 형태로 기존의 전화선을 이용하던 xDSL에 비해 속도 및 안정성이 매우 뛰어나며, 양방향 전송이 가능하다, 또한 기업이나 가정에 항상 설치되어 있는 기존의 동축케이블을 교체하지 않고도 광섬유 케이블의 일부 특성을 사용자 가까이 전달할 수 있어 동축케이블만 사용하는 것보다 초고속 광대역 데이터 전송이 가능하다.

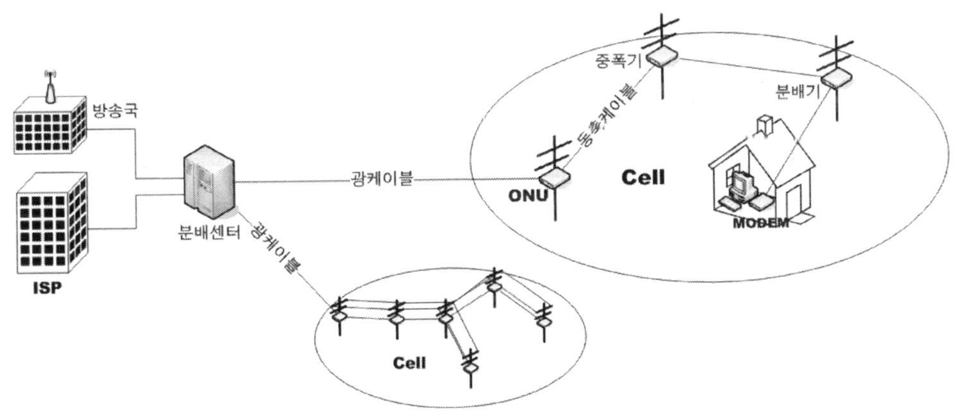

혼합 광 동축케이블 망(HFC) 형태

핵심기출문제

1. 단말에서 단말 입출력장치와 데이터 전송장치, 중앙에서 데이터 전송장치와 통신제어 장치 등을 전기적으로 직접 결합한 방식은?

   가. ON - LINE SYSTEM
   나. OFF - LINE SYSTEM
   다. PROGRAM STORE SYSTEM
   라. Polling SYSTEM

2. 연결된 두 장치 간에 한 번씩 교대로 데이터를 전송하는 방식을 무엇이라 하는가?

   가. 단방향 전송방식
   나. 전방향 전송방식
   다. 반이중 전송방식
   라. 전이중 전송방식

3. 직렬 전송과 비교하여 병렬 전송의 특징으로 옳은 것은?

   가. 전송 속도가 느리다.
   나. 단말 장치와의 인터페이스 구성이 복잡하다.
   다. 전송 매체의 비용이 높다.
   라. 병렬 신호를 직렬 신호로 변환해야 한다.

4. 병렬 전송의 특징으로 옳은 것은?

   가. 전송 속도가 느리다.
   나. 단말 장치와의 인터페이스 구성이 복잡하다.
   다. 전송 매체의 비용과 접속 비용이 높다.
   라. 병렬 신호를 직렬신호로 또는 반대로 변환해야 한다.

5. 스트로브(strobe)신호와 비지(busy)신호를 이용하여 전송하는 형태는?

   가. 병렬 전송　　나. 직렬 전송
   다. 동기식 전송　　라. 비동기식 전송

6. Start-Stop 전송방식이라고 데이터 전송 시 한 번에 한 글자씩 전송하는 방법은?

   가. 동기식 전송방식
   나. 비동기식 전송방식
   다. 직렬 전송방식
   라. 병렬 전송방식

7. 비동기 전송방식에서 단말기가 문자를 해독 하여 처리하고 다음 문자를 수신할 수 있도록 준비 시간을 제공하기 위해 사용하는 비트는?

   가. 시작 비트(start bit)
   나. 데이터 비트(data bit)
   다. 패리티 비트(parity bit)
   라. 정지 비트(stop bit)

8. 동기식 전송의 특징으로 옳지 않은 것은?

   가. 전송 정보묶음 단위로 동기문자를 가진다.
   나. 한 묶음으로 구성된 문자들 사이에 휴지(idle)간격이 없다.
   다. 사용 단말기는 버퍼가 없는 단말기를 사용한다.
   라. 클럭을 동기신호로 사용한다.

정답 1. 가　2. 다　3. 다　4. 다　5. 가　6. 나　7. 라　8. 다

9. 동기식 전송방식에 해당하지 않는 것은?

가. 데이터 블록의 앞쪽에 반드시 동기문자가 온다.
나. 글자들 사이에 휴지시간이 없다.
다. 송신측과 수신측이 동기를 이루어야한다.
라. 저속의 전송속도에 주로 사용한다.

10. 데이터 전송방식중 동기식 전송방식에 해당하는 것은?

가. 전송되는 각 글자 사이에는 일정치 않은 휴지 기간이 있을 수 있다
나. 각 문자의 앞에는 1개의 start 비트가 있다
다. 수신측 단말에 버퍼기억장치가 필요하다
라. 동기는 글자단위로 이루어진다.

11. 다음에서 동기식 전송의 설명으로 틀린 것은?

가. 비트마다 동기가 취해지므로 한 번에 긴 데이터를 송·수신할 수 있다.
나. 정하여진 숫자만큼의 문자열을 묶어 일시에 전송한다.
다. 비동기 전송보다 전송효율과 전송속도가 높다.
라. 수신측은 처음 0의 상태인 start bit를 감시하므로 송신개시를 알 수 있다.

12. 데이터 전송방식중 동기식 전송방식에 해당하는 것은?

가. 전송되는 각 글자 사이에는 일정치 않은 휴지 기간이 있을 수 있다.
나. 각 비트 길이는 통신 속도에 따라 정해지며 일정하다.
다. 수신측 단말에 버퍼기억장치가 필요하다
라. 동기는 글자단위로 이루어진다.

13. 다음에서 포인트 투 포인트(point to point)방식의 설명으로 틀린 것은?

가. 컴퓨터와 단말기가 1:1로 연결된 방식이다.
나. 각 스테이션은 N-1개의 통신 포트가 필요하다.
다. 소량의 데이터를 전송하거나 분산된 환경에 가장 적합한 방식이다.
라. 스테이션의 수가 증가하거나 거리가 멀면 비용이 증가한다.

14. 멀티드롭(multi-drop) 형 네트워크에서 컴퓨터로 구성된 제어 국이 여러 대의 단말기로 구성된 종속국에 차례로 데이터 송신요구가 있는지 묻는 송신 권 제어 방식은?

가. 셀렉팅(Selecting) 방식
나. 회선쟁탈(contention) 방식
다. 폴(polling)링 방식
라. 라우팅(Routing) 방식

정답 9. 라 10. 다 11. 라 12. 다 13. 다 14. 다

핵심기출문제

15. 최근에 많이 사용되고 있는 xDSL 관련 기술을 보기에 열거하였다. 이중에 상, 하향 속도가 같은 대칭 적인 전송서비스가 가능한 기술만을 바르게 나타낸 것은?★

보기 : HDSL, ADSL, UADSL, SDSL, VDSL

가. ADSL, VDSL
나. ADSL, HDSL
다. VDSL, UADSL
라. SDSL, HDSL

16. ITU-T의 권고안 중에서 변복조기에 대한 규정은?

가. X-시리즈　　나. V-시리즈
다. I-시리즈　　라. Z-시리즈

17. 전송 기술에 대한 분류가 잘못된 것은?

가. 전송 방향에 따른 전송 방식 : 단향 통신, 반이중 통신, 전이중 통신
나. 동기 방법에 따른 전송 방식 : 비동기식 전송, 동기식전송, 혼합형 동기 전송
다. 아날로그 전송 방식 : 기저대역(base band) 전송, 비트동기식 전송, 문자 동기식 전송
라. 회선 구성에 따른 전송 방식 : 포인트-투-포인트 방식, 멀티 포인트 방식

정답　15. 라　16. 나　17. 다

CHAPTER 6

프로토콜(Protocol)

1 프로토콜

1.1 프로토콜

어떤 시스템과 다른 시스템 사이에 신뢰성 있는 정보를 전송하기 위하여 미리 약속된 절차 및 규정(통신 규약)

1.2 프로토콜의 기능 역할

- 분리와 조합
- 에러 제어
- 동기제어
- 다중화
- Framing(투명성)
- 흐름제어
- 순서바로잡기
- Routing(경로 배정)
- 요약화(Encapsulation)
- 접근제어
- 주소 부여
- 우선순위 배정

1.3 OSI참조 모델

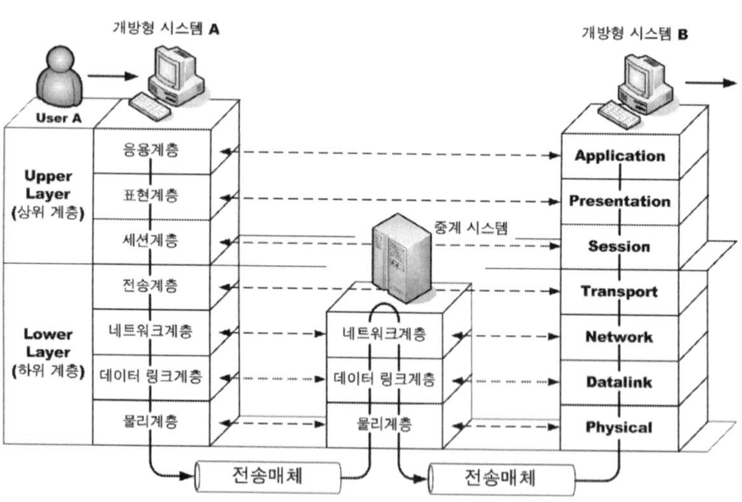

1.3.1 물리계층(제 1계층)

최하위 계층으로서 전송매체를 통해 비트열을 전송하기 위한 기계적, 전기적, 사항에 관한 규칙

(1) 물리 계층의 프로토콜

Ethernet/IEEE802.3, Token Ring/IEEE802.5, FDDI

EIA/TIA-232, EIA/TIA-449, EIA/TIA-530, V.21, V.24, X.21

(2) 네트워크 연결 장비

리피터(Repeater)와 허브

(3) 전송단위

bits

1.3.2 데이터 링크 계층(제 2계층)

인접 시스템 간 데이터 전송 및 신뢰성 있는 데이터 전송을 위한 전송제어 수행

(1) 데이터 링크 계층의 프로토콜

LLC(Logical Link Control), MAC(Media Access Control)

HDLC, SDLC, ADCCP, CCDMP, LAP-B, X.25, SLIP, PPP, Frame Relay

(2) 네트워크 연결 장비

스위치와 브리지(Bridge)

(3) 전송단위

Frames

1.3.3 네트워크 계층(제 3계층)

교환, 중계, 경로설정(Routing)등을 수행 종단 시스템 간 데이터 전송을 보증하는 계층

(1) 네트워크 계층의 프로토콜

IP, IPX, Apple Talk, ICMP, ARP, RARP

(2) 네트워크 연결 장비

라우터(Router)

(3) 전송단위

Packets

1.3.4 전송 계층(제 4계층)

종단 시스템 간 데이터의 전달 확인 및 회선에서 발생하는 전송에러를 회복하는 계층

(1) 전송 계층의 프로토콜

TCP(Transmission Control Protocol), UDP(User Datagram Protocol)

(2) 네트워크 연결 장비

게이트웨이(Gateway)

(3) 전송단위

Segments

1.3.5 세션 계층(제 5계층)

응용 프로그램간의 연결을 설정, 유지, 종결하는 기능을 위해 대화를 담당하는 계층

(1) 세션 계층의 프로토콜

NFS, SQL, RPC, ASP, DECnet, ASP, SCP

(2) 네트워크 연결 장비

게이트웨이(Gateway)

(3) 전송단위

Data

1.3.6 표현 계층(제 6계층)

한 시스템의 응용 계층에서 보낸 정보를 다른 시스템의 응용 계층이 읽을 수 있도록 데이터의 형식이나 문법, 표현 형태 등을 표준화 하는 계층

(1) 표현 계층의 프로토콜

ASCII, EBCDIC, JPEG, MPEG, TIFF, GIF, AVI, MIDI

(2) 네트워크 연결 장비

게이트웨이(Gateway)

(3) 전송단위

Data

1.3.7 응용 계층(제 7계층)

최상위 계층으로서 사용자가 다양한 프로그램을 이용할 수 있도록 도와주는 계층

(1) 응용 계층의 프로토콜

① **Remote Access Service** : Telnet, SSH, VNC

② **File Transfer Service** : FTP, TFTP

③ **E-mail Service** : SMTP, POP3, IMAP

④ **Network Management Service** : SNMP

⑤ **Domain Management Service** : DNS

⑥ **Web Service** : HTTP, HTTPS, NNTP

(2) 네트워크 연결 장비

게이트웨이(Gateway)

(3) 전송단위

Data

2 전송제어 프로토콜

OSI 2계층에서 수행하는 기능

2.1 전송제어 기능

① 입출력 제어

② 회선 제어(흐름 제어)

③ 동기 제어

④ 착오 제어

2.2 전송제어 5단계

① **1단계** : 교환망에서의 회선의 접속

② **2단계** : 데이터 링크 확립

③ **3단계** : 데이터의 전송

④ **4단계** : 데이터 링크의 해제

⑤ **5단계** : 교환망에서의 회선의 절단

2.3 전송제어 프로토콜의 분류

2.3.1 문자 동기 방식(BSC제어 절차)

문자로 된 프로토콜로 제어하는 방식

(1) 10가지 제어 문자

부호	명칭	의미
SYN	Synchronous Idle	문자에 동기를 부여하거나 문자 동기를 유지시키기 위해 사용
SOH	Start Of Heading	헤더 정보의 시작을 나타냄
STX	Start Of Text	헤더 정보의 종료 및 정보 메시지인 텍스트의 시작을 나타냄
ETX	End Of Text	텍스트의 종료를 나타냄
ETB	End of Transmission Block	전송 블록의 종료를 나타냄
EOT	End Of Transmission	정보 전송의 종료 및 데이터 링크의 초기화
ENQ	Enquire	송·수신 간 데이터 링크 확립 및 상대국에 어떤 응답을 요구하기 위해 사용
DLE	Data Link Escape	둘 이상의 문자들의 의미를 변경하거나 전송 제어 기능을 추가할 때 사용
ACK	Acknowledge	수신한 정보 메시지에 대한 긍정적 응답
NAK	Negative Acknowledge	수신한 정보 메시지에 대한 부정적 응답

(2) 프레임의 구조

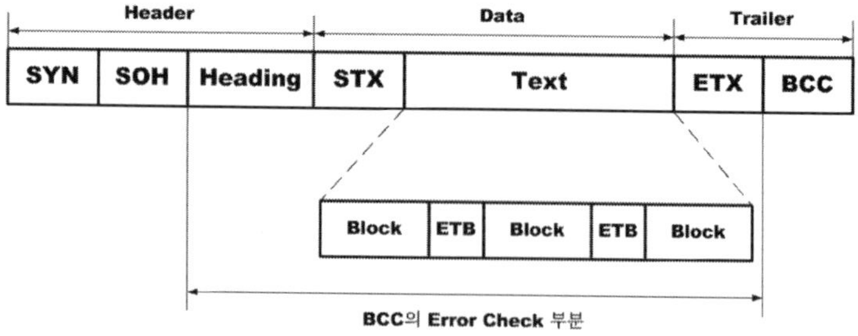

2.3.2 비트 동기 방식(HDLC 제어 절차)

ISO에서 제안한 고급 데이터 링크 제어 프로토콜

비트 중심의 정보 전송을 위한 통신 규약의 한 종류로서 컴퓨터 간 통신에 적합하다.

(1) 프레임의 구조

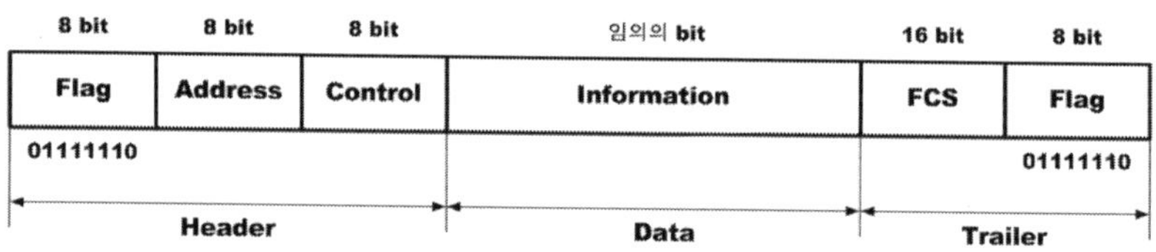

① Flag : 프레임의 시작과 끝을 알려준다.

8비트를 사용하며 일정한 비트열을 가진다.(01111110)

② Address : 주소부 8비트

③ Control : 제어부 8비트

④ Information : 정보부 임의의 비트

⑤ FCS : 에러 검사 부 16비트

(2) HDLC 제어 필드의 구성

HDLC프레임의 제어필드는 1차국과 2차국간 또는 복합국간 송 · 수신 되는 프레임의 동작 명령, 응답을 위한 프로토콜의 제어와 프레임의 종류, 순서번호 등의 제어 정보가 들어있으며 정보 프레임(I-프레임), 감시 프레임(S-프레임), 비번호제 프레임(U-프레임)등이 있다.

① **정보 프레임**(Information Frame)

정보 프레임 줄여서 I-프레임(정보전송형식)이라고도 부르며, 실제 사용자의 데이터 전송을 위해 사용되는 형식으로 정보부를 가지는 정보 전송용 프레임을 의미한다.

정보 프레임의 제어부에는 첫 비트가 "0"으로 시작하고 현재 전송중인 프레임의 순서번호와 수신 프레임의 순서번호 등이 들어 있다.

② **감시 프레임**(Supervisory Frame)

감시 프레임 줄여서 S-프레임(감시 형식)이라고도 부르며, 송 · 수신 국간의 I-프레임에 대한 수신 확인(RR : Receive Ready), 재전송 요구(REG)와 같은 상대국을 감시 제어할 경우에 사용하는 형식으로 에러 제어와 흐름제어를 위한 프레임이다.

제어 부의 첫 비트가 "10"으로 시작하고 정보부가 존재하지 않는다는 것이 특징이다.

③ **비번호제 프레임**(Unnumbered Frame)

비번호제 프레임 줄여서 U-프레임이라고도 부르며, 정보 전송을 하기 전에 송 · 수신 국간 데이터 링크 확립, 상대국의 동작모드 설정과 응답, 데이터 링크 해제 등에 사용되는 형식으로 제어 부의 첫 비트가 "11"로 시작하고 수신 프레임에 대한 수신확인(RR : Receive Ready)기능이 없으며 송 · 수신의 순서 번호를 사용하지 않고 정보부를 보낸다.

(3) HDLC의 전송 모드

HDLC프로토콜에서 2차국 또는 복합국에 대한 동작 상태를 결정하는 모드로 초기모드(Initialization Mode), 동작모드, 절단모드(Disconnected Mode)로 구분된다.

일반적으로 1차국이나 주국의 역할을 하는 복합국의 경우 특별한 모드가 정해져 있지 않지만 2차국이나 종국의 역할을 하는 복합국의 경우에는 특정 모드를 인식하여 해당 모드에 대응하는 동작을 수행하여야 한다.

① **초기모드(IM : Initialization Mode)**

초기모드란 송 · 수신국간 논리적인 경로인 데이터 링크의 초기화를 수행하는 모드로 1차국(복합국)과 2차국(복합국)간 데이터 링크가 논리적으로 절단된 상태에서 1차국(복합국)이 SIM(Set Initialization Mode)에 의해 상대국과의 데이터 링크제어 프로그램과 해당 매개변수 등을 초기화를 지시한다.

② **동작모드**

1차국과 2차국간 데이터 링크가 설정 된 후 2차국의 명령의 수신 및 응답에 관해서 규정짓는 모드로 절차 등급과 관계가 있으며 정규 응답 모드(NRM), 비동기 응답 모드(ARM), 비동기 균형 모드(ABM)등이 구분된다.

㉠ 정규 응답 모드(NRM : Normal Response Mode)

1차국으로부터 송신 허가를 받아야만 2차국이 응답을 송신할 수 있는 모드로 프레임의 제어 필드에서 P비트가 1로 설정된 명령프레임을 수신할 경우에만 2차국에서 응답을 송신할 수 있으며 응답프레임을 송신 할 경우에는 제어 필드의 F비트를 1로 하여 송신해야 한다.

이 모드는 2차국 마음대로 프레임 송신이 불가능하며 반드시 1차국으로부터 송신 허가를 받아야 한다. 따라서 1,2차국간 교대로 통신이 일어나며 점대점 다중점 모두에서 사용될 수 있다.

㉡ 비동기 응답 모드(ARM : Asynchronous Response Mode)

1차국으로부터 송신 허가를 받지 않고도 2차국이 언제든지 응답을 송신할 수 있는 모드로 프레임의 제어 필드에서 P비트가 "1"로 설정된 명령프레임을 수신할 경우에는 즉각 응답 프레임을 송신하여야 한다.

이 모드는 2차국이 스스로 1차국의 허락 없이 프레임을 전송할 수 있어 양방향 동시 통신이 가능하고, 점대점 이중 링크에서 사용된다.

㉢ 비동기 평형 모드(ABM : Asynchronous Balanced Mode)

복합국과 복합국간 프레임을 송 · 수신 할 수 있는 모드로 복합국 간에는 상대 복합국의 허가 없이 명령 프레임이나 응답 프레임을 송 · 수신 할 수 있다.

③ **절단 모드**

절단 모드란 송 · 수신국간 논리적인 경로인 데이터 링크가 설정되어 있지 않거나, 해제된 모드로 2차국(복합국)이 데이터 링크로부터 논리적으로 절단된 상태를 말한다.

이 모드에서는 1차국의 DISC명령에 의해 동작모드에서 절단모드로 이동하게 되며 2차국(복합국)이 1차국 으로부터 제어 필드의 P비트가 "1"이나 "0"으로 설정된 Unnumbered Poll명령을 수신했을 때에만 DM(Disconnected Mode), RIM(Request Initialization Mode)등의 응답 프레임을 송신할 수 있다.

2.3.3 BSC 프로토콜과 HDLC프로토콜의 비교

구분	BSC 프로토콜	HDLC 프로토콜
① 제어 방식	문자 제어 방식의 프로토콜	비트 제어 방식의 프로토콜
② 전송방향	반 이중 방식만 지원	단방향, 반이중, 전이중 통신 방식을 모두 지원
③ 데이터 링크 형식	점대점, 다중점만 지원(루프형태는 불가)	점대점, 다중점, 루프방식 모두 가능
④ 에러 제어 방식	Stop-and-Wait ARQ 방식	Go-back-N ARQ Selective ARQ
⑤ 신뢰성	신뢰성이 낮다.	신뢰성이 우수하다.
⑥ 효율성	비효율적	효율적

3 착오제어

3.1 착오제어 평가방법

$$\text{비트 에러율} = \frac{\text{에러가 발생한 비트수}}{\text{전송된 총 비트수}}$$

$$\text{블록 에러율} = \frac{\text{에러가 발생한 블록수}}{\text{전송된 총 블록수}}$$

$$\text{문자 에러율} = \frac{\text{에러가 발생한 문자수}}{\text{전송된 총 문자수}}$$

3.2 착오제어의 분류

(1) 에러 검출 부호

① 수직 패리티 검사 방식

② 수평 패리티 검사 방식

③ 정 마크, 정 스페이스 방식

④ CRC 방식

⑤ 그룹 계수 검사 방식

(2) 에러 정정 부호

① 해밍 부호

② CRC 부호

③ BCH 부호

(3) 반송 방식

송신측에서 보낸 데이터를 수신측에서 처리하지 않고 송신측으로 다시 되돌리는 방식

송신측으로 되돌아온 데이터를 비교하여 에러 발생 유무를 체크한다.

(4) 연송 방식

두 개의 회선을 이용해서 똑같은 데이터를 두 개 동시에 전송하는 방식

수신측에서 두 개의 데이터를 비교 에러가 없으며 다음 데이터를 수신하고 있으면 재전송을 요청한다.

3.3 ARQ(검출 후 재전송)

에러 검출 부호를 사용하여 에러 검사 후 에러 발생 시 송신측에게 에러가 발생한 데이터 블록을 다시 전송해 주도록 요청하는 방법

(1) 정지대기(Stop-and-wait ARQ)

송신측은 한 블록을 전송한 다음 수신측에서 에러 발생을 검출하고 에러 발생 시 역 채널을 통해 ACK나 NAK신호를 보내올 때 까지 기다리는 방식

(2) 연속적(Continuous)

한 블록씩이 아니라 연속적으로 데이터 블록을 보내는 방식

① Go-back-N ARQ : 송신측은 에러가 발생한 데이터 프레임부터 다시 재전송

② **선택적**(Selective) ARQ : 에러가 발생한 데이터 프레임만 재전송

(3) 적응적(Adaptive) ARQ

전송 효율을 높이기 위해 블록의 길이를 채널의 상태에 따라 동적으로 변경시켜 전송하는 방식

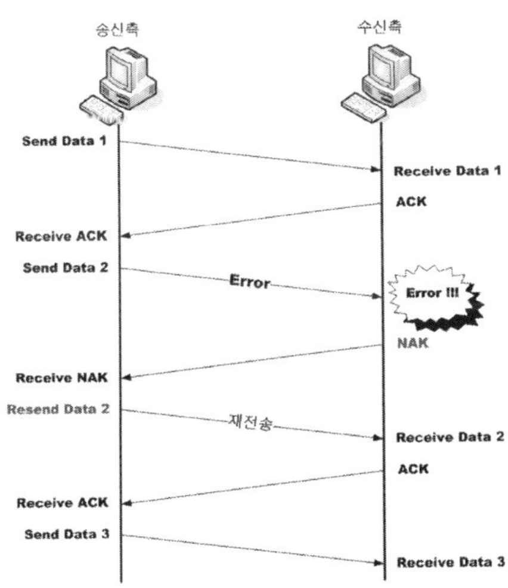

Stop-and-wait ARQ

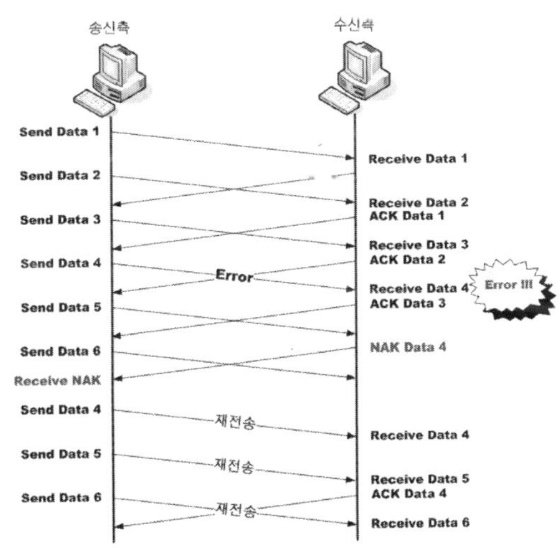

Go-back-N ARQ

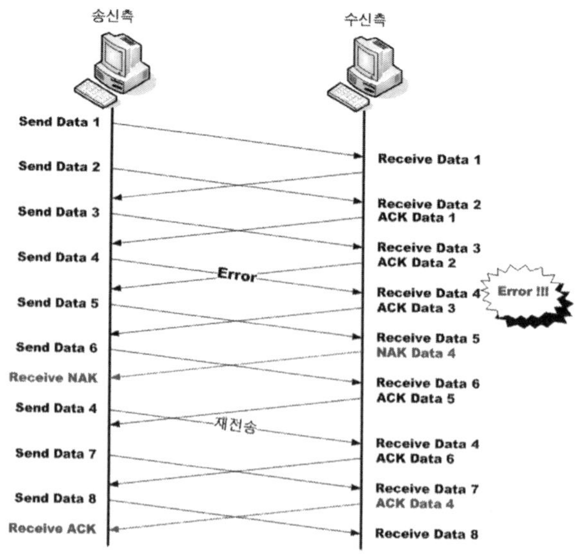

Selective ARQ

3.4 FEC(전진 에러 수정)

송신측에서 에러를 검출 및 정정할 수 있는 비트를 함께 전송하며 수신측에서는 이 비트를 사용하여 에러를 검출 및 수정까지 행하는 방식

(1) 종류

해밍 코드 : 대표적인 단일 에러 정정 코드

CRC 코드 : 집단적 에러를 검출 가능한 코드

BCH 부호

① 순환 잉여도 검사(CRC : Cyclic Redundancy Check)방식

CRC방식은 데이터 통신과정에서 전송되는 데이터의 신뢰성을 높이기 위한 에러 검출 방식의 일종으로 CRC검사 방식은 높은 신뢰성을 가지며 에러 검출에 의한 오버헤드가 적고 랜덤 에러나 집단적 에러를 모두 검출할 수 있어 매우 좋은 성능을 가지는 에러 검출 방식이다.

이 방식은 이진수를 기본으로 해서 모든 연산 동작이 이루어지며 전송할 데이터 비트와 CRC다항식을 나눗셈 하여 나온 나머지를 보낼 데이터의 에러 검출의 잉여 비트로 덧붙여 보내고 수신측에서는 수신된 데이터와 함께 온 잉여분의 비트를 나누어서 나머지가 "0"이 되는지를 검사해서 에러를 검출하는 방식이다. 여기서 나눗셈 한 결과의 나머지는 CRC에서 가장 중요한 부분으로 FCS(Frame Check Sequence)가 되고 송신측에서 데이터 전송 시 수신측에서 CRC검사를 할 수 있도록 각 프레임마다 에러 검출용 여분의 정보(FCS)를 포함시켜서 전송한다.

㉠ CRC 생성 다항식의 표현

CRC 방식에서 송신할 데이터는 먼저 다항식(P)로 표현하며 CRC 생성 다항식의 최고 차수의 항과 곱하게 된다. 여기서 CRC 생성 다항식(G)은 프레임의 에러 검출 부호인 FCS를 구하고 수신측에서 에러를 검출하기 위해 꼭 필요한 것으로 미리 약속되어 있는 형식을 사용한다. 이러한 CRC 생성 다항식의 종류로는 여러 가지의 형식이 있으나 대표적으로 주로 사용되는 형식으로는 CRC-12, CRC-16, CRC-32등 있으며 국제 전기통신 표준화 협회(ITU-T)에서 권고하고 있는 CRC-ITU-T가 있다.

$$CRC-12: G(X) = X^{12} + X^{11} + X^{3} + X^{2} + X^{1} + 1$$

$$CRC-16: G(X) = X^{16} + X^{15} + X^{2} + 1$$

$$CRC/ITU-T: G(X) = X^{16} + X^{12} + X^{5} + 1$$

$$CRC-32: G(X) = X^{32} + X^{26} + X^{23} + X^{22} + X^{16} + X^{12} + X^{11} + X^{10}$$
$$X^{8} + X^{7} + X^{5} + X^{4} + X^{2} + X^{1} + 1$$

위의 CRC 생성 다항식 형식에서 나타나 있는 숫자(12, 16, 32)는 CRC의 차수를 의미하며 CRC의 차수는 에러 검출 능력을 결정하는 중요한 요소가 된다.

㉡ CRC의 패리티 비트(FCS)생성 절차

CRC방식으로 전송되는 데이터 프레임을 검사하기 위해서는 먼저 송신측에서 전송하고자 하는 데이터 프레임을 비트열로 나열하고 각 비트들마다 자리값을 부여하여 송신 다항식으로 표현한다.

예를 들어 51이라는 숫자 데이터가 있을 경우 51을 2진수 비트열로 나열시키면 00110011이 된다.

나열된 비트열에서 각 자리마다 자릿값을 부여하여 송신다항식(P)으로 표현하면 다음과 같다.

$$51 = 00110011 = X^5 + X^4 + X^1 + X^0$$
$$P(X) = X^5 + X^4 + X^1 + 1$$

그런 다음 CRC의 생성 다항식(G)을 선택하고 전송 데이터의 송신 다항식(P)에 CRC 생성 다항식의 최고 항을 곱한다.

여기서 사용할 CRC 생성 다항식을 $G(X) = X^4 + X^3 + 1$ 이라고 할 경우 생성 다항식의 최고 항은 X^4 가 되고, 따라서 X^4와 다항식(P)을 서로 곱하면 다음과 같은 결과를 얻을 수 있다.

$$X^4 \cdot P(X) = X^4(X^5 + X^4 + X^1 + 1) = X^9 + X^8 + X^5 + X^4$$

여기서 $X^9 + X^8 + X^5 + X^4$ 을 비트열로 표현하면

$$X^9 + X^8 + X^5 + X^4 = 1100110000$$

CRC 생성 다항식(G)의 최고 항과 송신 다항식(P)의 곱한 결과를 다시 생성 다항식(G)로 나누어 준다.

$$X^4P(X) / G(X) = X^9 + X^8 + X^5 + X^4 / X^4 + X^3 + 1$$

위의 다항식을 비트열로 나타내어 그 결과를 표현하면

$$1100110000 / 11001$$

몫은 $X^5 + 1(100001)$ 이고 나머지는 $X^3 + 1(1001)$ 이 된다.

위의 나눗셈 결과에서 몫은 제외시키고 나머지 $X^3 + 1$ 비트열로는 1001이 CRC의 패리티 비트인 FCS(Frame Check Sequence)가 되며 송신측에서는 전송하고자 하는 각 데이터 프레임마다 부가하여 수신측으로 전달하게 된다.

따라서 송신 데이터는 데이터 비트열의 송신다항식(P)과 CRC 생성 다항식(G)의 최고 항과의 곱셈 결과에 FCS를 부가시켜야 하며 그 결과를 $T(X)$라 한다면 $T(X)$는 다음과 같이 표현된다.

$$T(X) = X^4 P(X) + (X^3 + 1) = (X^9 + X^8 + X^5 + X^4) + (X^3 + 1)$$

$$\therefore T(X) = X^9 + X^8 + X^5 + X^4 + X^3 + 1 = 1100111001$$

결국 송신측에서 51이라는 데이터를 전송한다는 것은 $T(X)$의 값을 수신측으로 전달한다는 의미가 된다.

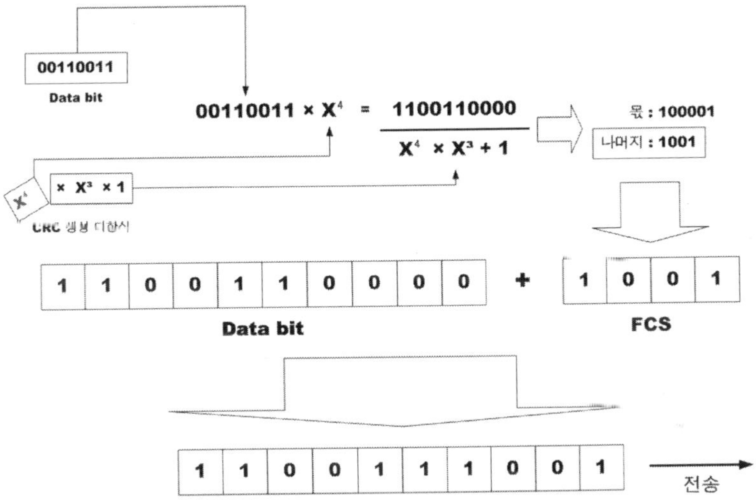

CRC 패리티 비트 생성절차

㉢ CRC방식으로 에러 검출 방법

수신측에서는 수신된 $T(X)$을 CRC 생성 다항식 $G(X) = X^4 + X^3 + 1$ 로 나누어서 에러를 검출하게 되며, 나눈 결과에서 나머지가 없으면 수신된 데이터에 에러가 없음을 나타내고, 나머지가 있을 경우 에러가 있음을 나타낸다.

$$T(X)\ /\ G(X) = X^9 + X^8 + X^5 + X^4 + X^3 + 1\ /\ X^4 + X^3 + 1$$

$$T(X)\ /\ G(X)\text{에서 나머지가} = 0\text{ 이면 에러 없음}$$

$$T(X)\ /\ G(X)\text{에서 나머지가} \neq 0\text{ 이면 에러 있음}$$

만일에 전송된 데이터 프레임에 에러가 있을 경우 수신측에서는 송신측에 재전송을 요청하거나 에러 정정 방법을 이용하여 자체적으로 에러를 수정할 수 있다.

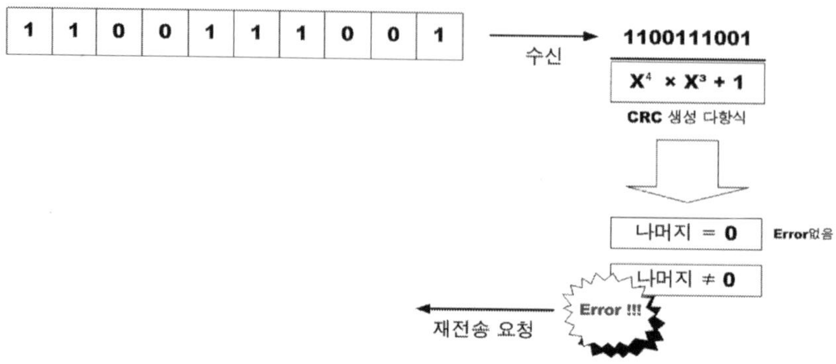

CRC 에러 검출 절차

② **해밍(Hamming)코드**

해밍코드는 R.W Hamming에 의해서 개발된 코드로서 에러 검출 방식 중 비트수가 적고 가장 단순한 형태의 parity bit를 여러 개 이용하여 수신측에서 에러의 체크는 물론 에러가 발생한 비트를 수정까지 할 수 있는 에러 정정코드이다.

㉠ 해밍 코드의 패리티 비트(해밍 비트)생성 절차

$$2^p \geq m + P + 1$$

여기서 m은 데이터 비트수 을 의미하며 P는 해밍 비트의 수를 나타낸다.

예를 들어 송신측에서 전송할 데이터 비트가 8비트 일 경우 해밍 비트수와 전체 비트 수를 구하면 다음과 같다.

$$2^p \geq m + P + 1 = 8 + P + 1$$

위의 수식을 통해서 해밍 비트 수(P)를 구하기 위해 P에 1부터 차례대로 대입시켜 위의 수식을 풀어보면 $P = 4$가 된다.

즉 $P = 3$일 경우에는 $2^3 \geqq 8 + 3 + 1$ 되고 $8 \geqq 12$ 되므로 위의 수식을 만족시키지 못하지만 $P = 4$가 될 경우에는 $2^4 \geqq 8 + 4 + 1 \therefore 16 \geqq 13$ 되므로 위의 수식을 만족시키게 되는 것이다.

결국 데이터 비트수가 8일 경우에는 해밍 코드 비트는 4비트를 가지게 되고 해밍 코드를 포함한 전송 데이터 비트는 12비트가 된다.

㉡ 해밍 코드의 부호화 절차

위에서 구한 해밍 비트는 데이터 비트들 사이에 적절히 삽입되어 수신측으로 전송하게 되는데 이 때 해밍 비트가 삽입되는 위치는 데이터 비트들의 위치 값(10진수)에 따라 2^0, 2^1, 2^2, • • • 자리에 삽입되게 된다.

예를 들어 전송할 데이터 비트가 "10010100"일 경우 각각의 비트들의 위치를 10진수 값으로 표현하면 다음과 같이 된다.

비트 위치 값(10진수)	8	7	6	5	4	3	2	1
데이터 비트	1	0	0	1	0	1	0	0

여기서 해밍 비트 4개의 비트를 각각 2^0, 2^1, 2^2, 2^3 자리에 삽입하게 되는데 해밍 비트가 삽입되는 정확한 위치는 $2^0 = 1$이므로 비트 위치 값 중에 1의 자리에 들어가고 $2^1 = 2$의 자리에 $2^2 = 4$의 자리에 각각 들어가게 되는 것이다. 그리고 원래 그 자리에 있던 데이터 비트들은 해밍 비트들이 삽입되면서 모두 뒤로 한 비트씩 밀리게 된다.

결국 해밍 비트가 들어가는 위치는 1, 2, 4, 8의 자리에 들어가게 되므로

비트 위치 값(10진수)	12	11	10	9	8	7	6	5	4	3	2	1
데이터 비트	1	0	0	1	P	0	1	0	P	0	P	P

이제 각각의 데이터 비트열 속에 삽입된 해밍 비트는 에러를 검출 및 수정하기 위해 정해진 위치의 행들을 검색한 후 "1"인 비트의 수를 짝수 개로 만들기 위해 짝수 패리티 비트로 적용시키게 되며 해밍 비트가 검색하는 위치는 다음과 같다.

1의 자리에 있는 해밍 비트(C1)는 1행, 3행, 5행, 7행, 9행, 11행을 검색

2의 자리에 있는 해밍 비트(C2)는 2행, 3행, 6행, 7행, 10행 11행을 검색

4의 자리에 있는 해밍 비트(C4)는 4행, 5행, 6행, 7행, 12행을 검색

8의 자리에 있는 해밍 비트(C8)는 8행, 9행, 10행, 11행, 12행을 검색

이렇게 C1, C2, C4, C8의 해밍 비트가 검색하는 각 행에 들어있는 수를 비교하여 "1"인 비트의 개수를 짝수개로 만들어 준다.
우선 C1해밍 비트를 이용해서 패리티 비트를 구하면 C1은 1행, 3행, 5행, 7행, 9행, 11행을 검색한다고 했으므로 각 자리에 있는 비트들의 값을 검색해 보면 C1은 아직 값이 없고, 3행, 5행, 7행, 9행, 11행 자리의 값이 0,0,0,1,0이 되므로 "1"인 비트의 수를 짝수개로 만들기 위해 짝수 패리티를 적용시키면 C1은 "1"이 들어가게 된다.

12	11	10	9	C8	7	6	5	C4	3	C2	C1
1	0	0	1	P	0	1	0	P	0	P	1

다음으로 C2해밍 비트는 2행, 3행, 6행, 7행, 10행, 11행을 검색하므로 각 자리에 있는 비트들의 값을 검색해 보면 C2는 빈값, 3행, 6행, 7행, 10행, 11행 자리의 값은 0,1,0,0,0이 되고. "1"인 비트의 수를 짝수개로 만들기 위해 짝수 패리티를 적용시키면 C2는 "0"이 들어가게 된다.

12	11	10	9	C8	7	6	5	C4	3	C2	C1
1	0	0	1	P	0	1	0	P	0	1	1

나머지 C4와 C8을 위와 같은 방식으로 패리티 비트를 구하게 되면 해밍 코드는 다음과 같이 생성된다.

12	11	10	9	C8	7	6	5	C4	3	C2	C1
1	0	0	1	0	0	1	0	0	0	1	1

송신측은 위와 같이 만들어진 해밍 코드를 수신측으로 전송하게 하게 되고 수신측에서는 송신측과 마찬가지로 C1, C2, C4, C8의 해밍 비트가 검색하는 각 자리의 비트

값을 비교하여 에러를 검출 및 수정하게 된다.

㉢ 해밍 코드를 이용한 에러 정정 절차

일단 아래와 같은 데이터가 송신측에서 전송되었고 수신측에서는 7번 비트에서 에러가 난 잘못된 데이터를 수신하였다고 가정하자.

- 송신측이 전송한 데이터 비트

12	11	10	9	C8	7	6	5	C4	3	C2	C1
1	0	0	1	0	0	1	0	0	0	1	1

- 수신측이 수신한 데이터 비트

12	11	**10**	9	C8	7	6	5	C4	3	C2	C1
1	0	**1**	1	0	0	1	0	0	0	1	1

이제 수신측에서는 수신된 데이터 내에 삽입된 해밍 비트를 이용하여 각각의 정해진 자리의 비트들을 체크하여 에러를 검출하게 된다.

C1의 해밍 비트는 1행, 3행, 5행, 7행, 9행, 11행을 체크

C2의 해밍 비트는 2행, 3행, 6행, 7행, 10행 11행을 체크

C4의 해밍 비트는 4행, 5행, 6행, 7행, 12행을 체크

C8의 해밍 비트는 8행, 9행, 10행, 11행, 12행을 체크

수신 C1해밍 비트를 이용하여 1행, 3행, 5행, 7행, 9행, 11행을 체크하게 되면 C1비트는 1, 나머지 3행, 5행, 7행, 9행, 11행 비트는 각각 0,0,0,1,0이 되고 결국 1인 비트의 수가 짝수 개가 되어서 이상 없으므로 C1 = 0이 된다.

그리고 C2해밍 비트는 2행, 3행, 6행, 7행, 10행 11행을 체크하게 되고 따라서 C2는 1 나머지 3행, 6행, 7행, 10행 11행 비트는 각각 0,1,0,1,0이 된다. 그런데 여기서 1인 비트의 수가 짝수개가 아닌 홀수 개나 나오게 되므로 결국 에러가 발생했다는 의미가 되어 C2 = 1로 표시하게 된다.

이런 식으로 나머지 C4해밍 비트와 C8해밍 비트들을 모두 체크하게 되면

C4해밍 비트는 4,5,6,7,12행을 체크 1인 비트의 개수가 2개 입니다. 짝수가 되므로 정상 C4 = 0

C8해밍 비트는 8,9,10,11,12행을 체크 1인 비트의 개수가 3개 입니다. 홀수가 되므로 에러 발생 C8 = 1

이 된다.

이제 해밍 비트 C1, C2, C4, C8의 비트 값을 모두 표시해 보면

$$C1 = 0\,(OK)$$

$$C2 = 1\,(Error)$$

$$C4 = 0\,(OK)$$

$$C8 = 1\,(Error)$$

이 값을 C8부터 C1까지의 비트 값을 역순으로 읽어보면 1010이 된다.

1010은 결국 10진수로 10이 되므로 데이터 비트 중에서 10번째 비트에서 에러가 발생했음을 알 수 있고 따라서 10번째 비트를 1에서 0으로 고쳐서 표현하게 되면 정상적인 데이터가 됨을 알 수 있다.

㉣ 해밍 거리(Hamming Distance)

해밍 거리란 같은 비트 수를 가지는 2진 부호 사이에 대응되는 비트 값이 일치하지 않는 개수를 의미하는 것이다. 즉 한 데이터 비트 열을 다른 데이터 비트 열로 바꾸기 위해 몇 비트를 바꿔주어야 하는가를 나타내는 것이다.

예를 들어 1011101비트 열과 1001001비트 열이 있을 경우 서로 다른 비트가 두 개이므로 해밍 거리는 2가 된다.

이러한 해밍 거리는 전송로를 통해 전송되는 데이터의 비트가 변경되어 에러가 발생한 경우 원래의 데이터 비트와 변경된 데이터 비트의 사이에서 일치하지 않는 비트의 개수를 3차원 공간에서의 두 점 사이의 거리 개념을 도입하여 해밍 코드를 이용한 에

러 검출 및 정정 능력을 결정하는 요소로서 일반적으로 해밍 거리는 거리(Distance)의 약자 d로 표시하며 해밍 거리와 오류 검출 및 정정 능력간의 관계는 다음과 같은 수식으로 표현할 수 있다.

- 해밍거리(d)와 에러 검출 능력 관계

$$\text{오류 검출 가능 개수}: d-1$$

- 해밍거리(d)와 에러 정정 능력 관계

$$\text{오류 정정 가능 개수}: \frac{d-1}{2}(d\text{가 홀수일 때})\ \text{or}\ \frac{d-2}{2}(d\text{가 짝수일 때})$$

핵심기출문제

1. 다음 보기는 OSI 7 계층을 나타낸 것이다. 하위 계층부터 상위계층 순서대로 나열한 것은?

[보기]	
① 네트워크 계층	② 물리계층
③ 전송계층	④ 응용계층
⑤ 세션계층	⑥ 표현계층
⑦ 데이터 링크 계층	

가. ②⑦①③⑤④⑥
나. ②⑦③①⑤⑥④
다. ②⑦①③⑤⑥④
라. ②⑦③①⑥⑤④

2. ISO의 OSI 7계층 중 5번째 계층은?★

가. 세션계층　　나. 표현계층
다. 응용계층　　라. 데이터링크 계층

3. 통신 시스템간의 대화를 제어하는 기능을 담당하는 계층은?

가. 네트워크계층　　나. 데이터 링크계층
다. 세션계층　　라. 응용계층

4. ISO 가 표준화한 OSI(Open System Interconnection)의 7개 계층중 하위 1,2,3 계층은?

가. 물리계층, 데이터링크 계층, 네트워크계층
나. 물리계층, 데이터링크 계층, 트랜스포트계층
다. 물리계층, 데이터링크 계층, 응용계층
라. 물리계층, 네트워크계층, 트랜스포트계층

5. OSI-7 통신 프로토콜의 각 계층별 설명 중 잘못된 것은?

가. 제2계층(물리 계층) : 물리적 연결, 활성화와 비활성화
나. 제3계층(네트워 계층) : 통신망 내 및 통신망 사이의 경로선택과 중계기능
다. 제4계층(트랜스포트 계층) : 종단 상호간의 에러검출 및 서비스 품질 감시
라. 제5계층(세션 계층) : 회화 관리 및 동기 기능 수행

6. OSI-7 프로토콜 중 네트워크층이 하는 역할을 바르게 나타낸 것은?★

가. 회선의 제어규칙
나. 회선의 전기규칙
다. 오류의 감지와 제어
라. 데이터의 전송과 교환

7. 다음 중 OSI 2계층 프로토콜에 해당하지 않는 것은?

가. HDLC　　나. PPP
다. SLIP　　라. SNMP

정답 1. 다　2. 가　3. 다　4. 가　5. 가　6. 라　7. 라

8. 통신회선이 전용회선일 경우 데이터링크의 전송 제어 절차단계를 옳게 나타낸 것은?

가. 회선 연결→데이터링크 설정→데이터 전송 → 데이터링크 종료→회선 절단
나. 데이터링크 설정→회선 연결→데이터 전송 → 데이터링크 종료→회선절단
다. 데이터링크 설정→회선 연결→데이터 전송 → 회선 절단→데이터링크 종료
라. 회선 연결→데이터 전송→데이터링크 설정 → 데이터링크 종료→회선 절단

9. 전송제어 5단계 중 3단계에 해당하는 것은?

가. 회선접속
나. 정보전송
다. 데이터링크 설정
라. 회선절단

10. 전송제어의 5단계 중 4단계는?★★

기. 회선의 접속
나. 링크의 설정
다. 링크의 해제
라. 정보의 전송

11. 전송제어절차 중 에러제어 기법이 활용되는 단계는?

가. 회선의 접속
나. 데이터링크의 확립
다. 정보의 전송
라. 데이터링크의 해제

12. ISO에서 규정하는 전송제어 문장 중 서로 관련성이 먼 것은?

가. SOH-헤딩의 시작
나. ETX-텍스트의 종료
다. ACK-긍정응답
라. DLE-회선의 절단

13. 전송제어 문자의 설명이 틀린 것은?★

가. STX: 텍스트의 시작을 표시한다.
나. ETB: 블록의 완료를 표시한다.
다. ENQ: 질의가 끝났음을 알린다.
라. SOH: 헤딩의 시작을 표시한다.

14. BSC 링크 전송제어 문자의 설명으로 틀린 것은?

가. SOH : 헤딩의 시작을 알려준다.
나. ETX : 텍스트의 끝을 의미한다.
다. ENQ : 송신측의 긍정적 응답으로 사용된다.
라. SYN : 프레임 동기문자이다.

15. 일반적인 메시지 블록의 형태 중 BCC(Blcok chcck character)의 체크 범위가 아닌 것은?

가. STX　　나. TEXT
다. ETX　　라. SOH

16. 기본형 데이터 전송제어 순서에서 사용되어지는 제어 캐릭터가 아닌 것은?

가. ETB　　나. FCS
다. SOH　　라. STX

정답 8. 가　9. 나　10. 다　11. 다　12. 라　13. 다　14. 다　15. 라　16. 나

핵심기출문제

17. 문자동기방식에서 본문의 시작을 표시하는 문자 기호는?

가. SYN　　나. SOH
다. STX　　라. ETX

18. 다음 전송 제어 문자 중에서 상대국으로부터의 응답을 요구하는 것은?

가. EOT　　나. ENQ
다. ACK　　라. NAK

19. 전송 제어문자 중 전송을 종료하고 데이터 링크를 초기화시키는 문자는?

가. SOH　　나. EOT
다. DLE　　라. STX

20. 베이직 모드의 전송제어절차에서 사용하는 전송제어문자 중 전송제어기능을 추가하는 경우를 표시하는 약칭은?

가. SYN　　나. NAK
다. ENG　　라. DLE

21. HDLC(High Level Data Link Control)의 프레임 구성 순서를 옳게 나타낸 것은?★★

가. 플래그- 제어부 - 어드레스부 - 데이터부 - 프레임검사시퀀스-플래그
나. 플래그- 어드레스부 - 데이터부 - 프레임검사시퀀스 - 제어부-플래그
다. 플래그- 어드레스부 - 제어부 - 데이터부 - 프레임검사시퀀스-플래그
라. 플래그- 제어부 - 데이터부 - 프레임검사시퀀스 - 어드레스부-플래그

22. 플래그(flag) 동기방식은 프레임의 동기화를 위해 플래그 패턴을 사용한다. 플래그의 비트패턴은?

가. 00010110　　나. 01111110
다. 10010111　　라. 10011001

23. 비트 동기 방식에서 사용되는 플래그비트열 "01111110" 중에서 1이 6번 반복되는 데이터가 있는 것을 방지하기 위한 조치를 무엇이라 하는가?

가. 비트 동기화
나. 정보 분리(information separator)
다. 비트 스터핑(bit stuffing)
라. 디스크램블(descramble)

24. HDLC에서 비트 스터핑(bit stuffing)을 행하는 목적은?

가. 데이터의 투명도 보장
나 주소부 구분
다 데이터 프레임의 순서정리
라 각종 프레임의 구분

25. HDLC 순서의 프레임을 구성하는 요소가 아닌 것은?★

가. 프레그 시퀀스(Flag Sequence)
나. 어드레스부(Address part)
다. 프레임 체크 시퀀스 (Frame Check Sequence)
라. 동기 체크부(Synchronization part)

정답　17. 다　18. 나　19. 나　20. 라　21. 다　22. 나　23. 다　24. 가　25. 라

26. HDLC 프레임 중 프레임검사 시퀀스(FCS)는 몇 비트로 구성되는가?

가. 4　　나. 8
다. 16　　라. 24

27. HDLC 프로토콜에서 사용되는 국(station)의 이름을 바르게 나타낸 것은?★

가. 주국, 종국, 종속국
나. 총괄국, 집중국, 단국
다. 1차국, 2차국, 복합국
라. 상위국, 중간국, 하위국

28. 데이터 링크 제어절차(HDLC)에 대한 설명 중 잘못 된 것은?★★

가. 고속 데이터 전송이 가능하다.
나. 전송 효율이 우수하다.
다. 단향, 반이중, 전이중 전송 방식이 모두 가능하다.
라. Byte 방식 프로토콜로서 시스템의 변경 및 확대가 어렵다.

29. 다음 중 HDLC의 특징이 아닌 것은?

가. Start-Stop 방식에 비해 전송효율이 향상된다.
나. Start-Stop 방식에 비해 신뢰성이 높다.
다. 문자동기방식이다.
라. 비트의 투명성이 있다.

30. 데이터 링크의 초기설정, 데이터 전송 동작모드의 설정요구 및 그에 대한 응답용으로 사용하기 위해서는 HDLC 프로토콜의 제어 부를 다음 중 어떤 형식으로 만들어야 하는가?★

가. 정보전송형식　　나. 감시형식
다. 비번호제형식　　라. 절단형식

31. 복합국과 복합국이 통신할 때 사용하는 데이터 전송 동작모드를 바르게 나타낸 것은?

가. 정규응답모드
(NRM : Normal Response Mode)
나. 비동기응답모드
(ARM : Asynchronous Response Mode)
다. 정규기본모드
(NBM : Normal Basic Mode)
라. 비동기평형모드
(ABM : Asynchronous Balanced Mode)

32. PPP에서 링크를 설정하고 제어하는데 사용하는 프로토콜은?

가. NCP　　나. LCP
다. SLIP　　라. LAPD

33. 패리티 체크를 하는 이유는?

가. 중계선로의 중계용량 측정
나. 전송되는 부호용량 검사
다. 컴퓨터의 기억용량 산정
라. 전송된 부호의 에러 검출

정답 26. 다　27. 다　28. 라　29. 다　30. 다　31. 라　32. 나　33. 라

핵심기출문제

34. 패리티 체크(parity check)를 하는 이유는?

가. 기억장치의 용량을 검사하기 위하여
나. 전송된 부호의 오류를 검출하기 위하여
다. 전송된 부호의 용량을 검사하기 위하여
라. 검출된 오류를 정정하기 위하여

35. 자동오자 정정부호에서 오자의 검출방법은?

가. 통신 속도를 측정
나. 전류의 부호검출
다. 부호왜곡을 체크(CHECK)
라. 패리티 체크(PARITY CHECK)

36. 데이터 통신에서 에러의 검출 및 교정 까지 할 수 있는 부호는?

가. 2 out of 5 code
나. Hamming code
다. Excess - 3 code
라. 2진 parity

37. 데이터전송 중에 각종 잡음에 의해 부호가 오류(error)를 발생할 때 이를 검출하여 정정하는 오류 제어방식 중 수신측에서 오류를 체크하여 정정하는 방식의 종류는?★

가. 패리티체크방식, 정 MARK-SPACE 방식
나. 반송조합방식, 체크부호반송방식
다. 병렬전송방식, 반복전송방식
라. 해밍(HAMMING)부호방식, BCH부호 방식

38. 송신측에서 블록 부호화하여 전송한 경우, 수신측 에서 원래의 정보를 복호하기 위해 사용되는 행렬은?

가. 생성 행렬(generator matrix)
나. 해밍거리 행렬
(Hamming distance matrix)
다. 패리티 검사 행렬(parity check matrix)
라. 신드롬 행렬(syndrom matrix)

39. 전진 에러 수정 코드의 종류가 아닌 것은?

가. Block Code
나. Convolutional Code
다. Hamming Code
라. HDB3 code

40. 데이터 전송에서 다수의 에러를 검출하고 정정할 수 있는 부호방식은 어느 것인가?

가. ARQ
나. CRC
다. Reed-Solomon code
라. parity check

41. 전진 에러 수정 코드(Forward Error Correction)의 특징에 해당하지 않는 것은?

가. 데이터의 오류를 검출하고 정정할 수 있다.
나. 정보 비트열에 잉여 비트열을 부가한 부호를 사용한다.
다. 역 채널이 필요 없고 연속적인 데이터 전송이 가능하다.
라. 에러정정 시간이 짧아 비트효율이 높다.

정답 34. 나 35. 라 36. 나 37. 라 38. 다 39. 라 40. 다 41. 라

42. 다음 중 n비트로 구성된 부호어가 k비트로 구성된 현재의 정보 블록에 의존할 뿐만 아니라 과거의 정보 블록의 영향을 받는 부호는?

가. 블록부호(Block code)
나. 콘벌루션부호(Convolution code)
다. 순회부호(Cycle code)
라. 선형부호(Linear code)

43. 디지털 데이터의 전송 시 다음의 에러제어 방식 중 에러의 검출 및 수정을 할 수 있는 방식은?

가. 해밍 코드 방식
나. 에코 방식
다. 그레이 코드 방식
라. 패리티 검사 코드방식

44. 다음 코드 중 자기 정정을 할 수 없는 것은?

가. 콘볼루션 코드　　나. 해밍 코드
다. EBCDIC 코드　　라. BCH 코드

45. 수신 장치에서 송신된 데이터의 에러비트를 검출하고 정정할 수 있는 방식은?

가. ARQ　　나. FEC
다. Bit stuffing　　라. HdBn

46. 다음 중 에러를 정정할 수 있는 부호 방식은?

가. BCH부호　　나. 수평 패리티
다. Gray부호　　라. 수직 패리티

47. 동기식 전송에 이용되는 것 중 가장 효율적인 에러 체크 방식은?

가. LRC(Longitudinal Redundancy check)
나. VRC(Vertical Redundancy check)
다. CRC(Cyclic Redundancy check)
라. ARQ(Automatic Repeat Request)

48. ARQ 방식에 대한 설명으로 가장 적합한 것은?★★

가. 에러를 정정하는 방식
나. 부호를 전송하는 방식
다. 에러를 검출하는 방식
라. 에러를 검출하여 재전송을 요구하는 방식

49. ARQ(Automatic Repeat Request) 방식에 대한 설명 중 가장 적합한 것은?

가. 에러가 발생한 프레임(블록)을 검출 후 재전송
나. 에러가 발생한 프레임(블록)을 검출
다. 에러가 발생한 프레임(블록)을 정정
라. 부호로 전송하는 방식

50. ARQ의 종류가 아닌 것은?

가. stop and wait ARQ
나. continuous ARQ
다. discrete ARQ
라. adaptive ARQ

정답	42. 나	43. 가	44. 다	45. 나	46. 가	47. 다	48. 라	49. 가	50. 다

핵심기출문제

51. 송신측에서 연속적으로 전송한 데이터 블록에 대해 에러가 검출되면 에러가 발생한 블록 이후의 모든 블록을 재전송하는 에러제어 방식은?★

가. 반송-N 블록(go-back-N) ARQ방식
나. 선택적(selective) 재전송 ARQ방식
다. 정지-대기(stop-and-wait) ARQ방식
라. 적응적(adaptive) ARQ방식

52. ARQ 방식 중 에러 발생 비율이 높을 경우 블록의 길이를 작게 하고, 재전송 요청 비율이 낮을 경우는 블록을 크게 하는 방식은?

가. Stop-and-wait ARQ
나. Go-Back-N ARQ
다. Adaptive ARQ
라. Selective ARQ

53. 전송효율을 최대로 하기 위해서 프레임의 길이를 동적으로 변경시킬 수 있는 ARQ 방식은?★

가. 정지-대기 ARQ
나. GO-back-N ARQ
다. Selective-Repeat ARQ
라. Adaptive ARQ

54. 정보전송 중 오류가 발생한 데이터 프레임만을 재전송하는 방식은?

가. Go-Back-N ARQ
나. Stop-and-Wait ARQ
다. Selective-Repeat ARQ
라. Point-to-Point Protocol

55. 우수 패리티를 가진 해밍 코우드에서 착오는 몇 번 행에 있는가?★

항	1	2	3	4	5	6	7
수신코드	1	1	0	0	0	1	0

가. 3　　나. 5
다. 6　　라. 7

56. 7비트 Hamming 과정을 이용하여 수신된 메시지의 오류를 정정하라. (단, 우수 패리티)

위치	1 2 3 4 5 6 7
수신된 메시지	0 1 0 0 0 1 1

가. 0100010　　나. 0100001
다. 1100011　　라. 0110011

57. 다음의 12개의 4bit의 오류정정부호(hamming code)가 포함되어 있다. hamming code의 순서는?

(보기) 1001 1000 0000 (왼쪽이 하위비트)

가. 1001　　나. 1101
다. 1010　　라. 0001

58. 다음과 같은 데이터를 전송하고자 하는 경우 패리티 비트(해밍비트)는?

비트 번호	9	8	7	6	5	4	3	2	1
데이터	1		0	1	0		1		

가. 0101　　나. 1010
다. 0011　　라. 1100

정답 51. 가　52. 다　53. 라　54. 다　55. 나　56. 라　57. 다　58. 라

59. 선형 부호화된 코드의 1001101과 0100101의 해밍의 거리(Hamming Distance)는?

가. 2　　나. 3
다. 4　　라. 5

60. 해밍 거리(Hamming distance)가 7일 때 정정할 수 있는 에러 개수는?★

가. 1　　나. 2
다. 3　　라. 5

61. 어떤 코드의 최소해밍거리(minimum Hamming distance)가 8일 때, 수신측에서 정정할 수 있는 오류의 개수는?

가. 3　　나. 4
다. 5　　라. 8

62. 해밍코드(7,4)의 4비트의 용도는?

가. 검사용　　나. 데이터
다. 예비용　　라. 에러위치 표시용

정답 59. 나　60. 다　61. 가　62. 나

정보전송공학(개론)

&

정보통신기기

PART 2

정보통신기기

CHAPTER 1

정보통신 개론

1 정보통신

1.1 통신의 목적

내가 전달하고자 하는 제 3자에게 내 의사를 정확하게 전달하는 것.

1.2 통신의 형태

① 전기적 신호를 선이라는 전송매체로 한 유선통신

② 전자파를 선 없이 공기라는 매질을 전송매체로 한 무선통신

> reference **정보통신이란?**
>
> 일반적인 통신 형태에 Computer라는 데이터 처리 장치를 혼합한 데이터 통신을 말한다.

2 정보통신 시스템

2.1 정보통신 시스템의 구성

정보통신 시스템은 DTE와 DCE, CCU, 처리 장치인 Host Computer로 구성된다.

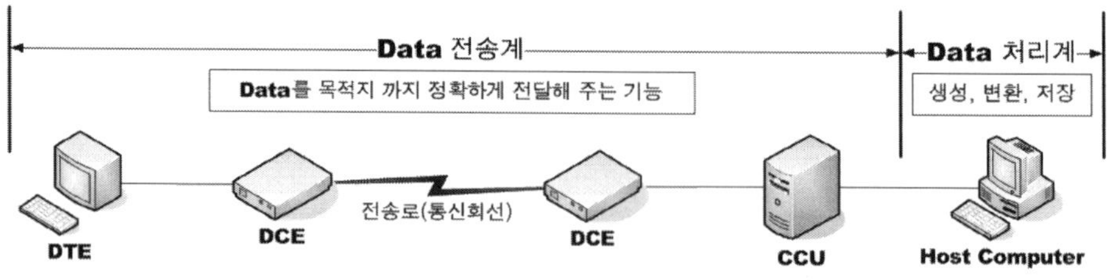

(1) DTE(Data Terminal Equipment)

① 데이터 단말 장치

② 입 · 출력 기능과 송 · 수신 기능 제공

(2) DCE(Data Communication Equipment)

① 데이터 통신 장치

② 송신측에서 보내려는 정보 신호(아날로그, 디지털)를 전송로에 보내기 적합한 다른 신호로 바꾸어 주는 기능 제공

③ 신호 변환 장치 또는 회선 종단 장치라고 부른다.

④ 신호 변환에 따른 DCE 장비는 다음 표와 같이 구분할 수 있다.

정보(Data)	신호(Signal)	DCE 장비
아날로그(Analog)	아날로그(Analog)	교환기
아날로그(Analog)	디지털(Digital)	codec
디지털(Digital)	아날로그(Analog)	MODEM
디지털(Digital)	디지털(Digital)	DSU(Digital Service Unit)

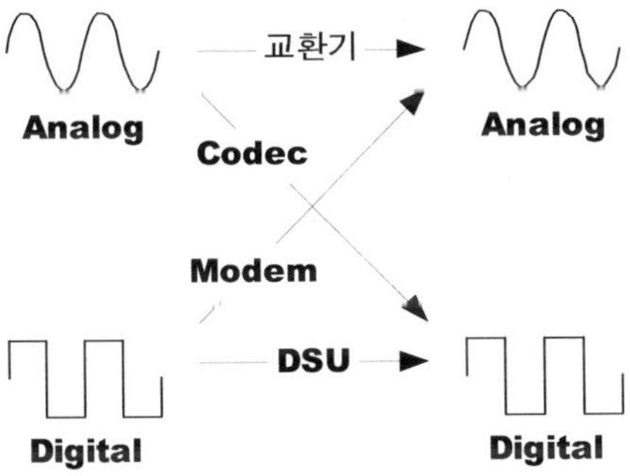

(3) CCU(Communication Control Unit)

① 통신 제어 장치

② 신호 레벨 변동을 감시(에러 검출 및 제어 기능 제공)

③ 문자 조립/분해 및 직병렬 데이터 변환 기능 제공

④ 전송 속도 변환 기능(흐름제어)

(4) 데이터 처리 계

일반적으로 컴퓨터 시스템을 의미하며 중앙 처리장치(CPU)와 주변장치 등으로 구성되어 데이터를 생성, 변환, 저장할 수 있는 장치이다.

① **중앙처리장치(Central Processing Unit)** : 데이터의 연산, 제어, 주 기억 장치로 구성되며 전달된 정보를 특정 목적에 따라서 정확하게 처리하는 기능을 수행하는 장치이다.

② **주변장치** : 보조기억장치(하드 디스크, 플로피 디스크, CD)를 이용하여 중앙처리장치에서 처리되어 온 정보를 저장하거나, 출력하는 기능을 수행하는 장치이다.

실전문제 1 다음 중 데이터단말장치(DTE)의 기능이 아닌 것은?

가. 데이터 입력 기능　　나. 데이터 출력 기능

다. 데이터 송수신 기능　　라. 데이터 변복조 기능

답 라

실전문제 2 정보통신 시스템의 회선종단장치 중에 디지털 신호를 전달하기 위한 장치는?

답 DSU

실전문제 3 정보통신 시스템의 통신회선 종단에 위치한 신호변환장치 중 디지털 전송로인 경우 단극성 신호를 쌍극성 신호로 변환이 가능한 것은?

가. 모뎀　　나. 음향결합기

다. MUX　　라. DSU

답 라

실전문제 4 다음 중 데이터 통신시스템에서 통신제어장치의 주요 기능은?

가. 모뎀과 통신회선을 연결하는 기능 수행

나. 데이터 단말장치와 전송회선을 연결하는 기능 수행

다. 컴퓨터와 전송회선 사이에 위치하여 각종 제어기능 수행

라. 데이터 단말장치와 다중화장비를 연결하는 기능 수행

답 다

실전문제 5 다음 중 통신제어장치의 기본 기능이 아닌 것은?

가. 문자의 조립 및 분해　　　　나. 전송제어

다. 회선감시 및 접속제어　　　라. 데이터의 분석

답 라

3 정보통신의 이용

(1) 데이터 통신 시스템에 따른 분류

① 온라인 시스템(On Line System)

정보의 전송과 원격지 단말장치사이에 사람이 직접 개입하지 않고, 전송매체인 통신회선을 거쳐서 통신하는 방식으로 실시간 처리(Real-Time Processing)에 이용되는 시스템이다.

실제 통신회선을 통해 데이터가 빠르고 신속하게 전달되므로 통신제어 장치가 필요하다.

이용되는 분야에는 은행 업무, 기차나 항공 좌석 예약, 전화 교환 등에 이용된다.

② 오프라인 시스템(Off Line System)

정보의 전송과 원격지의 단말장치 사이에 사람이나 기계장치의 개입이 필요한 방식으로 실시간 데이터 처리가 불가능한 형태의 시스템을 의미한다.

직접 통신회선을 사용하지 않고 사람이 자기 테이프등의 기록 매체를 이용하므로 통신제어 장치가 필요 없다.

일반적으로 일괄처리(Remote Batch Processing) 방법에 이용되며, 급여 계산, 세금 계산, 경영자료 작성 등에 이용된다.

(2) 통신 처리 방식에 따른 분류

① 실시간 처리(Real-Time Processing)

컴퓨터에 의한 처리 결과를 요구 시 즉시 처리할 수 있는 방식을 말한다. 즉 데이터가 발생하는 즉시 정보를 처리하는 형태이다.

이용되는 분야로는 조회 및 문의 업무, 좌석 예약, 은행업무 등에 사용된다.

② 일괄처리(Remote Batch Processing)

단말장치에서 발생한 정보를 일정시간, 일정량을 모았다가 한꺼번에 정보를 처리하는 방식으로 정보를 일정기간 수집한 다음 처리하는 일괄처리(Batch Processing)방법과 데이터가 단말장치에서 발생할 때 마다. 단말에서 입력하여 한건 씩 처리하는 트랜잭션 처리(Transaction Processing)방법 등이 있다.

이용되는 분야로는 긴급을 요하지 않는 과학기술 계산, 급여계산 등에 사용된다.

CHAPTER 2

정보전송의 기초이론

1 Data 전송의 기본방식

1.1 통신 방식

데이터의 전송방향에 따라서는 한 방향으로만 데이터 전송이 가능한 단방향 통신과 양방향 데이터 전송이 가능한 반이중, 전이중 통신으로 분류할 수 있다.

(1) 단방향 통신(Simplex : 단신법)

정보의 흐름이 한쪽 방향으로만 진행하는 방식

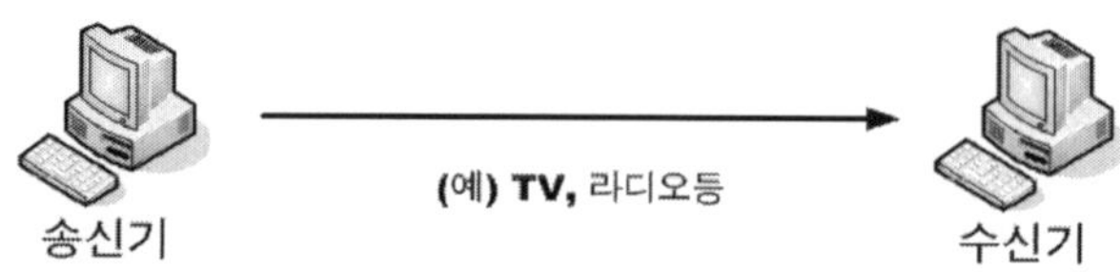

(2) 양방향 통신(Duplex : 이중법)

① **반이중 통신** : 양방향 통신이나 동시통신이 불가능하며 어느 한순간에는 한쪽 방향으로만 데이터 전송이 일어나는 방식

② **전이중 통신** : 동시에 양방향으로 데이터 전송이 일어나는 방식

1.2 직렬전송과 병렬전송

(1) 직렬전송

한 글자를 구성하는 각 비트들이 하나의 전송매체를 통해 차례로 전송하는 방식

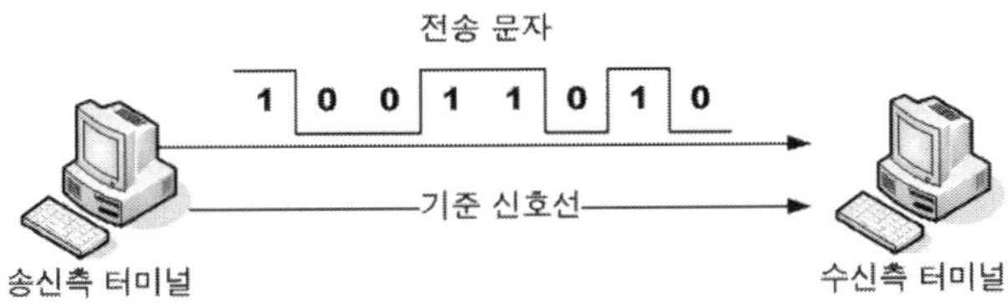

① 시스템 구성이 간단하고 경제적이다.

② 원거리 전송에 적합하다.

③ 전송속도가 느리다.

④ 직/병렬 변환 회로가 필요하다.

(2) 병렬전송

여러 개의 비트를 다수의 전송로에 한꺼번에 전송하는 방식

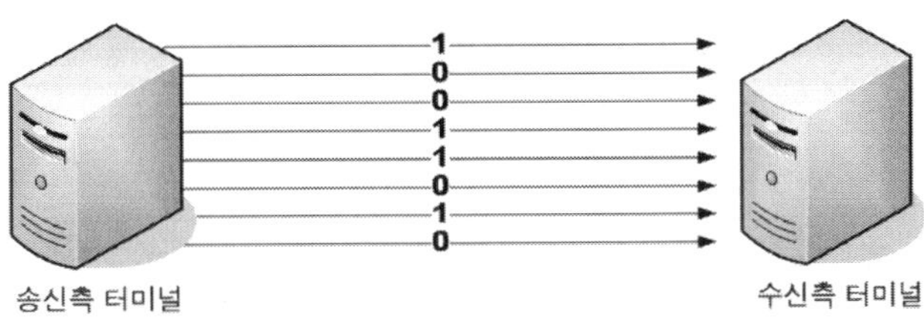

① 전송속도가 빠르다.

② 근거리 전송에 적합하다.

③ Strobe와 Busy신호를 이용하여 송 · 수신을 한다.

④ 직/병렬 변환 회로가 필요 없다.

1.3 전송방식

디지털 통신이란 정보의 발생지(단말)에서 발생되는 디지털 신호의 0과 1을 전송로 상에 보내기 알맞은 신호로 변환하여 전송하는 방식으로서, 전송로가 아날로그 전송로인 경우 단말에서 발생된 디지털 신호를 아날로그 반송파의 진폭, 주파수, 위상에 대응시켜 전송

하고, 디지털 전송로 인 경우에는 디지털 신호를 그대로 전송하거나, 또는 전송로에 알맞게 전송부호를 변환하여 전송한다.

이렇게 전송로를 통해 전달되는 신호의 형태에 따라 디지털 신호를 특정 전송부호에 대응시켜 전송부호를 변환하게 되는데, 전송부호를 변환시키는 방식에는 크게 두 가지 방식으로 구분할 수 있다.

1.3.1 기저대역 전송(Baseband Transmission)

Digital 신호를 원 신호 그대로 전송하거나 또는 전송로 특성에 알맞은 전송 부호로 변환하여 전송하는 방식이다.

- 장점 : 신호만 전송하기 때문에 전송 신호에 품질이 좋다.
- 단점 : 직류를 포함하고 있기 때문에 감쇠 등의 문제가 있어 원거리 전송에 부적합하다.

대표적인 장치로는 DSU(Digital Service Unit)가 있다.

1.3.2 반송 대역 전송(Bandpass Transmission)

Digital 신호에 따라 반송파의 진폭, 주파수, 위상을 변화시켜 전송하는 방식으로 Digital 변조를 수행하는 것을 의미한다.

대표적인 장치로는 MODEM이 있다.

1.3.3 전송부호

기저대역 전송방식에서 디지털 신호를 그대로 전송로를 통해 전송할 경우 각종 여러 가지 잡음에 의해 전송되는 신호의 파형이 본래의 파형에서 벗어난 왜곡 파형이 발생할 수 있는데, 이러한 왜곡 파형이 발생되는 것을 방지하기 위해 전송로 상에 적합한 특정 신호로 부호화하는 것을 전송부호라 한다.

reference 전송 부호가 갖추어야 할 조건

① 전송 부호는 DC(직류)성분이 포함되지 않아야 한다.
② 전송 부호에 동기 정보가 충분히 포함되어 있어야 한다.
③ 전송되는 주파수 대역폭이 작아야 한다,
④ 전송과정에서 발생할 수 있는 각종 에러 검출과 정정이 용이하여야 한다.
⑤ 전송 부호의 제작이 간단해야 하고, 부호 열이 짧아야 한다.
⑥ 전송부호 형태에 제한을 받지 않고, 투명성을 가져야 한다.

전송부호에는 어떠한 것들이 있는지 알아보자.

(1) 단류방식

① 단극(단류)펄스

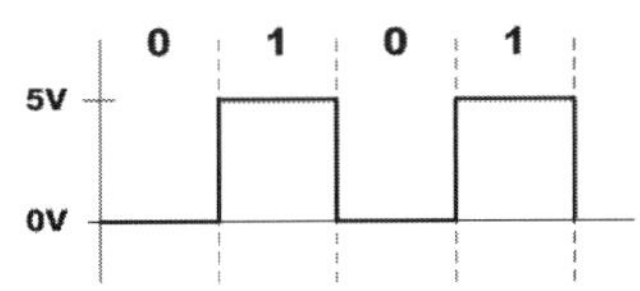

- 0과 1의 판정이 어렵다.
- 신호 레벨 변동에 약하다.
- 회로 구성이 간단하다.

(2) 복극(복류)펄스(양극펄스)

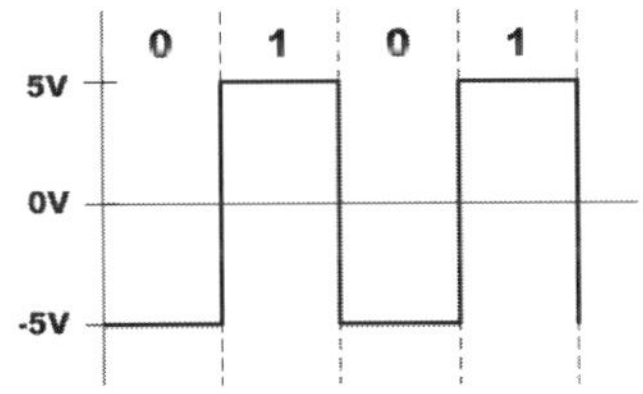

- +5V와 -5V 신호를 생성하는 회로가 따로 존재해야 하므로 단극펄스 방식에 비해 복잡하다.
- 0과 1의 판정이 우수하다.
- 신호 레벨 변동에 강하다.

(3) NRZ와 RZ방식

① NRZ방식

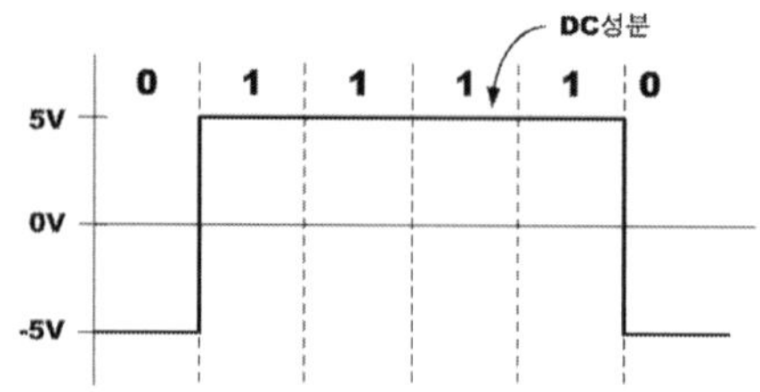

- 0전위로 되돌아오지 않는 방식으로 일정한 값을 가지는 비트가 연속해서 나타날 경우 직류 성분이 생긴다.
- 동기화 능력이 부족하다.

② RZ방식

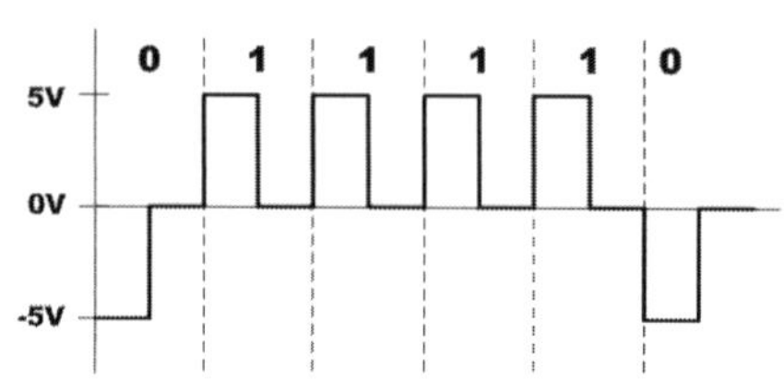

- 비트 펄스 사이에 반드시 0전위를 일정시간 유지한 후 다음 신호를 보내는 방식
- 직류(DC) 성분이 제거되어, 동기화 능력이 우수하다.
- 전송 대역폭이 넓어야 한다. 즉, 보낼 비트수가 증가된다.(단점)

(4) 바이폴라(Bipolar) 방식

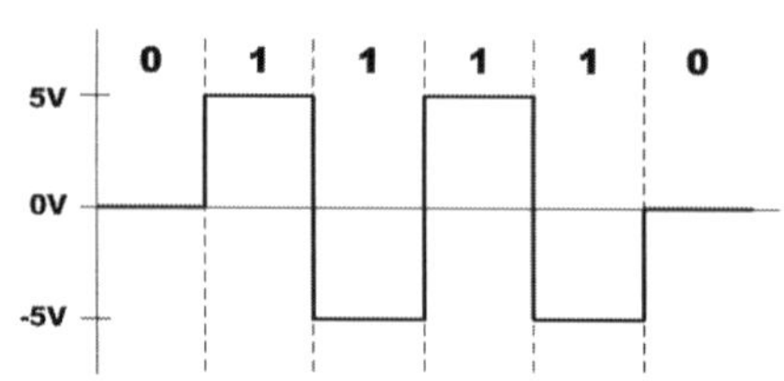

- 0부호는 0전위로 1부호는 +전위와 -전위 2개의 레벨을 교대로 반전
- 일명 AMI(Alternative Mark Inversion)이라고도 부른다.
- 0부호에 대한 직류 억압 기능이 없다.
- 한 부호에 대한 에러 검출이 가능하다.

(5) 맨체스터(Manchester) 방식

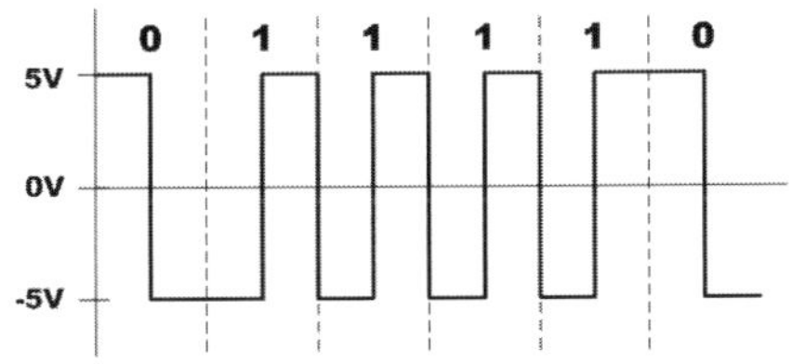

- 0부호는 +5V에서 -5V로, 1부호는 -5V에서 +5V로 하여 나타내는 방식
- 바이폴라 방식의 0부호 억압기능에 대체 방안으로 나온 방식
- 전송 대역폭이 넓어야 한다. 즉 보낼 비트수가 증가된다.(단점)

(6) CMI(Coded Mark Inversion)방식

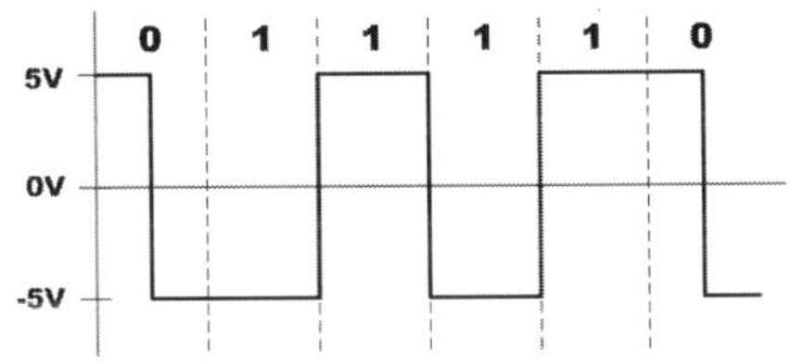

- CMI방식은 각 bit펄스에 대해 직류성분도 제거 시키고, 동기유지도 용이하면서 전송 대역폭도 줄이기 위해 바이폴라 방식과 맨체스터 방식을 합쳐 놓은 형태로, 0부호는 맨체스터 방식으로 1은 바이폴라 방식으로 적용시켜 전송하는 방식이다.
- 이 방식 또한 광섬유 매체를 이용한 고속 디지털 전송에 이용되는 방식이다.

(7) 차동부호 방식

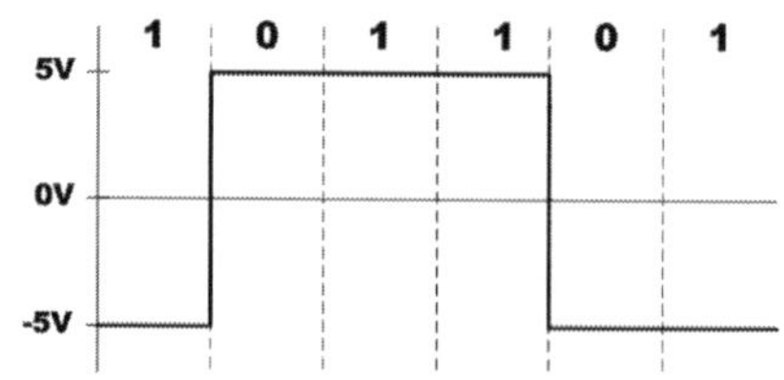

- 0은 상태 변화가 있음을 나타내고 1은 상태 변화가 없음을 나타내는 방식 즉 0에서 1로 1에서 0으로 부호가 변화면 0으로 표시하고, 1에서 1로 0에서 0으로 상태 변화가 없으면 1로 표시하는 방식이다.

(8) 다이코드 방식

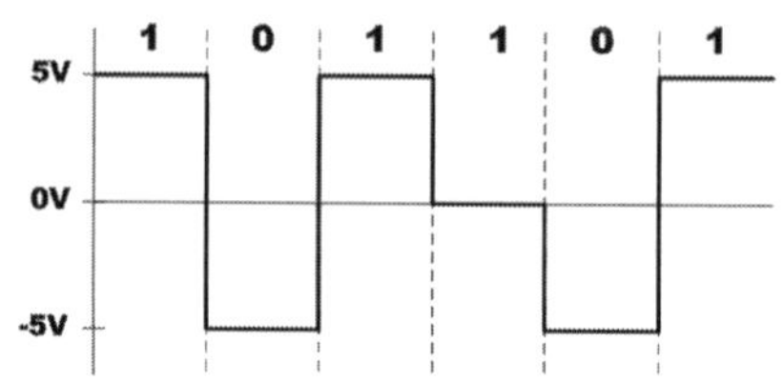

- 0에서 1로 부호가 변화면 +전위로 1에서 0으로 부호가 변화면 -전위로 부호 변화가 없으면 0전위로 나타내는 방식

1.4 동기식 전송과 비동기식전송

데이터 전송 시 송신측이 어떤 주파수로 신호를 전송할 때 수신측이 송신측과 같은 주파수가 아니면 송신측이 보낸 신호를 수신측에서 받아들일 수 없다. 특히 디지털 신호를 전송하는 경우에는 한 비트의 시간 간격을 송신측과 수신측이 정확이 인식하고 있어야 하며, 시간간격이 서로 맞지 않아 비트들이 어긋날 경우에는 에러가 발생한다. 따라서 송신측과 수신측이 정확하고 신뢰성 있는 데이터 전송을 하려면 서로 주파수를 맞추거나 시간 간격을 맞추어야하며 이러한 동작을 동기라 하고 데이터 전송 시 서로 동기를 맞추어 통신하는

방식을 동기방식, 서로 동기를 맞추지 않고 통신하는 방식을 비동기 방식이라 한다.

(1) 비동기 전송

정보 전송 형태는 문자단위로 이루어지며 송신측과 수신측이 항상 동기 상태에 있을 필요가 없다.

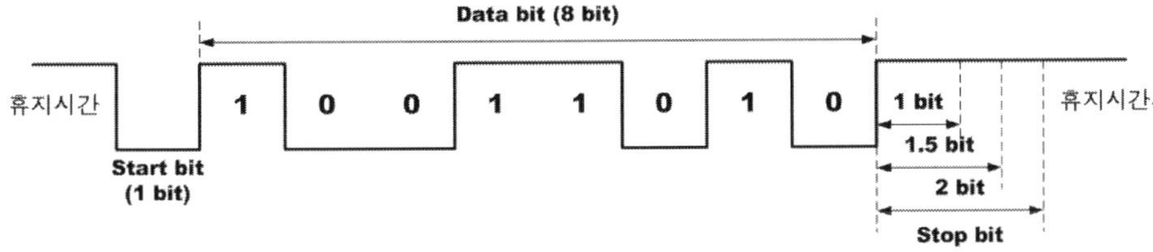

① 1비트의 스타트 비트와 1~2비트의 스톱 비트가 필요하다.

② 문자와 문자 사이에 휴지 시간이 있다.

③ 각 문자를 전송할 때 마다 스타트 비트와 스톱 비트를 추가하여 비트열을 구분하는 방식이다.

④ 2000bps이하의 전송속도에 사용된다.

⑤ 전송 성능이 나쁘고, 대역폭도 넓게 차지한다.

(2) 동기 전송

송신 신호 중 동기 신호가 포함되어 있어, 수신측에서 두 신호를 읽어 들여 동기가 이루어지는 방식

정보 전송 형태는 block단위로 이루어지고, 송신측과 수신측이 항상 동기 상태에 있어야 한다.

① 2000bps이상의 전송 속도에 사용된다.

② 전송속도가 빨라 수신측 단말기에는 버퍼 기억 장치가 필요하다.

③ 전송 성능도 좋고 전송 대역폭도 좁게 차지한다.

(3) 혼합식 전송(비동기식 + 동기식 전송)

혼합식 전송방식은 비동기식 전송방식과 동기식 전송방식을 혼합한 형태로 비동기식 전송방식과 많이 흡사하지만 동기식 전송방식처럼 항상 동기 상태를 유지하며 다음과 같은 특징을 가진다.

① 정보 전송형태는 문자단위로 이루어지며, 송신측과 수신측이 항상 동기 상태에 있어야 한다.

② 비동기식과 같이 start bit와 stop bit가 사용된다.

③ 문자와 문자 사이에는 휴지시간 있다.

④ 비동기식 전송보다 속도는 빠르지만 전송성능도 좋지 않고, 비동기식과 동기식 전송방식에 비해 잘 사용되지 않는다.

1.5 신호변환 방법

실제 발생되는 정보를 표현하는 신호와 실제 통신회선을 통해 전달되는 신호가 다를 수가 있는데 이러한 서로 다른 신호를 적절히 변환하여 정확히 데이터를 전달 또는 신호 처리를 할 수 있게 해주는 전송 방법이 있다.

결국 단말장치를 통해 발생되는 신호를 통신 회선 상에 보내기 적합한 신호형태로 바꾸어 주는 기능을 수행하는 신호 변환장비인 것이다.

> reference **신호 변환장비**
>
> 아날로그 신호를 아날로그 신호로 변환 → 교환기
> 아날로그 신호를 디지털 신호로 변환 → Codec(코덱)
> 디지털 신호를 아날로그 신호로 변환 → Modem(모뎀)
> 디지털 신호를 디지털 신호로 변환 → DSU(디지털 서비스 유닛)

reference DSU(Digital Service Unit)

디지털 신호인 0과 1을 그대로 전송하지 않고 전송로에 알맞게 다른 디지털 신호로 변환시켜 주는 장치

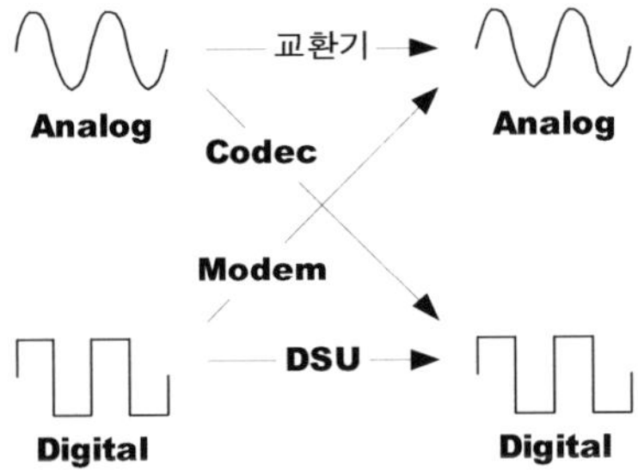

2 전송 속도

2.1 전송 속도

전송 속도란 단위시간동안 전송할 수 있는 데이터의 량을 나타내는 척도로서, 정보를 전송할 때 정보의 최소 단위인 bit를 정해진 시간동안 얼마나 많이 전송할 수 있는가를 의미한다.

(1) 변조속도

변조속도란 단위 초당 전송할 수 있는 부호 단위의 수 또는 초당 디지털 신호 레벨(0, 1)이 변화는 속도로서 쉽게 말하면 초당 디지털 신호 0과 1이 몇 번 변하는 가를 나타내는 척도로서 보오(baud)라는 단위를 사용한다.

여기서 보오(baud)는 아날로그 신호에서는 주파수와 같은 개념으로 한 주기의 역수 즉 디지털 신호의 단위 펄스의 시간(T)에 반비례한다.

변조 속도를 구하는 공식은 다음과 같다.

$$B = \frac{1}{T}[baud]$$

여기서 T는 디지털 신호의 단위 펄스의 시간길이로서 디지털 신호 0과 1의 두 bit를 하나의 단위로 표현했을 때 한 단위당 걸린 시간을 의미한다.

(2) 데이터 신호 속도

데이터 신호 속도란 실제 데이터가 송신측 단말에서 수신측 단말까지의 속도를 나타내며, [bps]라는 단위를 사용한다. 즉 초당 전송할 수 있는 최대 bit의 수를 나타낸다.
여기서 데이터 신호 속도를 구하는 공식을 알아보면

$$S[bps] = B[baud] \times n(\text{한번에 보낼 수 있는 } bit \text{ 수})$$

여기서 B는 변조 속도로서 $B = \frac{1}{T}$ 로 표현할 수 있고, n은 디지털 신호의 단위 펄스 동안에 전송 할 수 있는 bit수를 나타낸다.

(3) 데이터 전송 속도

데이터 전송속도란 전송매체를 통해 정해진 시간동안 최대 전송할 수 있는 문자(character), 블록(block), 워드(word)수를 의미하며, 단위는 [문자/초], [block/초], [word/초]로 나타낸다.

$$\text{데이터 전송속도} = \frac{B}{m}$$

여기서 B는 변조속도를 나타내며, m은 한 문자를 구성하는 bit수를 의미한다.

(4) 베어러 속도

기저대역 전송방식에서 데이터 통신장치(DSU)를 통해 전송매체로 전달되는 전송속도를 나타내는 것으로 DTE에서 발생된 데이터 이외의 동기신호, 상태 신호를 포함하는 전송속도를 의미한다.

즉 DTE에서 전송한 신호(6bit)와 DCE(여기서는 DSU장치를 의미)에서 동기를 위한 1bit, 상태를 나타내는 1bit를 추가하여 전송하는 엔벨로프(Envelope)형식의 전송 속도를 의미한다.

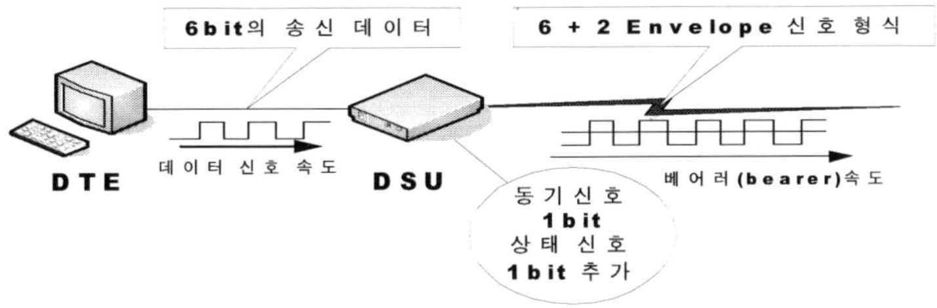

[베어러 속도]

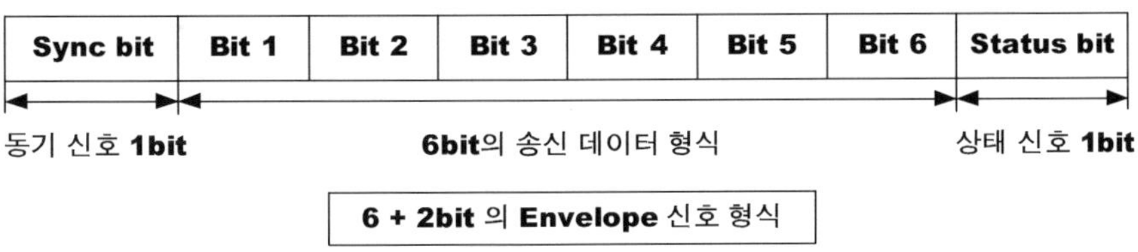

[6+2bit Envelope 형식]

따라서 6+2 신호 형식으로 전송되는 전송매체상의 베어러 속도를 구하는 공식은 다음과 같다.

$$\text{베어러}(bearer)\text{속도} = S \times \frac{8}{6}$$

여기서 S는 데이터 신호 속도를 의미한다.

(5) TRIB(Transfer Rate of Information Bits)

미국 표준협회(ANSI)에서 정의하고 권고한 시스템 효율을 측정하기 위한 정보 수단으로서, 순수 정보만을 전달할 수 있는 속도를 의미한다.

여기서 TRIB(정보 비트 전송속도)를 구하는 공식을 알아보면 다음과 같다.

$$.\ TRIB = \frac{\text{정보 처리원이 수신한 정보 } bit \text{ 수}}{\text{수신정보 } bit\text{를 획득하는데 소요되는 총 시간}}$$

2.2 채널 용량

채널 용량이란 송신지에서 수신지까지 물리적인 통로인 전송매체를 통해서 전송할 수 있는 최대 전송용량을 의미한다. 또한 데이터 전송에 사용되는 전송매체가 수용할 수 있는 정보의 최대 전송 능력이라고도 하며, 단위는 [bps]를 사용한다.

(1) 샤논(shannon)의 정리

샤논의 정리는 전송 매체 상에 백색잡음이 존재한다는 가정 하에 채널 용량을 구하는 공식으로 여기서 잡음은 실제로 존재하는 여러 가지 잡음을 고려하지 않고, 일정한 레벨을 가지는 잡음(백색 잡음 또는 열잡음)만을 고려하여 채널을 통한 최대 전송용량을 구한다.

따라서 샤논의 정리를 통해 채널용량을 구하는 공식은 다음과 같이 정의된다.

$$\text{채널용량}\,(C) = B\log_2(1+\frac{S}{N})[bps]$$

여기서 B는 전송 대역폭을 의미하며, $\frac{S}{N}$는 신호 대 잡음비를 나타낸다.

결국 샤논(shannon)의 정리에 따라 전송매체를 통한 전송용량을 크게 하려면 전송 대역폭을 증가시키거나, 신호의 크기는 크게 하고 반면에 잡음은 감소시켜 $\frac{S}{N}$(신호 대 잡음비)를 증가시켜 주면 된다.

(2) 나이키스트(Nyquist) 정리

나이키스트 정리는 샤논의 정리와 달리 전송매체 상에 잡음이 존재하지 않는다는 가정하게 채널 용량을 구하는 공식으로 채널상의 잡음은 고려하지 않는 대신에 지연 왜곡에 의한 ISI에 근거하여 채널을 통한 최대 전송용량을 구한다.

여기서의 지연왜곡이란, 서로 다른 주파수 성분을 가지는 신호들이 하나의 전송매체를 통해 전송될 때 각 주파수 성분들이 전파 속도가 다르면 상호 영향을 주어, 수신측에서 원래 신호와 다른 왜곡된 신호를 받게 되는 현상을 의미한다.

따라서 나이키스트 정리를 통해 채널 용량을 구하는 공식은 다음과 같이 정의된다.

$$\text{채널용량}\,(C) = 2B\log_2 M[bps]$$

여기서 B는 전송 대역폭을 의미하며, M은 진수 즉 서로 다른 신호 성분의 수를 나타낸다.

결국 나이키스트(Nyquist) 정리에 의하면 데이터 전송 용량은 단지 그 채널의 대역폭에만 제한을 받게 되며, 대역폭이 B로 주어진 경우 전송이 가능한 최대 대역폭은 $2B$가 된다.

3 변조방식

3.1 정보신호의 종류 및 변환

신호란 정보 발생지(단말기)에서 송출된 일련의 자료를 정보통신 시스템을 통해 전송형태로 바꾸어 놓은 것을 의미한다.

신호는 크게 연속적인 물리량을 나타낼 수 있는 아날로그(Analog)신호와 논리적으로 '0'과 '1' 두 가지 상태만을 나타내는 이산적신호인 디지털(Digital)신호로 구분할 수 있다.

3.2 변조

(1) 변조의 의미

변조란 정보의 송신지에서 보내고자 하는 데이터를 신호로 표현하여 반송파라는 고주파(높은 주파수)의 진폭(Amplitude), 주파수(Frequency), 위상(Phase) 등에 실어 보내는 전송방식을 말하는 것으로서 신호의 주파수 스펙트럼을 높은 쪽으로 옮기는 조작이라 할 수 있다.

즉 원래의 신호(원신호)를 전송로(통신회선)상에 보내기 적합한 신호로 변환시키는 과정을 말하는 것이다.

(2) 변조의 목적

① 원거리 전송을 하기 위함

② 각종 잡음과 간섭을 줄이기 위함

③ 주파수 분할 다중화를 하기 위함

④ 송 · 수신 안테나의 길이를 해결하기 위함

(3) 변조의 종류

원래의 신호 / 반송파	아날로그 신호	디지털 신호
연속함수 (연속 변조)	아날로그(Analog)연속 변조	디지털(Digital)연속 변조
	AM(진폭 변조) FM(주파수 변조) PM(위상 변조)	ASK(진폭 천이 변조) FSK(주파수 천이 변조) PSK(위상 천이 변조) QAM(직교 천이 변조)
펄스함수 (펄스 변조)	아날로그(Analog)펄스 변조	디지털(Digital)펄스 변조
	PAM(펄스 진폭 변조) PWM(펄스 폭 변조) PFM(펄스 주파수 변조) PPM(펄스 위치 변조)	PCM(펄스 부호 변조) PNM(펄스 수 변조) DPCM(차분 펄스 부호 변조) DM(델타 변조)

3.3 아날로그 연속변조

(1) AM(Amplitude Modulation : 진폭변조)

반송파의 진폭에 신호 파를 실어 보내는 방식으로 전파통신이나 중파라디오 방송 등에 사용된다.

① DSB-LC(Double Sideband - Large Carrier) : **양측파대 방식**

3극 진공관의 개발과 함께 최초로 정립된 변조이론으로써 흔히 AM을 대표하는 방식이다. 피변조 신호의 대역폭이 변조파의 대역폭의 두 배가 되는 양측파대 변조이고 높은 전력의 반송파를 가지고 있다. DSB방식은 상 · 하 측파대 성분과 반송파 성분을 모두 전송하기 때문에 전력소모량이 크다는 단점과 송 · 수신 설비가 간단하고 검파하기가 쉽다는 장점을 가지고 있다.

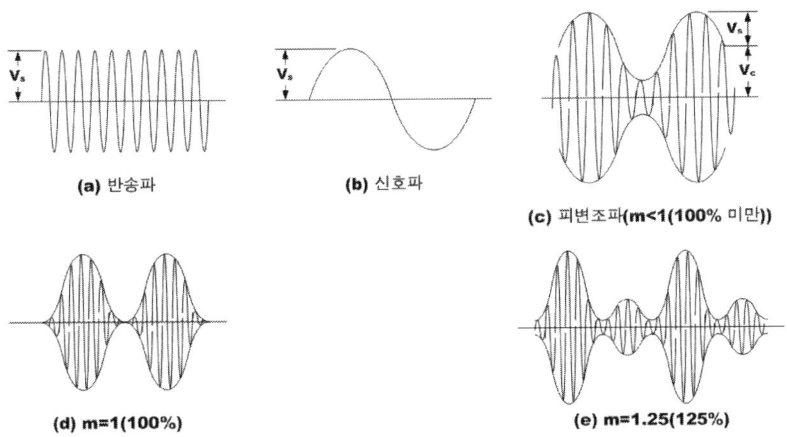

[AM 변조도 파형]

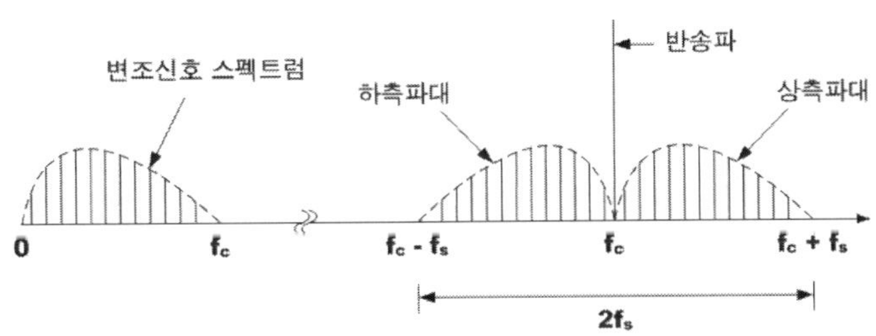

[진폭변조의 스팩트럼]

신호파 : $e_s(t) = E_s \cos \omega_s t$

반송파 : $e_c(t) = E_c \cos \omega_c t \quad (\omega_c \gg \omega_s)$

피변조파 : $e_{AM} = (E_c + e_s(t)) \cos\omega_c t$

$$= E_c(1 + m_a \cos\omega_s t)\cos\omega_c t, \quad \text{여기서 } m_a(\text{변조도}) = \frac{E_s}{E_c}$$

$$= E_c \cos\omega_c t + \frac{m_a E_c}{2}\cos(\omega_c + \omega_s)t + \frac{m_a E_c}{2}\cos(\omega_c - \omega_s)t$$

피변조파의 대역폭 : $(f_c + f_s) \sim (f_c - f_s) = 2f_s$

피변조파의 평균전력 : $P_{DSB-LC} = P_c + P_{USB} + P_{LSB}$

$$= (\frac{E_c}{\sqrt{2}})^2 / R + (\frac{m_a E_c}{2\sqrt{2}})^2 / R + (\frac{m_a E_c}{2\sqrt{2}})^2 / R$$

$$= \frac{E_c^2}{2R}[1 + \frac{m^{2_a}}{4} + \frac{m_a^2}{4}]$$

$$= P_c(1 + \frac{m_a^2}{2})$$

② SSB-SC(Single Sideband - Suppressed Carrier) : **단측파대 방식**

평형변조기를 이용하여 출력 피변조신호의 반송파 성분을 억압해서 대역통과필터(BPF)를 이용하여 한쪽 측파대 성분만을 추출하여 전송시키는 방식으로 피변조파의 점유 주파수 대역폭을 좁혀줌으로써 상대적으로 주파수 이용효율을 향상시키고 소비전력이 줄어든다는 장점이 있다. 한편 한쪽 측파대만을 추출하여 전송시키는 방식으로 효과적인 측파대분리를 위하여 다단변조를 하여야하고 수신측에서는 반송파를 발생시켜주기 위한 국부발진기를 따로 설치해야함으로 송 · 수신기가 복잡해진다는 단점을 가진다. SSB방식은 FDM 다중화를 이용하는 일반 전화망에서 주로 사용되며 채널 간 간섭을 줄여주는 효과가 있다.

③ VSB(Vestigial Side Band)

SSB 변조 시 사용되는 이상적인 대역통과 필터(BPF)가 만들기 어려워서 한쪽 측파대의 일부를 남겨놓은 SSB를 사용하여 대역폭을 줄이고, 검파하기 용이하게 하기 위해 DSB-LC 방식을 절충한 방식이다. 원 신호에 가장 가깝게 복조할 수 있는 변조방식으로 TV영상신호 전송에 흔히 쓰인다.

(2) FM(Frequency Modulation : 주파수 변조)

반송파의 주파수에 신호 파를 실어 보내는 방식으로 저주파 신호의 크기에 따라 반송파의 각 주파수를 변화시키는 것이다. FM 방식은 일반적으로 넓은 대역폭이 필요하다는 단점과 잡음 및 혼신에 강하다는 장점을 가지고 있다.

신호파 : $e_s(t) = E_s \cos \omega_s t$,

반송파 : $e_c(t) = E_c \sin \omega_c t \quad (\omega_c \gg \omega_s)$

$$
\begin{aligned}
\text{피변조파} : e_c(t) &= E_c \sin (\omega_c + k\int_0^t e_s(\tau)\, d\tau) \\
&= E_c \sin (\omega_c t + kE_s \int_0^t \cos\omega_s \tau\, d\tau) \\
&= E_c \sin (\omega_c t + \frac{\Delta\omega}{\omega_s} \sin \omega_s t) \\
&= E_c \sin (\omega_c t + m_f \sin \omega_s t) \\
&(\Delta\omega = kE_s, \text{변조지수}(m_f) = \frac{\Delta\omega}{\omega_s})
\end{aligned}
$$

대역폭 : $B = 2\Delta f = 2(\Delta f + f_s)$

(3) PM(Phase Modulation : 위상 변조)

반송파의 위상에 신호 파를 실어 보내는 방식으로 저주파 신호의 진폭에 따라 반송파의 위상각을 변화시키는 방식으로 아날로그 변조 방식 중 가장 고속도 전송을 행할 수 있다.

신호파 : $e_s(t) = E_s \sin \omega_s t$,

반송파 : $e_c = E_c \sin \omega_c t \quad (\omega_c \gg \omega_s)$

$$
\begin{aligned}
\text{피변조파} : e_c &= E_c \sin (\omega_c t + ke_s(t)) \\
&= E_c \sin (\omega_c t + kE_s \cos\omega_s t) \\
&= E_c \sin (\omega_c t + \Delta\theta \cos\omega_s t) \\
&= E_c \sin (\omega_c t + m_p \cos\omega_s t) \\
&(\Delta\theta = kE_s : \text{최대위상편이}, m_f = \Delta\theta : \text{변조지수})
\end{aligned}
$$

3.4 디지털 연속변조

디지털 변조란 아날로그 신호인 반송파의 진폭, 주파수, 위상을 원신호인 디지털 신호의 0과 1에 대하여 변화시켜서 변조방식으로 디지털 연속변조라고도 부르며 대표적으로 반송대역 전송방식(Broadband Transmission)에서 사용되는 전송방식이다.

(1) ASK(Amplitude Shift Keying)

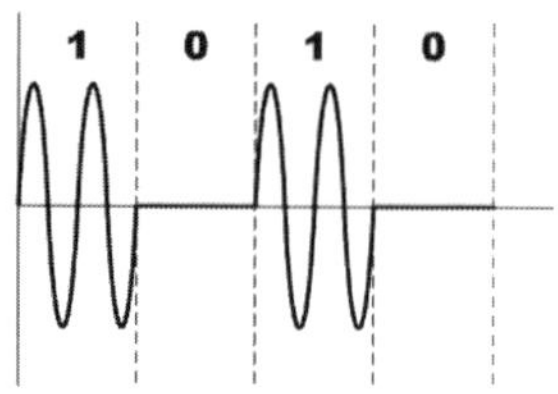

① 300bps이하의 저속도 전송에 사용된다.

② 각종 잡음이나 신호레벨 변동에 약하다.

③ 전송 비트수가 많아지면 수신측에서 진폭 구분이 어려워 1비트만 전송 가능하다.(2진 ASK)

④ OOK(On Off Keying)라고도 부른다.

(2) FSK(Frequency Shift Keying)

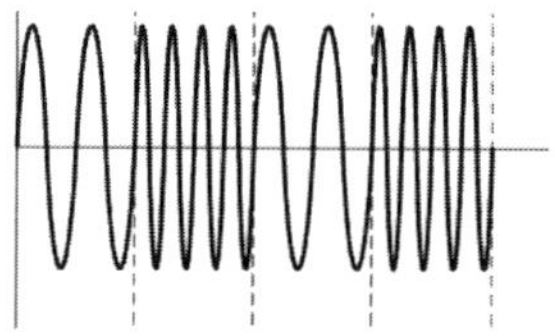

① 1200bps이하의 저속도 전송에 사용된다.

② 각종 잡음 및 신호레벨 변동에 강하다.

③ 수신측에서 대역폭만을 구분하여 전송 비트를 구별한다.

④ 전송 비트수가 많아지면 전송 대역폭이 늘어나고 수신측에서 대역폭 구분이 어려워진다.

(3) PSK(Phase Shift Keying)

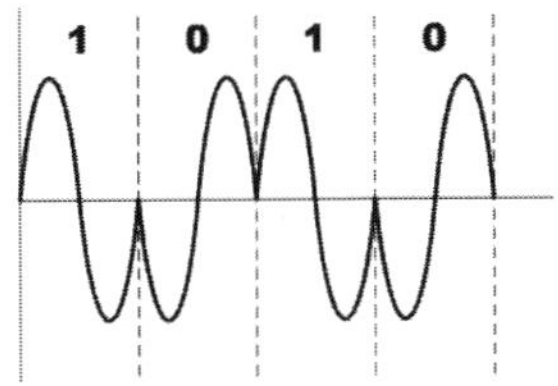

① 2400 ~ 4800bps의 중속도 전송

② 전송 비트를 위상으로 구분하므로 전송 비트수가 많아지면 위상차 구별이 어려워진다.

③ 16진 PSK이상은 사용하지 않는다.

④ 위상차 계산식 $\frac{2\pi}{M}$ (M진 $= 2^n$, n : 한번에 보낼 수 있는 bit 수)

(4) QAM(Quadrature Amplitude Modulation)

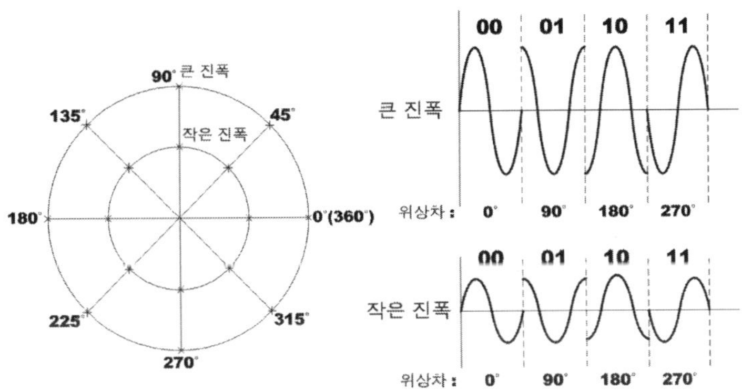

① AM의 진폭 변화 방식과 PSK의 위상 변화 방식을 결합한 방식

② 9600bps이상의 고속도 전송이 가능하다.

③ 많은 량의 데이터 비트열을 전송할 수 있다.

3.5 디지털 연속변조의 비교

(1) 에러 확률

위에서 배운 디지털 변조 방식의 에러 확률 관계를 알아보면 다음과 같다.

ASK	FSK	DPSK	PSK	QAM
2진 ASK	2진 FSK	2진 DPSK	2진PSK(BPSK)	
		4진 DPSK	4진PSK(QPSK)	4진 QAM
		8진 DPSK	8진 PSK	8진 QAM
				16진 QAM
				M진 QAM

↑ 에러 확률감소

← 에러 확률 증가

① MSK(Minimum Shift Keying)

MSK방식은 잡음에 강한 방식인 FSK방식을 변형시킨 방식으로 QAM보다 에러 확률이 적으며 디지털 변조 방식 중에서 가장 에러 확률이 적다.

이 방식은 기존 FSK가 가지는 문제점인 한 주파수에서 다른 주파수로 급변 시키는 스위칭으로 인한 위상의 불연속성으로 비교적 넓은 대역을 차지한다는 것을 해결하기 위한 방식이다.

기존 FSK방식에 2개의 반송파 주파수를 최소 간격으로 할당하고, 2개의 반송파 주파수가 만나는 부분에서의 연속적인 위상 변화가 유지되게 하며, 복조(검파)시 신호가 겹치지 않도록 최소 주파수 편이비(h)를 0.5로 만족시킨 FSK를 MSK 또는 FFSK(Fast FSK)라 한다.

3.6 디지털 통신 방식의 복조(검파)

디지털 신호를 반송파에 따라 변조하는 방식이 다르듯이 수신측에서의 복조 방식도 다르며, 복조 방식으로는 크게 다이오드를 이용한 잡음 제거 기능이 없는 비동기식 검파 방식과, 잡음 제거 기능이 있는 정합 필터를 이용한 동기식 검파 방식이 있다.

(1) 비동기식 검파 방식(Non-Coherent Detecting)

비동기식 검파 방식은 다이오드를 이용한 포락선 검파기를 사용하며, 변조 시 사용된 캐리어 신호(반송파)를 알 필요 없어 시스템 구조가 단순하고 잡음 제거 기능이 없다.

주로 ASK와 FSK방식에 사용되며, 가격이 저렴하고 시스템 구조가 단순한 반면에 다이오드를 이용하므로 비직선 왜율이 발생하고 효율이 떨어진다는 단점을 가진다.

FSK방식은 잡음에 강한 특성이 있어 비동기식 검파방식을 사용해도 큰 무리가 없지만, PSK방식은 전송속도가 빠른 반면에 잡음에 약하므로 비동식기 검파방식을 사용할 수 없다.

(2) 동기식 검파 방식(Coherent Detecting)

동기식 검파 방식은 변조 시 사용된 캐리어 신호(반송파)를 이용하여 검파하는 방식으로 동기 검파기로는 정합 필터 또는 PLL을 사용하며 신호는 키우고 잡음은 감소시키는 잡음 제거 기능이 있다.

주로 잡음에 약한 PSK방식에 사용되며, 시스템 구조가 복잡하고 가격이 고가라는 단점을 가진다.

그래서 잡음제거 기능이 있는 정합필터를 사용하지 않고, 검파 할 수 있는 방식이 필요하게 되었는데 그것이 DPSK방식이다.

① DPSK(Differential PSK)

잡음에 약한 PSK방식을 검파하기 위해 잡음 제거 기능을 지니는 정합필터를 사용해야 하는 단점을 보완한 방식으로 1구간(T초)전의 PSK신호를 기준파로 사용하여 차동 신호를 발생 검파하는 차동 위상 검파 방식이다.

차동위상검파 방식인 DPSK방식은 동기식 검파 방식에 비해 기준 반송파가 필요 없고, 정합필터를 사용하지 않아 시스템 구조가 간단하고 가격이 저렴하다는 장점을 가지나, 2진 PSK(BPSK)방식보다 효율이 떨어진다는 단점을 가진다.

4 통신회선

통신회선이란 데이터 통신 시스템에 있어서 송 · 수신 시스템간의 물리적인 데이터 전송로, 즉 신호가 전달되기 위한 모든 통로를 말하며 유선통신에서 사용되는 유선매체와 무선통신에서 사용되는 무선매체 등으로 구분된다.

4.1 전송량의 단위

전송량의 단위란 신호의 감쇠나, 이득을 표현하기 위한 단위로서 직접 비(ratio)로 표현하면 너무 큰 값이 생성되므로 [dB]나 [neper]등을 사용한다.

(1) 데시벨(Decibel) 단위 : $[dB]$

$[dB]$라는 단위는 일반적으로 이득과 감쇠를 나타낼 때 사용하는 단위로 신호의 상대적인 크기 즉 신호나 잡음의 전력레벨 또는 전압레벨을 표현하거나 비교할 때 많이 사용되는 단위이다.

$$dB = 10\log_{10}\frac{P_2}{P_1}$$

여기서 P_1은 기준 신호 전력, P_2는 피 측정 신호전력(측정하고자 하는 신호 전력)을 나타낸다.

(2) 네퍼(neper) 단위 : [neper]

데시벨과 같은 개념으로 유럽에서 많이 사용되는 단위이다. [dB]는 밑이 10인 상용로그를 사용하는데 반해 [neper]는 밑이 e인 자연로그를 사용하여 표현한다.

$$[neper] = \frac{1}{2}log_e\frac{P_2}{P_1}$$

P_1은 기준 신호 전력, P_2는 피 측정 신호전력(측정하고자 하는 신호 전력)을 나타낸다.

여기서 [dB]와 [neper]와의 관계를 살펴보면

$$1[neper] \fallingdotseq 8.686[dB]$$

$$1[dB] \fallingdotseq 0.115[neper]$$

관계를 가진다.

(3) dB의 종류

① 절대 레벨[dBm]

기준 신호 전력 1[mW]에 대한 측정 신호 전력 레벨을 표시하는 단위로 신호나 잡음의 절대 전력 값을 나타낸다.

$$[dBm] = 10\log_{10}\frac{P}{1[mW]}$$

여기서 P는 피 측정 신호 전력, $1[mW]$는 기준 신호 전력을 나타낸다.

② dBW

기준 신호 전력 1[W]에 대한 측정 신호 전력 레벨을 표시하는 단위

$$[dBW] = 10\log_{10}\frac{P}{1[W]}$$

③ dBmV

기준 신호 전압 1[mV]에 대한 측정 신호 전압의 크기를 나타내는 단위로 $20\log_{10}$전압비로 표현한다.

$$[dBmV] = 20\log_{10}\frac{V}{1[mV]}$$

④ dBμV

주로 이동통신 단말기의 수신 전계강도 등을 측정하는데 사용하는 단위

$$[dB\mu V] = 20\log_{10}\frac{V}{1[\mu V]}$$

⑤ **상대 레벨 [dBr]**

전송로상의 여러 지점에서의 신호나 잡음 전력을 비교하기 위한 단위로 전송로상의 임의의 어떤 지점에서의 전력 P_0를 기준으로 정하고, 다른 지점에서의 전력 P의 크기를 기준 전력과 비교하여 상대 전력크기를 나타낸다.

4.2 선로의 정수 회로

선로의 정수회로란 전송선로를 특정 전기회로로 나타낸 것으로서 전송 선로는 저항(R), 인덕턴스(L), 정전용량(C), 누설 컨덕턴스(G)가 균일하게 분포되어 있는 전기회로이다.

(1) 집중 정수 회로

전송선로 상에 존재하는 인덕턴스, 정전용량, 저항성분등이 모두 한곳에 집중되어 있는 개념을 적용하여 회로를 등가적으로 해석한 것으로서 분포 정수 회로에 비해 회로의 해석은 쉬우나 전송선로의 길이가 길거나, 전송로를 통해 전달되는 신호의 주파수가 높은 경우에는 사용할 수 없다.

(2) 분포 정수 회로

전송 선로에 고주파 전류를 흘리는 경우 회로 소자를 선로의 단위 길이 당 균일하게 분포되어 있다고 해석되는 회로이다.

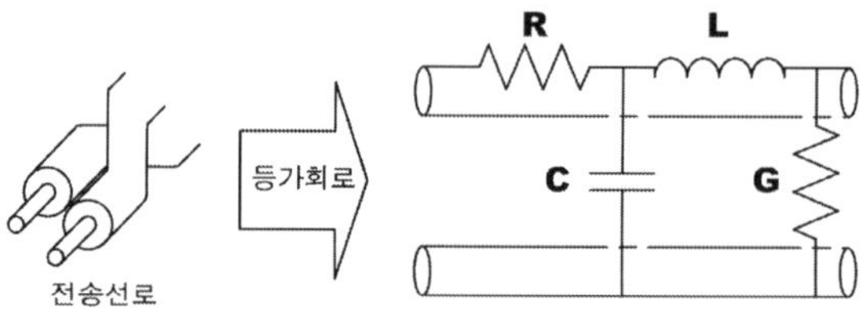

① **분포 정수 회로의 1차 정수** : $R,\ L,\ C,\ G$

② **분포 정수 회로의 2차 정수** : 특성 임피던스(Z_0), 전파정수(γ), 감쇠정수(α), 위상정수(β)

㉠ Z_0(특성, 파동 임피던스)

전송 선로상의 특정 한 점에서의 저항성분으로 전압 대 전류비로 나타낸다.

$$Z_0 = \sqrt{\frac{Z}{Y}} = \sqrt{\frac{R+j\omega L}{G+j\omega C}}$$

여기서, R과 G가 모두 0이라면 $Z_0 = \sqrt{\frac{L}{C}}$ 가 되며 $R=0, G=0$ 을 무손실 조건이라 한다.

그러나 실제회로에서 R과 G를 임의로 0으로 만들 수 없지만 사용 주파수를 높여서 상대적으로 작은 값인 R과 G를 무시할 수 는 있다.

이렇게 사용 주파수를 높여 사용하는 선로를 고주파 선로 화라 한다.

$$\omega L \gg R$$
$$\omega C \gg G$$

전송 선로 상에 고주파 신호를 사용하면 R과 G를 무시할 수 있어 파의 세기는 좋아지지만 L에 의한 저항 값은 커지고 C에 의한 저항 값은 작아져서 파의 변형이 생길 수 있다.

이러한 파의 변형을 막기 위해서는 R, L, C, G 값을 잘 적용하면 되는데 이것을 무왜조건이라 한다.

$$\text{무왜 조건은 } \frac{G}{C} = \frac{R}{L} \quad \therefore LG = RC$$

㉡ γ(전파정수)

전송선로 상의 단위 길이 당 파가 얼마만큼 감쇠(α)되고 위상의 변화(β)가 얼마나 일어나는가를 나타내는 것

$$\gamma = \alpha + j\beta = \sqrt{Z \cdot Y} = \sqrt{(R+jwL)(G+jwC)}$$
$$\approx \frac{1}{2}\sqrt{LC}\left(\frac{R}{L}+\frac{G}{C}\right)+jw\sqrt{LC}$$

여기서 감쇠정수(α)는

$$\alpha = \frac{1}{2}\sqrt{LC}(\frac{R}{L} + \frac{G}{C})[neper/m]$$

위상 정수(β)는

$$\beta = j\omega\sqrt{LC}[rad/m]$$

(3) 전송로 상에서 발생되는 손실

전송선로 상에는 여러 가지 저항 성분이 존재한다. 하지만 전송로에 전달되는 신호의 주파수가 높아지면 오히려 저항 성분이 커지는 저항이 있고, 반대로 저항 성분이 작아지는 저항도 있다. 이중에서 사용 주파수가 높아지면 저항 값이 커지는 저항으로는 근접작용, 표피작용, 와류 작용, 타 도체와의 반작용 등이 해당된다.

① **표피 작용**(Skin Effect)

전송로 상에 교류 신호가 흐르면 그에 따라 직각 방향으로 자계성분이 생성되고, 이렇게 발생된 자계는 전류를 끌어당기는 힘이 있어 그 힘에 이끌려 전류가 도체 표면에 집중되는 현상으로 주파수가 높아지면 표피 작용이 심하게 발생하여 전송로의 손실이 증가하게 된다.

② **근접 작용**(Proximity Effect)

평행하게 존재하는 두 도체의 전류가 동일 방향이면 서로 반발하고, 반대 방향이면 끌어당기는 현상으로 평행한 왕복 도체에 흐르는 전류가 한쪽 끝으로 집중되는 현상으로 주파수가 증가함에 따라 전류 밀도가 도체의 한쪽 끝에서 계속적으로 증가하는 현상

③ **와류 작용**(Eddy Loss)

도체 내부에서 만들어지는 전류로서 도체 전체가 아닌 일부분에 소용돌이 모양으로 닫힌 통로를 말한다. 즉 도체 내부에 흐르는 전류의 직각방향으로 형성되는 자계의 성분으로 인하여 생기는 맴돌이 전류로서, 이 맴돌이 전류가 도체에 흐르는 전류의 흐름을 방해하게 되는 현상

4.3 전송매체의 종류

4.3.1 평형 케이블(TP 케이블 : Twisted Pair Cable)

2개의 선로가 평행하게 위치해 있는 케이블로 두 도선에 흐르는 신호의 진폭과 위상이 같아 평형 케이블이라 한다.

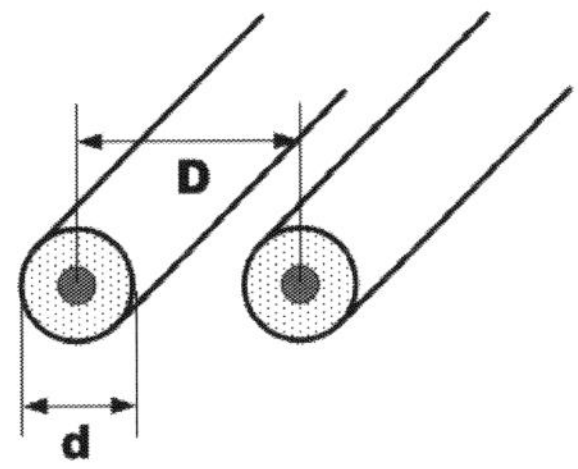

(1) 특성 임피던스 $Z_0 = \frac{120}{\sqrt{\varepsilon_s}} \log_e \frac{2D}{d} = \frac{276}{\sqrt{\varepsilon_s}} log_{10} \frac{2D}{d} \, [\Omega]$

평행 2선식 케이블은 두 도선 사이의 거리(D)가 크고 도선의 두께(d)가 작을수록 커진다.

(2) 특징

① 유도 방해에 약하다.

② 충격에 약하다.

③ 누설 전류가 많다.

④ 저렴하다.

4.3.2 장하 케이블(Loading)

평형 케이블에 인덕턴스(L)을 삽입시킨 케이블

(1) 정의

일반적으로 전송선로에 흐르는 신호는 왜곡이 생겨서는 안 된다. 그래서 무왜 조건 $LG = RC$를 만족시켜서 신호를 전송하지만, 평형 케이블은 도선간의 거리가 매우 근접하여 다른 전송매체에 비해 정전용량(C)값이 크다. 그래서 결국 $LG \ll RC$가 되어 전달되는 신호에 왜곡이 생긴다.

따라서 $LG = RC$를 만족시키기 위해서는 인덕턴스(L)이나 누설 컨덕턴스(G)를 크게 하거나, 또는 전기저항(R)값을 작게 만들어야 한다.

하지만 R값은 동선 자체적으로 가지고 있는 저항 성분으로서 작게 만들 수 없고, 또한 G값은 누설 전류로 인한 성분으로 절대 키워서는 안 된다. 결국 인덕턴스(L)을 증가시키는 방법이 사용되며, 이와 같이 전송로 상에 L을 삽입한 케이블을 장하 케이블이라 한다.

(2) 종류

① 연속 장하(평등 장하)

장하 코일을 전송 선로 상에 균일하게 감아주는 장하 방식을 말한다.

② 집중 장하(코일 장하)

일정 간격 (약 1.831㎞)마다 집중적으로 코일을 삽입시킨 형태로서 반 구간 방식과 반 코일 방식이 있다.

(3) 특징

전송선로 상에 인덕턴스(L)를 삽입하여 무왜 조건($LG = RC$)를 만족시킴으로서 음성급 저주파 신호 전송에 대한 감쇠와 왜곡이 감소하지만, 고주파 신호를 전송할 경우에는 장하 코일에 의한 저항 값이 증가하여 신호 의 감쇠가 커지며, 전파 속도 $V = \frac{1}{\sqrt{LC}}$ 에 대해서 L값이 증가 되므로 속도가 현저히 느려져 장거리 데이터 전송방식에는 부적합하다. 따라서 단거리 시내 전화 케이블로만 사용된다.

4.3.3 동축 케이블(Coaxial Cable)

동축 케이블은 내부 도체와 외부도체로 구성되며 서로 흐르는 파의 크기가 달라 불평형 선로라 한다.

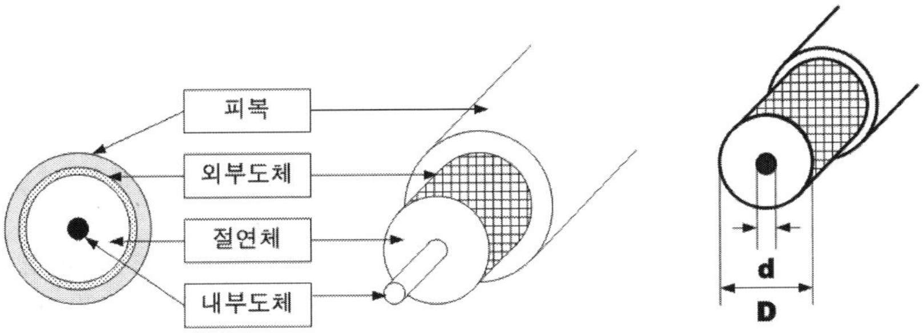

(1) **특성 임피던스** $Z_0 = \dfrac{60}{\sqrt{\varepsilon_s}} \log_e \dfrac{D}{d} = \dfrac{138}{\sqrt{\varepsilon_s}} log_{10} \dfrac{D}{d} [\Omega]$

위의 수식에서 외부 도체의 내경을 D라 하고, 내부 도체의 외경을 d라 했을 때 동축 케이블은 내부도체의 외경과 외부 도체의 내경에 의해서 좌우된다.

(2) **최적비**

동축 케이블의 외부 도체와 내부 도체의 비를 나타내는 것으로 가장 감쇠가 적은 최적의 조건을 의미하며 3.59정도가 가장 최적이다.

따라서 동축 케이블의 최적 비는 외부도체와 내부도체의 비가 약 3.6정도가 된다.

$$\frac{D}{d} \fallingdotseq 3.6$$

(3) **특징**

① 유도 방해에 강하다.

② 충격에 강하다.

③ 방사(복사)손실이 적다.

4.3.4 광섬유 케이블(Fiber Optical)

빛을 이용한 통신을 하기 위해 빛이라는 신호를 전송 시킬 수 있는 케이블로 송신측에서 보내려는 신호를 빛으로 변환하여 빛의 전반사의 원리로 전파하게 된다.

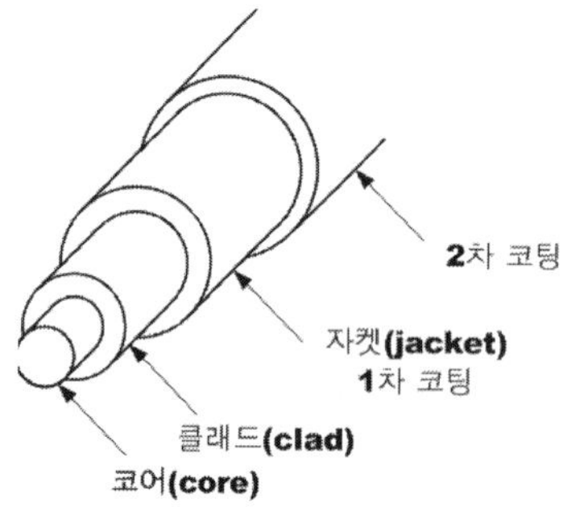

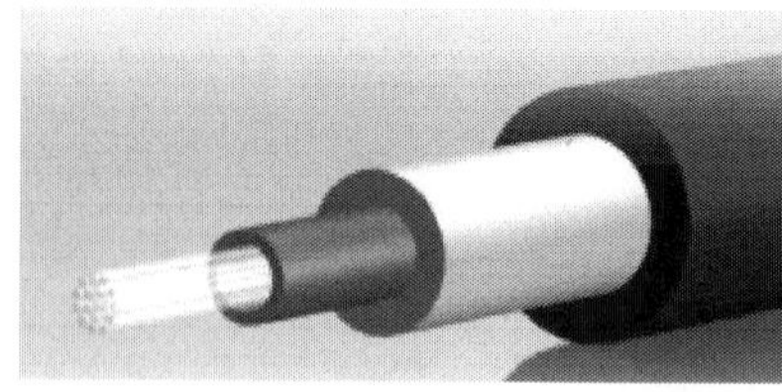

(1) 광학 파라메터

① 수광각(Acceptance Angle)

빛을 받아 들일 수 있는 각으로 광을 Core내에서 전달하기 위한 최대의 입사각도

$$최대\ 수광각 = \sin^{-1}\sqrt{2\frac{n_1^2 - n_2^2}{n_1^2}}$$

② 개구수(Numerical Aperture)

입사광에 대해 받아들일 수 있는 최대 수광각 (광을 모을 수 있는 능력)

$$NA = \sqrt{n_1^2 - n_2^2}$$

③ 규격화 주파수(Normalized Frequency)

Optical Fiber가 단일 모드 인지, 다중 모드 인지를 구별하는 것

$$V = \beta\alpha\sqrt{n_1^2 - n_2^2}$$

여기서 $\beta = \frac{2\pi}{\lambda}$, $\lambda = \frac{C}{f}\,(C = 3\times 10^8)$, α : 광케이블의 반지름을 나타낸다.

$V > 2.405$ 이면 다중 모드이고, $V < 2.405$ 이면 단일 모드이다.

(2) 광케이블의 종류

① 단일 모드 광섬유 케이블

- 신호(광)을 코어 내에 적당한 임계각으로 하나만 보내는 것
- 고속 대용량 전송에 적합하다.
- 원거리 전송에 유리하다.
- 모드 간 간섭이 없다.
- 코어의 직경이 작아 제조 및 접속이 어렵다.

② 다중 모드 광섬유 케이블

- 모드 간 간섭이 존재한다.
- 고속 대용량 전송에 부적합하다.
- 코어의 직경이 커서 제조 및 접속이 유리하다.
- 근거리 전송에 사용된다.

(3) 구조 파라미터

① **외경** : 케이블의 바깥지름

② **편심률** : 코어의 중심과 클래드의 중심 간의 차

③ **비원률** : 정원(완전한 원)에서 벗어난 률

(4) 광섬유의 전송 손실

분산(Dispersion) : 광섬유가 전송 중에 광 펄스의 파형이 퍼져 이웃하는 광 펄스와 서로 겹침으로서 광섬유의 대역폭이 제한되는 현상

① 색분산(모드 내 분산)

파장에 따른 전파 속도 때문에 생기는 분산으로 단일 모드 다중 모드 모두에 존재한다.

② 모드 간 분산

다중 모드 광섬유 에만 존재하는 것으로 모드 사이의 전파 속도 차 때문에 생기는 분산

색 분산보다 더 안 좋은 현상으로 이를 줄이기 위해 언덕 형(GIF) 광섬유 케이블을 사용한다.

단일 모드 광섬유는 색 분산만 존재하고 다중 모드 광섬유는 색 분산과 모드 간 분산 모두 존재한다.

(5) 광섬유의 특징

① 장점

- 가요성(유연성)
- 무 유도성
- 광 대역성
- 고속성
- 경제성
- 세경성
- 경량성

② 단점

- 제조가 어렵다.
- 접속이 어렵다.
- 분산 현상이 생긴다.
- 중계기에 전원 공급을 위해 급전선이 따로 필요하다.

(6) 광통신 시스템

광통신이란 레이저 빛을 광섬유를 통해 전반사의 원리를 이용하여 정보를 주고받는 통신 방식을 광통신이라 한다.

① 광원(발광 소자)

전기 신호를 광신호로 변환시켜 주는 전광소자로서 발광 다이오드(LED : Light Emitting Diode)와 레이저 다이오드(LD : Laser Diode)가 있다.

② **광 검출기(수광 소자)**

광 신호를 전기 신호로 변환시켜 주는 광전소자로서 PD(Photo Diode)와 레이저 APD(Avalanche Photo Diode)등이 있다.

③ **광변조 방식**

- IM(Intensity Modulation)
  전송하고자 하는 정보 신호를 부호화하여 1과 0의 Digital 전기 펄스를 만든 다음 이것에 따라 광원을 On/Off 하여 광 펄스를 전송하는 방식으로 incoherent 방식이라고도 부른다.
- coherent 방식
  광의 강약에 의해 신호를 전송하는 것이 아니고, 일반적인 전파와 같이 전송하고자 하는 정보신호에 따라 광파의 위상이나 주파수를 변화시켜 신호를 전송하는 방식

④ **광 검출 방식**

광 신호를 검출하는 방식으로는 광 신호의 크기를 직접 검출하는 DD(Direct Detection) 방식을 사용한다.

현재 우리나라에서는 광변조 및 광 검출방식으로 IM/DD방식이 이용되고 있다.

4.4 무선 전송매체

무선 전송매체는 공중(공기), 해수면(물)등과 같은 매체를 통하여 정보를 전송하는 방법으로 단순히 무선 전송이라고도 부른다.

(1) 사용하는 주파수 대역에 따른 분류

이중에서 UHF와 SHF사이의 주파수대역(1㎓ ~ 30㎓)을 마이크로파라고 부르며, 실제 마이크로웨이브 통신방식에서 사용되어지고 있다.

명칭	약어	주파수 대역	자유 공간에서의 파장
초장파(Very Low Frequency)	VLF	3㎑ - 30㎑	10km - 1km
장파(Low Frequency)	LF	30㎑ - 300㎑	1km - 100m
중파(Medium Frequency)	MF	300㎑ - 3㎒	100m - 10m
단파(High Frequency)	HF	3㎒ - 30㎒	10m - 1m
초단파(Very High Frequency)	VHF	30㎒ - 300㎒	1m - 100cm
극초단파(Ultra High Frequency)	UHF	300㎒ - 3㎓	100cm - 10cm
초고주파(Super High Frequency)	SHF	3㎓ - 30㎓	10cm - 1cm
밀리미터파(Extremely High Frequency)	EHF	30㎓ - 300㎓	1cm - 10mm

(2) 지상 마이크로웨이브 통신(Terrestrial Microwave)

마이크로웨이브(M/W : Microwave)통신이란 1㎓ ~ 30㎓의 UHF와 SHF사이의 주파수 대역을 이용하여 주로 가시거리 통신을 수행하는 통신방식이다.

FDM/FM에 의한 아날로그 전송방식이나 TDM/QPSK 또는 TDM/QAM에 의한 디지털 전송방식으로 운영되고 있으며, 하나의 무선 회선을 이용하여 수백 - 수천 개의 채널을 전송할 수 있어 장거리 전화, TV 신호 중계, 레이더 및 고속 데이터 통신 등에 많이 이용되고 있다.

① 지상 마이크로웨이브 통신 방식의 특징

마이크로웨이브 통신은 마이크로파 주파수 대역을 사용하므로 일반적으로 파장이 짧고 직진성이 좋으나 반사, 굴절, 간섭 등의 성질이 빛과 유사하여 건물이나 산과 같은 장애물이나 나쁜 기후조건에 영향을 많이 받을 수 있다. 하지만 장애물이 없는 지역에서는 지구 대기를 통해서 50㎞를 초과하는 거리에도 신뢰성 있는 통신이 가능하다. 따라서 전파 통로 상의 장애물이 없는 직통 중계가 가능한 지역에서 많은 이점을 가지며, 다음과 같은 특징이 있다.

- 일반적으로 접시 형 안테나(바라볼라 안테나)를 사용하며 장애물이 없는 직통 중계가 가능하여야 하므로 주로 높은 지역에 중계기를 위치한다.
- 장거리 통신 서비스에 대해 신뢰성 높은 데이터 전송률을 제공하며, TV신호 중계 시

동축 케이블 대용으로 사용할 수 있다.

- 동축 케이블에 비해 훨씬 적은 증폭기와 리피터가 필요하며, 지구 대기를 통한 가시거리 통신은 50㎞초과하여 통신이 가능하다.
- 높은 구조물이나 산과 같은 장애물, 기상 변화에 영향을 받는다.

② 지상 마이크로웨이브 중계 방식

지상 마이크로웨이브 통신의 중계방식으로는 직접 중계 방식, 헤테로다인 중계방식, 검파중계 방식, 무 급전 중계방식 등이 있다.

㉠ 중계방식

- 직접 중계방식 : 증폭과 중계만 하는 방식으로 원거리 전송이 곤란하다.
- 무 급전 중계방식 : 반사판을 설치하여 각도를 조절해서 전파의 진행 방향을 바꾸어 주는 방식
- 헤테로다인 중계방식 : 마이크로웨이브를 증폭하기 좋은 중간 주파수(IF)로 바꾸어서 증폭하는 방식

  변복조를 반복하지 않으므로 열화특성이 쌓이지 않아 원거리 전송에 적합하다.
- 검파 중계방식 : 수신된 신호를 복조하여 원 신호를 회복시킨 다음 에러 수정 및 증폭하고 다시 변조하여 전송하는 방식

  변복조를 많이 하므로 신호 파형의 변형이 생겨 근거리만 전송이 가능하다.

  다른 말로는 Video 중계방식이라고도 부른다.

5 펄스 변조 방식

펄스 변조 방식의 종류			변조하는 파라미터	아날로그 \ 입력신호
	기호	명칭		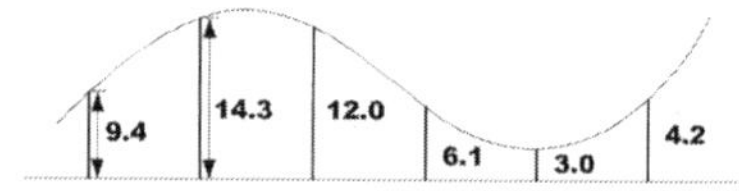
아날로그 변조	PAM	펄스 진폭 변조 Pulse Amplitude Modulation	진폭	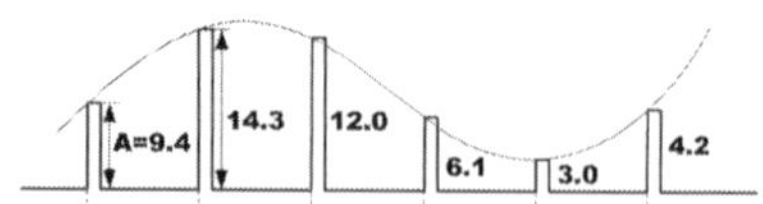
	PWM (PDM)	펄스 폭 변조 Pulse Width Modulation Pulse Duration Modulation	펄스의 폭	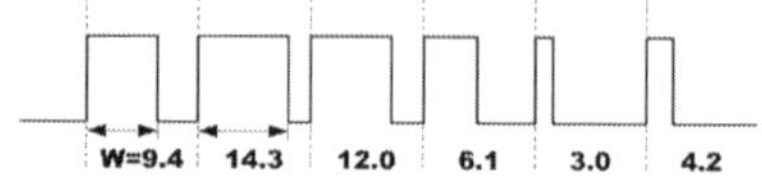
	PPM (PPM)	펄스 위상 변조 Pulse Phase Modulation 펄스 위치 변조 Pulse Position Modulation	위상	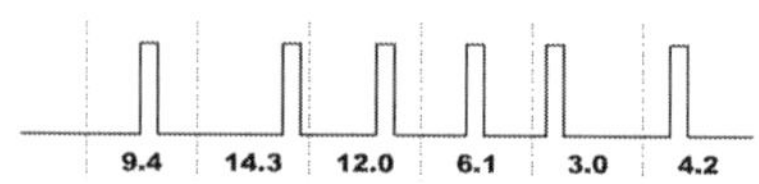
	PFM	펄스 주파수 변조 Pulse Frequency Modulation	주파수	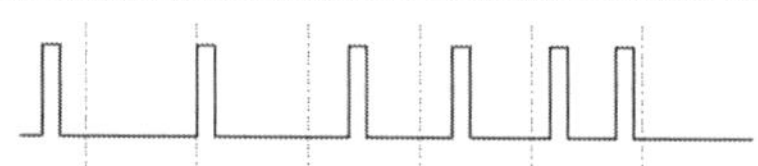
	PTM	펄스 시 변조 Pulse Time Modulation	신호파의 진폭에 따라 펄스의 시간적 위치를 변동시키는 변조 방식 지금은 거의 사용되지 않는다.	
디지털 변조	PNM	펄스 수 변조 Pulse Number Modulation	펄스 수	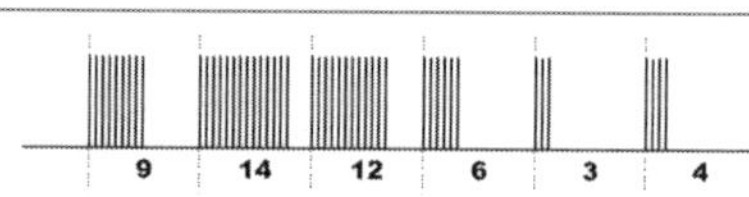
	PCM	펄스 부호 변조 Pulse Code Modulation	부호화	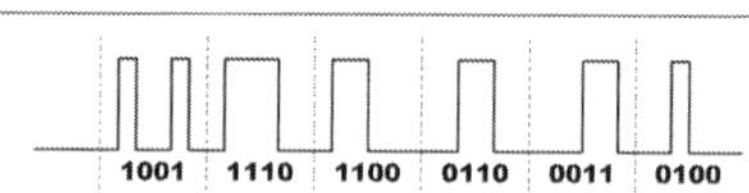

(1) PAM(Pulse Amplitude Modulation : 펄스 진폭 변조)

반복주기가 일정한 펄스의 진폭을 신호 파에 대응시켜서 변화시키는 변조 방식으로 변조와 검파가 간단한 이점이 있으나 비 직선 변형을 쉽게 일으키고 잡음이나 페이딩의 영향을 받기가 쉬운 단점이 있다.

(2) PFM(Pulse Frequency Modulation : 펄스 주파수 변조)

신호 파의 레벨에 맞추어 펄스의 반복 주파수를 변화시키는 변조 방식으로 보통 FM변조 방식과 같이 신호파의 +, -에 따라 펄스 파를 소와 밀로 표현한다.

(3) PWM(Pulse Width Modulation : 펄스 폭 변조)

펄스의 진폭과 주기는 일정하나 펄스의 폭을 신호 파에 대응해서 변화시키는 방식이다. 수신측에 리미터 사용이 가능해서 페이딩이나 잡음 등에 영향을 제거 할 수 있는 장점이 있으나 전력소모가 크다는 단점으로 일반적으로는 통신에 많이 사용되지 않는다.

(4) PPM(Pulse Position Modulation : 펄스 위치 변조)

펄스의 진폭은 일정하고 펄스의 위치를 신호 파에 대응시켜서 변화시키는 방식이다. 수신측에 리미터 사용이 가능하기 때문에 PAM에 비해서 S/N비가 개선되고, PWM 방식과 비교해서 전력소모가 적다.

(5) PCM(Pulse Code Modulation : 펄스 부호 변조)

아날로그 정보를 디지털 펄스 코드로 바꾸어 전송하고 다시 아날로그 정보로 되돌리는 방식으로 디지털 펄스 변조 방식이다.

① PCM 구성도

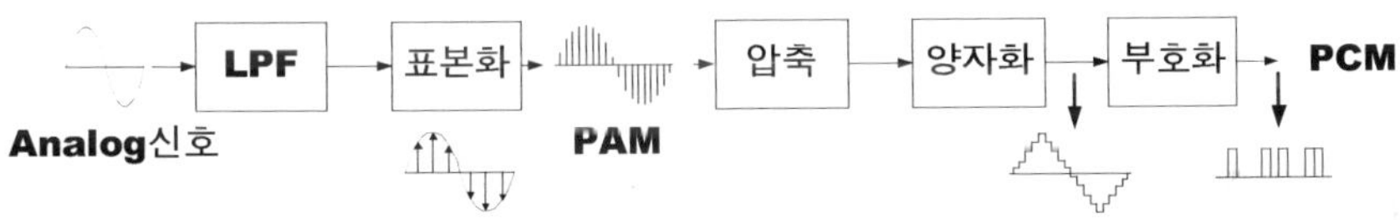

송신기

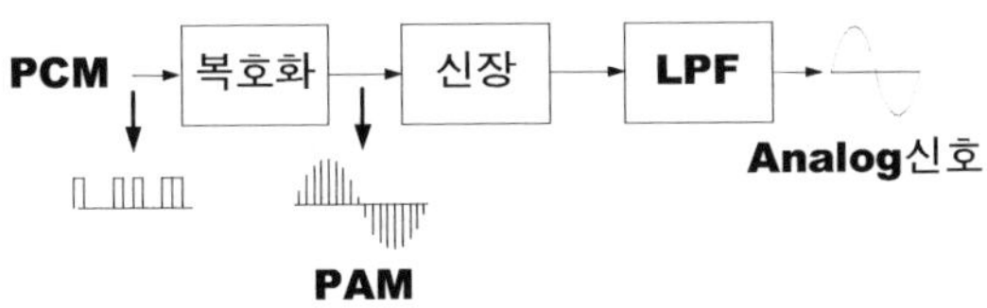

수신기

② PCM 과정

- PCM의 3단계 : 표본화, 양자화, 부호화
- 표본화 : 대표 값을 뽑아내는 과정
- 양자화 : 표본화된 PAM파를 이산적 신호로 바꾸는 과정
- 부호화 : 양자 화된 이산적 신호를 0과 1에 해당되는 펄스의 조합으로 바꾸는 과정

③ **표본화(Sampling)**

대표 값을 뽑아내는 과정 : 원 신호를 전부 전송하면 좋지만 전송해야 할 데이터 량이 많아지므로 원 신호 전체를 보내지 않고 보내려는 신호의 대표되는 값만 보내도 원 신호 회복이 가능하다는 것

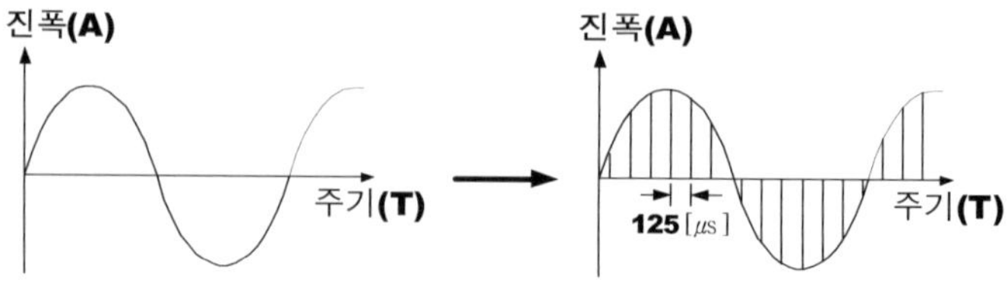

㉠ 표본화 정리

신호가 가지고 있는 최고 주파수(f_m)으로 대역 제한된 신호(f_t)가 있을 때 이(f_t)를 T_s간격으로 발췌하여 전송하여도 f_t가 가지고 있는 정보 전달에는 이상이 없으며 주어진 원신호를 정확히 회복할 수 있다

음성 신호의 경우 f_m은 3400Hz가 된다.

$$f_s \geq 2f_m \quad f_s \geq 3400 \times 2 = 6800\text{Hz}$$

$$T_s \leq \frac{1}{2f_m} \Rightarrow T_s \leq \frac{1}{3400 \times 2} = 147\mu\text{sec}$$

실제 음성의 표본화 주파수와 주기는 여유 있게 $f_s = 8\text{kHz}$ 이고 $T_s = 125\mu\text{sec}$를 사용하고 있다.

㉡ 표본화 오차

- aliasing(엘리어싱)

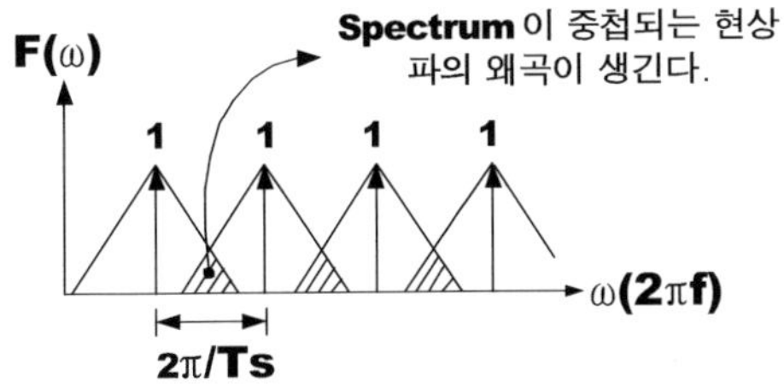

  - $f_s \geq 2f_m$ 을 만족하지 못했을 때 생기는 오차
  - 대책으로는 $f_s \geq 2f_m$ (표본화 주파수)를 만족시킨다.
  - 표본화 전에 LPF(저역여파기)를 설치한다.

- 절단오차

  표본화의 전제 조건은 표본 값이 무한한 시간에 걸쳐 발생하나 실제 시스템에서 취급하는 신호는 유한한 것이기 때문에 생기는 오차

- 반올림 오차

  연속적인 신호를 표본화를 통해 PAM신호로 만드는 과정에서 생기는 오차

④ **양자화**(Quantization)

PAM파를 이산적 신호인 값으로 바꾸는 과정

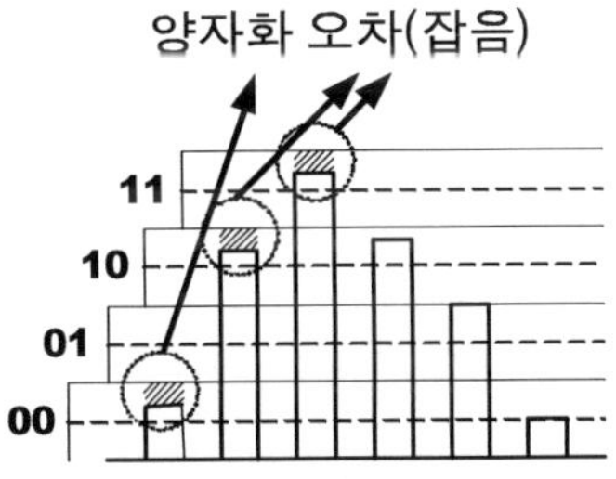

㉠ 양자화 잡음 개선책

- 양자화 Step수를 증가 시킨다.
- 비선형 양자화를 한다.

- 압축과 신장(압신기)을 사용한다.

㉡ 양자화 잡음 전력(P)

$$P = \frac{S^2}{12}$$

여기서 S는 Step의 크기를 나타낸다.

㉢ 신호전력과 양자화 잡음 전력의 비(S/N_q)

실제로 양자화 시 사용되는 bit수를 한 bit씩 증가시킬 때 마다 S/N비는 약 6[dB]씩 개선된다.

$$S/N_q[dB] = 6n + 1.8, \quad (n : \text{양자화시 사용되는 } bit \text{ 수})$$

㉣ 양자화시 발생되는 잡음의 종류

- 경사 과부하 잡음(Slope Over Load Noise)을 줄이기 위해 step의 크기를 키운다.
- 그래뉴러 잡음(Granular Noise)을 줄이기 위해 step의 크기를 줄인다.

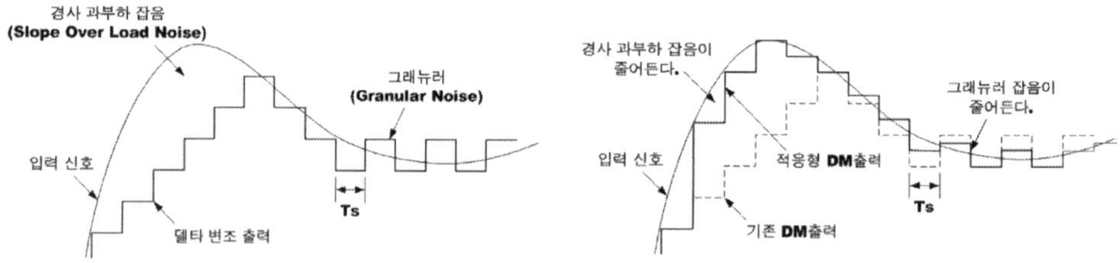

⑤ **부호화(Encoding)**

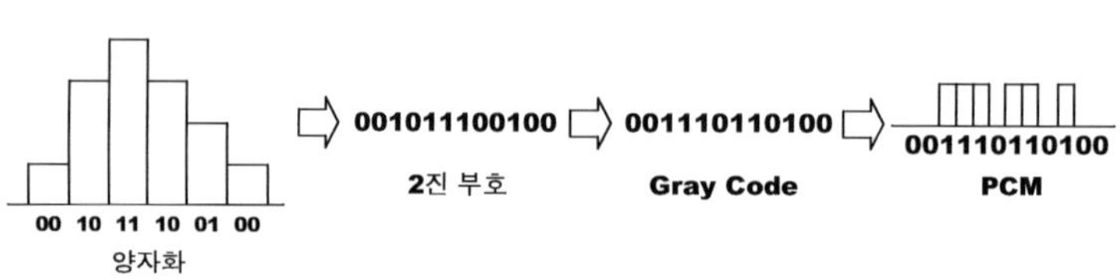

- 양자화를 거쳐 나온 이산적 신호를 전송로 상에 알맞은 펄스 부호로 바꾸는 과정
- 부호화 할 때 사용되는 코드로는 Gray Code(그레이 코드)가 있다.

⑥ **디지털 중계기의 재생기능(3R 기능)**

디지털 중계기에는 아날로그 중계기에 없는 재생 기능이 있다. 이러한 재생기능으로는 3가지가 있으며 모두 영문자 R로 시작하므로 다른 말로는 3R기능 이라고도 한다.

- 파형 재생(Reshaping)
- 식별 재생(Regeneration)
- 타이밍 재생(Retiming)

⑦ **PCM 특징**

㉠ 장점

- 각종 잡음에 강하다.
- 누화나 혼선에 강하다.
- 전송 구간에 잡음이 누적되지 않는다.
- 저질의 전송로에도 사용이 가능하다.

㉡ 단점

- 점유 대역폭이 넓다.
- PCM고유 잡음이 있다.(표본화 잡음, 양자화 잡음 등)

6 PCM과 관련된 변조방식

(1) DPCM(Differential PCM) : 차동 펄스 부호 변조 방식

이전의 표본 값을 기준으로 입력된 신호를 예측하고, 예측된 표본 값과 실제 표본 값의 오차를 부호화 하는 방식

실제로 DPCM은 5bit 양자화를 수행한다.

(2) DM(Delta Modulation) : 델타 변조 방식

현재의 표본 값과 다음의 표본 값의 차이를 1bit로 하여 전송하는 방식으로 두 표본 값의 차가 양수이면 1로 음수이면 0으로 부호화 한다.

(3) ADPCM(Adaptive Differential Pulse Code Modulation : 적응형 차분 부호 변조)

ADM 방식은 양자화 스텝 크기를 적응적으로 변화시키는 적응 양자화 방법을 사용하는 방식이며, DPCM에서는 예측기를 사용한 예측 부호화 방법을 사용 하므로 이들의 기본적인 개념을 조합하여, 적응 양자화와 예측 부호화 개념을 동시에 사용하는 방식이 적응 차분 펄스변조(ADPCM)이다.

※ S/N 비교

PCM 〉 DPCM 〉 DM

※ 전송 대역폭 비교

PCM 〉 DPCM 〉 DM

CHAPTER 3

정보통신 단말장치 (DTE : Data Terminal Equipment)

1 정보통신 단말장치의 개념
2 정보통신 단말장치의 기능요소
3 정보통신 단말장치의 분류
4 컴퓨터(정보 처리계)의 구성과 기능
5 정보통신시스템에서 컴퓨터의 사용
6 통신제어장치(CCU : Communication Control Unit)
7 통신제어장치(CCU)와 전송제어장치(TC)의 차이점
8 운영체제(소프트웨어)
9 DTE와 DCE의 접속규격

1 정보통신 단말장치의 개념

디지털 전송로에서 제일 마지막으로 신호를 보내거나 받는 역할을 담당하는 장치이다.

1.1 정보통신 단말장치의 구성요소

전송제어장치와 입 · 출력 장치로 나누어진다. 전송제어장치는 회선 접속부, 회선 제어부, 입 · 출력제어부로 나누어진다.

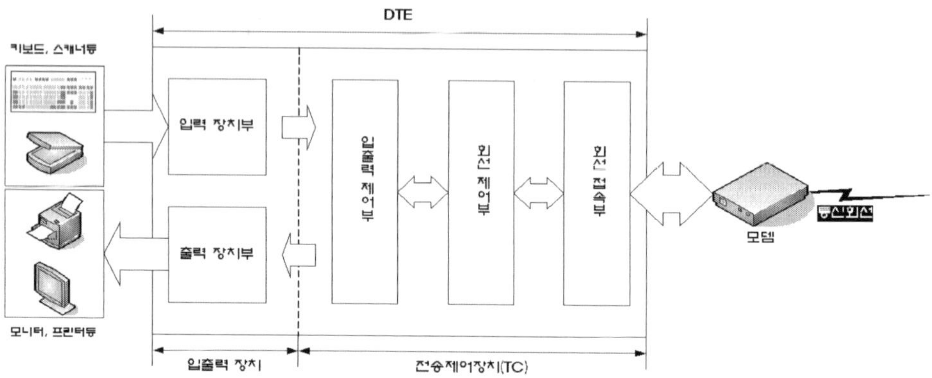

[단말장치 구성요소]

1.1.1 전송제어장치 (TC : Transmission Control (=TCU :Transmission Control Unit))

(1) 회선 접속부

정보 단말기와 물리적인 통신회선을 연결해주는 역할을 담당하고 있고, 단말기 내부의 전기적인 신호와 전송회선의 신호레벨을 상호 변환시켜준다.

(2) 회선 제어부

회선 접속부를 통해서 온 데이터의 문자 조립이나 직 · 병렬 변환 그리고 데이터의 버퍼링

기능을 수행한다. 또한 전송선로에서 온 신호 중 약속된 부호를 검출하여 에러를 제어한다.

(3) 입 · 출력 제어부

입력 장치에서 오는 신호를 검출해서 회선 제어부로 데이터를 보내거나 회선제어부에서 오는 데이터를 출력장치로 넘기는 경우에 직접적으로 제어하거나 상태를 감시한다.

1.1.2 입 · 출력장치

(1) 입력장치

인간이 컴퓨터에게 직접 또는 간접적으로 처리 가능한 신호를 전기적인 신호로 바꾸어 주는 장치이다. 대표적인 입력장치로는 키보드, 마우스, OMR, OCR, 디지타이저 등이 있다.

(2) 출력장치

컴퓨터에서 얻어진 결과를 인간이 볼 수 있도록 만든 장치를 말한다. 즉, 2진수에서 10진수로 바꾸는 장치이다. 대표적인 출력장치로는 모니터, 플로터 등이 있다.

2 정보통신 단말장치의 기능요소

정보통신 단말장치의 기능요소는 디지털 데이터를 전송시스템에서 입력된 데이터를 잘 전송하고 전송 선로에서 온 데이터를 출력장치에 잘 보낼 수 있도록 입 · 출력 변환기능과 전송제어 기능이 있는데 전송제어기능은 입 · 출력 제어기능, 송 · 수신 전송제어 기능, 에러제어기능으로 구분된다.

(1) 입 · 출력변환기능

입력 장치에서 입력된 신호인 10진수를 데이터 장치가 처리할 수 있는 2진 신호로 변환하고 통신장치에서 온 2진 신호를 출력장치에 10진수의 데이터로 변환해서 사람이 식별

가능하도록 만드는 기능을 말한다.

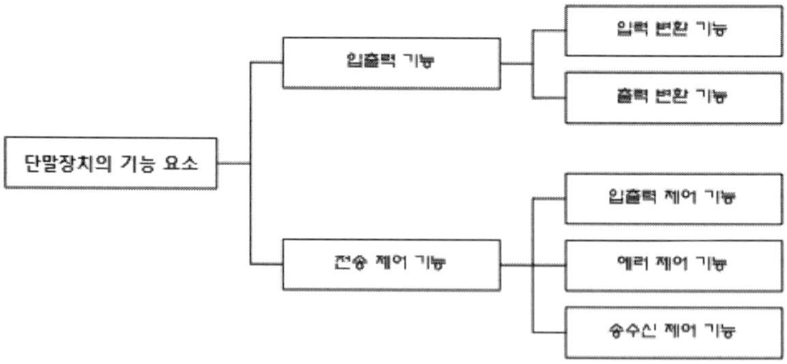

[단말장치의 기능 요소]

(2) 전송제어기능

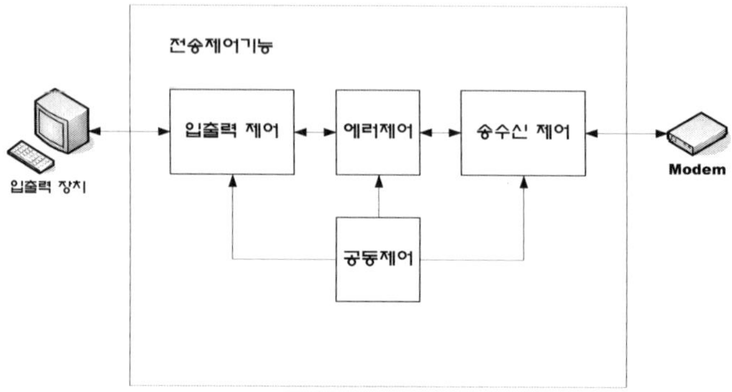

[전송제어기능장치]

① **입 · 출력 제어기능**

입력신호를 단말기가 검출해서 데이터를 입력하거나 출력하는 기능

② **송 · 수신 제어기능**

통신 규약으로 미리 정해진 데이터를 송신하고 수신하도록 제어하는 기능

③ **에러 제어기능**

통신장치 간에 데이터 입 · 출력 시 미리 정해진 규약에 따라서 에러를 검출하거나 정정하고 대조해서 재송신을 요구하는 기능

3 정보통신 단말장치의 분류

정보통신 단말장치는 동작원리와 상태에 따라서 분류되고 크게는 인쇄 장치와 표시장치 그리고 인식 및 판독장치, 작도 장치 등으로 분류할 수 있다.

3.1 동작원리와 상태에 따른 분류

- 단말장치
  - 범용단말장치
    - 인쇄장치
      - 임펙트 라인 프린터
      - 논 임펙트 라인 프린터
      - 임 펙트 시리얼 프린터
      - 논 임펙트 시리얼 프린터
    - 표시장치
      - LCD(Liquid Crystal Display)
      - PDP(Plasma Display Panel)
      - CRT(Cathode Ray Tube)
    - 인식장치
      - OCR(Optical Character Reader)
      - OMR(Optical Mark Reader)
      - MICR(Magnetic Ink Character Recognition)
    - 판독/천공/기록장치
      - 종이 테이프 장치
      - 종이 카드장치
      - 자기 카드장치
      - 자기 카세트 장치
      - 자기 기록장치
    - 작도장치
      - X-Y 플로터
  - 전용단말장치
    - 교육용, 금융용, 의료용, 생산 관리용, 증권용, 교통용, 사무용 등
  - 복합단말장치
    - 원격 일괄 단말기, 지능형 단말기

3.1.1 인쇄장치

(1) 라인 프린터

행을 한 번에 인쇄하는 단말장치이다. 고속인쇄 할 때 사용되며 최근에는 모두 이 프린터를 사용한다.

(2) 시리얼 프린터

좌에서 우로 한 글자씩 인쇄하는 단말장치이다. 종류는 도트 충격식 프린터, 감열프린터, 잉크젯프린터, 열전사 프린터가 있다.

(3) 충격식(Impact) 프린터

글자를 해머가 묻어있는 잉크로 때려 인쇄하는 방식이다. 인쇄 시에 동작 음이 크다는 단점이 있지만 값이 저렴하다는 장점을 가지고 있다. 종류로는 타이프라이터와 도트매트릭스가 있다.

① **타이프라이터** : 활자의 형을 두들겨서 인쇄한다.

② **도트매트릭스** : 가는 도트(점)들의 집합으로 해머로 두들겨서 인쇄한다.

(4) 비충격식(Non Impact) 프린터

종이에 충격을 가하지 않고 높은 압력으로 잉크를 분사시키거나 레이저 토너라는 잉크가루를 분하하여 종이에 고밀도로 인쇄하는 방식을 말한다.

① **레이저 프린터** : 토너 가루를 미세한 레이저 빔을 이용해서 종이에 정밀하게 분하하는 방식

② **버블젯 프린터** : 미세한 잉크 방울을 만들어 종이에 잉크 방울이 묻도록 하는 방식

③ **잉크젯 프린터** : 잉크를 높은 압력으로 종이에 뿌려서 인쇄하는 방식

3.1.2 표시장치

(1) LCD(Liquid Crystal Display)

인가전압에 따른 액정의 투과도의 변화를 이용하여 각종 장치에서 발생되는 여러가지 전기적인 정보를 시각정보로 변화시켜 전달하는 전기소자이다. 자기발광성이 없어 후광이 필요하지만 소비전력이 적고, 휴대용으로 편리해 널리 쓰이는 평판 디스플레이의 일종이다.

(2) PDP(Plasma Display Panel)

PDP(Plasma Display Panel)는 미래형 디지털 영상 디스플레이로서, 다양한 입력 신호(PC, Video, HDTV등)와 연결되어 기존 영상 디스플레이 장비보다 밝고 선명한 고화질의 영상을 재현 할 수 있는 미래형 멀티미디어 디스플레이 시스템이며 특히 40"이상의 대형화면을 10cm 이하의 얇은 두께로 구현할 수 있어 공간 활용 및 미적 디자인 면에서 매우 큰 장점을 지니고 있다.

(3) CRT(Cathode Ray Tube)

일반적인 아날로그 TV의 브라운관을 말한다. Cathode Ray Tube의 약자로 전기신호를 전자빔의 작용에 의해 영상이나 도형, 문자 등의 광학적인 상(象)으로 변환하여 표시하는 특수진공관으로 음극선관(CRT)이라고 말한다. CRT관은 흑백용과 컬러용으로 나눌 수 있는데, 흑백은 거의 사용되지 않고 있다. 컬러용 브라운관은 적색 · 녹색 · 청색으로 발광하는 발광체가 모자이크 형으로 규칙적으로 도포되어 있는 형광면과 3개의 전자빔을 발생시키는 전자총으로 구성되어 있는 섀도우 마스크 형이 일반적으로 사용되고 있다.

3.1.3 인식장치

(1) OCR(Optical Character Reader)

광학 문자판독 장치로 인쇄되거나 문자, 기호, 손으로 쓴 글씨를 컴퓨터가 광학적으로 인식하는 장치이다.

(2) OMR(Optical Mark Reader)

광학기호 판독장치를 말한다. OMR의 원리는 미리 지정된 위치 중 어느 부분이 까맣게 색깔이 칠해져 있고, 어느 부분이 그대로 남겨져 있는지를 빛을 쪼여서 읽어 들이는 방식이다. 즉 답안의 위치인 1, 2, 3, 4 부분에 빛을 쪼이면 검은색 부분은 빛을 흡수하기 때문에 반사광이 거의 없고, 나머지 흰 부분에서는 거의 대부분의 빛이 다시 반사된다.

(3) MICR(Magnetic Ink Character Recognition)

자기 잉크 문자 판독장치이다. 자기 특성을 가진 잉크로 특별히 디자인된 문자체를 인쇄하여 판독하는 기술로서 정보는 사람의 눈으로도 읽혀질 수 있으나 전용 자기 판독기로 읽혀진다. 자기 기술의 특성상 판독기는 문자와 접촉하여 읽고 있다. 이 기술은 은행의 수표나 어음에 이용되고 있으나 특별한 잉크와 장비의 복잡성으로 인해 타 산업에서 이용되기는 부적절하다.

3.1.4 작도장치

① **X-Y 플로터** : 컴퓨터의 출력 정보에 따라 용지와 펜의 상대위치를 X방향과 Y방향으로 각각 이동시켜서 작도하는 장치이다.

3.2 기능상의 분류

① **입력 전용단말장치** : 인식장치와 판독/천공/기록 장치를 말한다.

② **출력 전용단말장치** : 표시장치와 인쇄 장치 그리고 작도 장치를 말한다.

③ **입 · 출력 공용단말장치** : 양방향 통신이 가능해 지면서 CRT와 프린터를 말한다. 근래에는 TSS(Time Sharing System)방식을 사용한다.

3.3 내장된 프로그램 유무에 따른 단말장치 분류

(1) 더미(Dummy) 단말장치(= 비 지능형 단말장치)

단말장치 내에 프로그램이 내장되지 않아서 모든 일의 처리를 중앙처리장치(CPU)에 무조건 의존하는 방식을 말한다. 재래식 단말기라고도 하는데 마이크로프로세서가 개발되기 전까지는 이 방식을 사용하였다.

(2) 지능형(Intelligent) 단말장치

단말장치 내에 프로그램을 단독으로 내장하여서 분산처리가 가능한 방식을 말한다. 마이크로프로세서가 막 개발되었을 때는 엄청난 가격이었지만 기술의 발달로 인해서 가격이 급락하였다. 요즘에는 가정용 단말기도 모두다 지능형 단말장치라 할 수 있다.

3.4 그래픽 단말기

도표나 그림 등을 자유자재로 입·출력할 수 있는 장치로서 입력기기로는 마우스, 키보드, OCR, 디지타이저, 디스크, 스캐너 등이 있으며, 출력기기로는 CRT, 플로터 등이 있다. 화면출력 방법은 스토레지 튜브(Storage Tube)방식, 레스터 리플레쉬(Raster Refresh)방식, 랜덤스캔(Random Scan)방식, 플라즈마(Plasma)등이 있다.

3.4.1 입력기기

(1) 마우스

쥐 모양으로 생겨서 붙여진 이름으로 키보드를 대신해서 보다 편하고 쉽게 명령을 내릴 수 있는 가장 대표적인 입력기기이다.

(2) 키보드

가장 오래된 입력기기로서 1문자씩 손가락으로 키를 눌러 전기적인 신호를 만들어서 입력하는 방식이다.

(3) 디지타이저

그림이나 차트, 도표 등의 설계도면을 읽어서 컴퓨터에 맞게 입력시키는 자료입력기기이다. 능동형과 수동형으로 나누어진다.

① **능동형** : 광전펜(Light Pen)

② **수동형** : 타블렛(Tablet)

(4) 스캐너

사진이나 그림을 빛을 쬐여서 그대로 컴퓨터에 입력시키는 장치로서 근래에 가장 대중적인 입력기기로 사용되고 있다.

실전문제 1 다음 중 좌표를 판독하여 아날로그 형태의 설계도면이나 모형을 디지털 형태로 컴퓨터에 입력하는데 사용되는 것은?

가. 터치스크린　　나. 디지타이저

다. OMR　　라. OCR

답 나

실전문제 2 문자나 도형을 입력하기 위하여 평면 모양으로 구성된 입력면내를 지시 펜으로 지시함으로써 그 위치 정보를 입력할 수 있는 것은?

가. 타블렛　　나. 플로터

다. 조이스틱　　라. 마우스

답 가

3.4.2 화면출력방식

(1) 스토레지 튜브(Storage Tube)방식

전자 빔으로 CRT에 영상을 나타내는 방식으로서 기억 용량이 많아지거나 다중 컬러화는 나타내기 어렵지만 밀도가 높아서 복잡하거나 세밀한 그림을 나타내기에 아주 좋다.

(2) 레스터 리플레쉬(Raster Refresh)방식

일정 시간마다 재충전해 주어야 하는 방식으로 일반 TV같은 CRT방식을 사용하며 단순한 그림을 나타낼 때 사용한다.

(3) 랜덤스캔(Random Scan)방식

전기적인 방식을 사용해서 그림을 화면에 나타내는데 기억 용량이 아주 커서 해상도가 뛰어나다.

3.5 CAD와 CAM방식

(1) CAD(Computer Aided Design)

컴퓨터를 이용해서 설계하는 것으로 사람이 도형 정보를 컴퓨터에 입력하면 화면이나 출력장치로 나타내는 방식

(2) CAM(Computer Aided Manufacturing)

컴퓨터를 제조 공정에 이용하는 것으로 입력된 데이터베이스에 의해 자동으로 공정을 제어하는 방식이다. 이런 방식을 컴퓨터 이용 경영생산 방식이라고도 한다.

3.6 마이크로 그래픽 단말장치

문자나 도형, 그림 등으로 구성된 정보를 보관해서 검색하거나 작은 면적에 대량의 정보를 담아 보관할 수 있는 기술이다. 그리하여 필요한 시점에 보관된 정보를 검색할 수 있도록 한 단말장치이다. 종류로는 마이크로필름을 제작하는 COM과 제작된 마이크로필름을 찾아서 읽는 CAR이 있다.

(1) COM(Computer Output Microfilm)

① 중앙에서 처리된 자료들을 인간이 볼 수 있는 형태로 정보를 작은 면적에 기록하는 기술이다. 기록밀도는 자기테이프나 자기 디스크보다 50 ~ 100배 정도 더 정밀하게 기록이 가능

② 보관은 마이크로필름의 릴 형태와 카세트 형태 그리고 카트리지 형태로 보관한다.

③ 외관상으로는 저장 및 처리부분, 촬상부분, CRT부분으로 구성되고 기능상으로는 입력부분, 표시부분, 필름조작부분, 전환부분 등으로 구분된다.

(2) CAR(Computer Assisted Retrieval)

COM에서 제작된 마이크로필름을 찾아 컴퓨터 출력장치에 출력하는 것을 말한다.

① **종류**

- 스탠드 어론 시스템
- 오픈루프 시스템
- 클로즈루프 시스템

실전문제 1 다음 중 컴퓨터를 이용하여 마이크로필름에 들어있는 정보를 검색하기 위한 장치는?

가. OMR　　나. OCR

다. COM　　라. CAR

답 라

4 컴퓨터(정보 처리계)의 구성과 기능

정보통신 시스템에서 가장 핵심적인 역할을 담당하고 있는 구성부분을 중앙처리 장치라고 하는데 이는 연산장치, 기억장치, 제어장치로 구성된다. 입력장치와 출력장치 그리고 보조기억장치 모두를 합하여 주변장치라고 한다. 즉, 컴퓨터는 중앙처리장치와 주변장치로 구성된다.

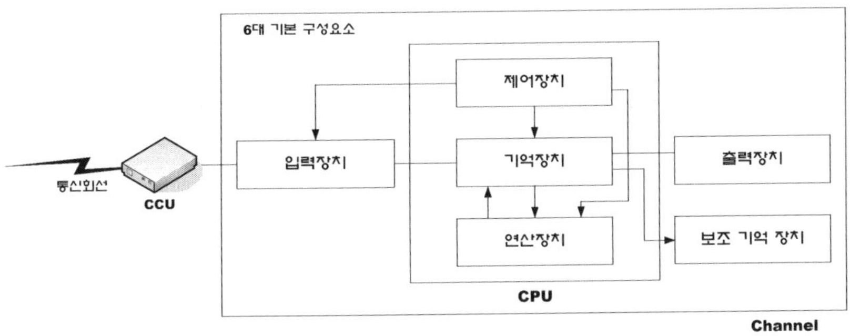

[컴퓨터(정보처리 계)의 구성도]

- 컴퓨터
  - 중앙처리장치
    - 연산장치 : 논리 연산이나 산술연산을 수행
    - 주기억장치 : 연산을 위산 데이터나 프로그램 기억
    - 제어장치 : 기억장치 동작을 위한 명령을 하고 감독
  - 주변장치
    - 입력장치 : 키보드, 마우스, 스캐너 등
    - 출력장치 : CRT, LCD, PDP, 프린터, 플루터 등
    - 보조기억장치 : 자기테이프, 자기디스크, 자기드럼 등

4.1 중앙처리장치(CPU : Central Process Unit)

4.1.1 연산장치(ALU : Arithmetic Logical Unit)

계산과 판단을 하며 가산기가 가장 중심이 되어서 뺄 때는 보수기가 사용된다. 판단은 비교로 하고 지정된 연산을 수행하는 장치이다. 전가산기, 레지스터, 보수기, 논리회로로 구성된다.

4.1.2 주기억장치

프로그램과 데이터, 연산결과를 기억하는 장치로서 최종결과를 기억한다. 종류로는 크게 주기억장치와 보조기억장치가 있는데 주기억장치는 반도체 소자인 ROM(Read Only Memory)와 RAM(Random Access Memory)로 구분되고, 자기코어, 자기박막, 조셉슨 소자로 나누어진다. 보조기억장치는 자기드럼, 자기테이프, 자기디스크와 광디스크로 나누어지고, 캐시메모리와 연관 메모리가 있다.

(1) ROM

① Masked ROM : 제조업체에서 대량 생산을 위해 프로그램을 입력시켜 놓은 ROM을 말하며 수정이 불가능하다.

② Programable ROM(PROM) : 사용자가 데이터를 한번 정도는 써 넣을 수 있도록 설계된 ROM

③ Erasable and Programable ROM(EPROM) : PROM과 같은 종류로서 프로그램을 자외선을 쬐여서 몇 번이고 지워서 다시 사용할 수 있는 ROM

④ Electronics Erasable and Programable ROM(EEPROM) : EPROM과 약간 다르게 전기적인 방식으로 프로그램을 몇 번이고 지워서 다시 사용할 수 있는 ROM

(2) RAM

① Static RAM(SRAM: **정적 램**) : 전원을 끄지 않는 한 기억된 내용이 지워지지 않는 RAM

② Dynamic RAM(DRAM : **동적 램**) : 수 ms마다 데이터를 기억시켜야지만 기억된 내용이 소멸되지 않는 RAM으로서 콘덴서로 구성되어 있고, 신호를 계속해서 재충전(refresh) 해주어야 한다.

4.1.3 제어장치

주기억장치의 명령을 해독해서 모든 동작을 지시하고 데이터의 모든 흐름을 제어한다. 명령레지스터, 명령해독기, 신호발생기로 구성된다. 명령레지스터는 주기억장치에서 호출된 명령어를 일시 보존한다. 명령해독기는 신호를 변환해주는 디코더 형태를 가지며 명령어를 해독해서 실행 시키는데 필요한 각종 제어신호를 보내준다. 신호발생기는 제어신호와 타이밍을 조절해서 최종제어신호를 출력한다.

4.1.4 중앙처리장치 실행 5단계

1단계 : 주기억장치의 명령을 읽는다.(명령어 인출)

2단계 : 읽은 명령의 내용을 해석한다.(명령어 해독)

3단계 : 명령이 참조로 해야 할 오퍼랜드의 격납위치를 계산한다.

4단계 : 오퍼랜드를 주기억장치에서 읽는다.(오퍼랜드 인출)

5단계 : 가 · 감 · 승 · 제의 연산을 연산장치에서 실행한다.(실행)

4.2 중앙처리장치의 구성형태

4.2.1 단일 방식(Simplex System)

중앙처리장치가 하나로 구성되어서 간단하지만 중앙처리장치에 이상이 생기게 되면 모든 시스템의 운용이 중단되는 방식이다.

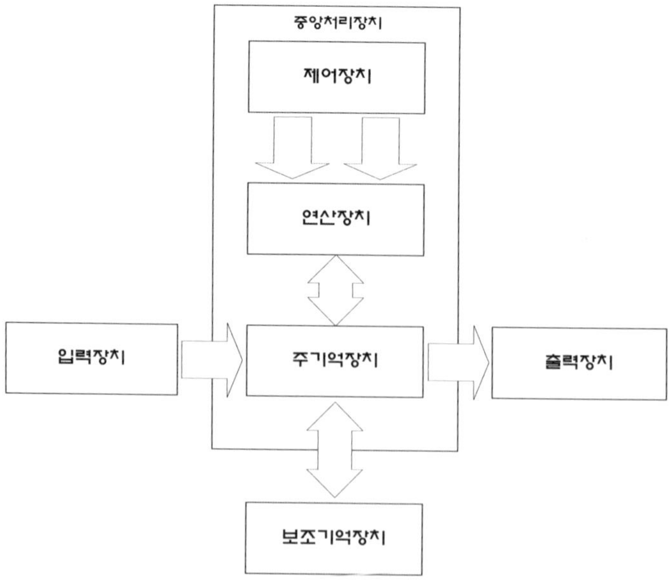

[중앙처리장치의 구성도]

4.2.2 대기 예비 시스템(Stan-by System)

중앙처리장치가 두 개로 구성되어서 평상시에는 한 개의 중앙처리장치만 사용하고 있다가 시스템에 문제가 생기면 다른 기존의 중앙처리장치의 일을 대기하고 있는 중앙처리장치가 업무를 수행하는 방식이다.

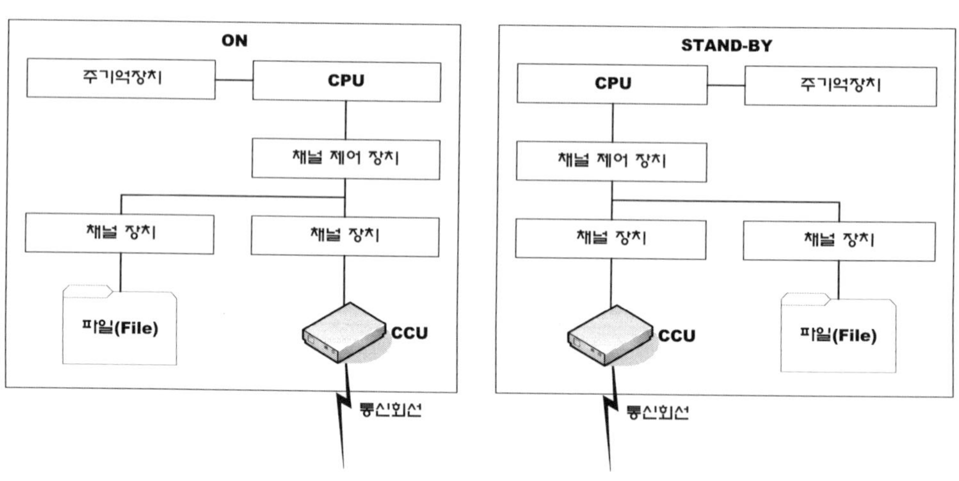

[대기 예비 시스템 방식]

4.2.3 이중화 시스템(Dual System)

중앙처리장치를 이중화해서 두 개의 중앙처리장치가 동일한 업무를 수행하고 결과를 비교해서 결과가 같을 때만 그 결과를 가지고 이용하는 방식이다.

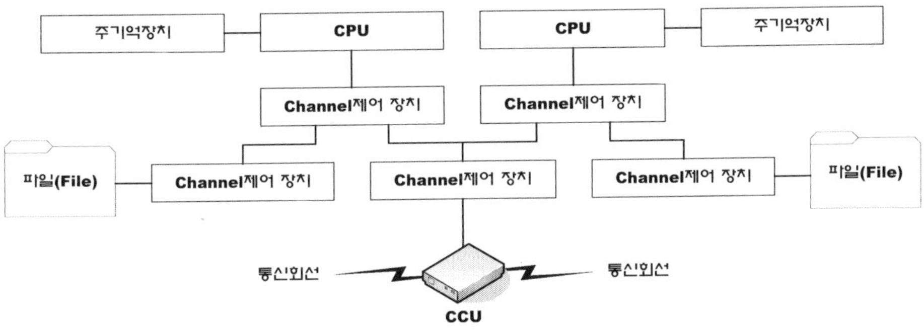

[이중화 시스템 방식]

4.2.4 채널

주기억장치에서 데이터를 주변장치로 보내거나 주변장치에서 데이터를 주기억 장치로 보낼 때 제어하는 장치이다. 채널이 있는 장치는 입 · 출력에 관한 모든 제어 권을 채널에게 주고 중앙처리장치는 단지 입 · 출력을 채널에 지시하면 된다 중앙처리장치는 입 · 출력을 하는 일을 하지 않아도 됨으로서 그 시간에 다른 일을 할 수 있다.

(1) 셀렉터 채널(Selecter Channel)

하나의 채널이 하나의 주변 장치를 점유하여서 입 · 출력 제어의 기능을 처음부터 끝까지 수행하는 채널이다.

(2) 바이트 멀티플렉서 채널(Byte Multiplexer Channel)

1내지 수 Byte 마다 시간적으로 분할시켜 다수의 입 · 출력 동작을 제어하는 채널이다.

(3) 블록 멀티플렉서 채널(Block Multiplexer Channel)

하나의 채널이 몇 개의 주변장치를 관리하여 다수의 입 · 출력 동작을 제어하는 채널이다.

4.2.5 인터럽트(Interrupt)

내부 또는 외부로부터 긴급 서비스 요청에 의해 중앙처리장치가 현재 실행중인 일을 중단하고 그 요청에 합당한 서비스를 해주는 기법으로서 이것을 사용하면 중앙처리장치의 유휴시간을 없앨 수 있다.

5 정보통신시스템에서 컴퓨터의 사용

정보통신시스템에서 컴퓨터는 통신제어기능을 하고 데이터의 축적 그리고 데이터의 처리 기능 등을 수행한다.

(1) 통신제어기능

통신제어처리장치(CCP) 내의 통신제어 프로그램에 의해서 실행된다. 역할은 아래와 같다.

① 흐름제어가 가능하기 때문에 데이터의 폭주를 방지할 수 있다.

② 회선제어가 가능하기 때문에 모뎀을 제어할 수 있다.

③ 동기제어가 가능하기 때문에 전송 데이터의 비트와 문자를 동기 시킬 수 있다.

④ 에러제어가 가능하기 때문에 통신회선에서 발생되는 에러를 검출하고 정정할 수 있다.

⑤ 전송제어가 가능하기 때문에 정해진 전송제어 절차를 실행할 수 있다.

⑥ 버퍼제어가 가능하기 때문에 통신회선에서 송신하는 데이터와 통신회선에서 수신한 데이터를 일시적으로 보관이 가능하다.

(2) 데이터의 축적기능

처리가 된 데이터를 저장하여서 필요할 시에 찾아볼 수 있도록 한다.

(3) 데이터의 처리기능

① 시분할 처리　　② 실시간 처리

③ 원결일괄처리　　④ 데이터 집 · 배신 처리

6 통신제어장치(CCU : Communication Control Unit)

온라인 데이터 통신 시스템에서 중앙처리장치와 통신회선사이에 위치해서 전송되는 데이터의 송 · 수신 제어와 에러검출 그리고 정정기능을 수행하는 장치이다. 성능이 우수한 통신제어장치를 사용해서 중앙처리장치의 부하를 경감할 수 있다.

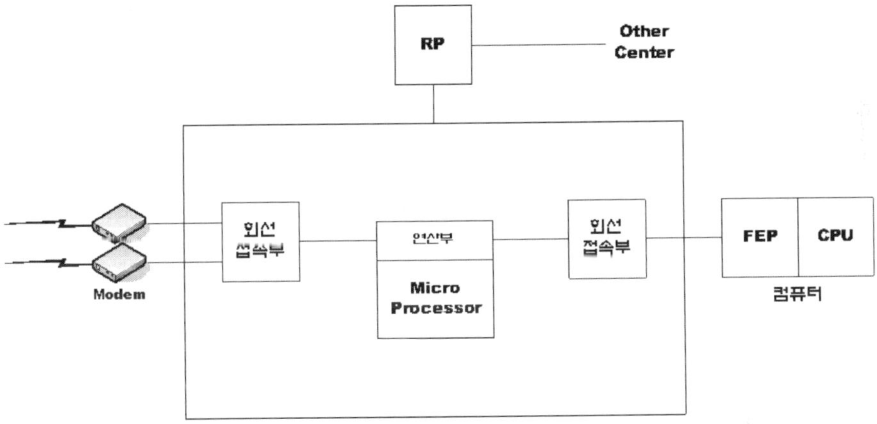

[통신제어장치의 내부 구성도]

(1) 구성

① 회선 접속부

- 통신회선과 회선 제어부를 연결
- 전송 선로의 신호 레벨에 통신 제어 장치의 신호 레벨을 맞춤
- 신호 레벨의 변화에 맞게 비트 샘플링을 한다.

- 송 · 수신 데이터의 직 · 병렬 변환을 수행한다.

② **회선 제어부**

- 문자의 조립과 분해
- 전송제어문자의 식별
- 문자나 블록의 조립과 분해
- 에러 검출 및 정정을 포함한 전송 제어
- 송 · 수신 데이터의 기억

③ **제어부**

- 컴퓨터와 통신 제어 장치를 연결
- 통신 제어 장치 전체를 제어
- 회선 제어부와 컴퓨터의 채널을 연결

6.1 통신제어장치의 기능

① 통신회선을 감시하고 접속 및 오류를 제어한다. (전송제어, 회선감시 및 접속제어)

② 중앙처리장치와 데이터의 송 · 수신을 제어한다. (회선과 컴퓨터간의 데이터 입출력)

③ 동시에 복수 개의 회선을 시분할 다중 제어한다. (전송회선과의 전기적 인터페이스)

6.2 통신제어장치의 필요성

① 통신회선 자원의 효율적으로 이용하기 위해서

② 이용자의 요구에 맞게 데이터를 송 · 수신하기 위해서

③ 오동작 회선에 대해서 에러 검출과 교정을 용이하게 하기 위해서

④ 이용자나 통신회선의 다양성에 따라 정합을 취하게 하기 위해서

6.3 데이터의 처리방식에 따른 분류

회선제어부의 기억 장치에 데이터를 기억시키는 방식, 송 · 수신크기에 따라서 나누어진다.

(1) 비트버퍼방식

비트 단위만 처리하고 나머지 처리는 컴퓨터에서 처리되는 방식으로 1~2회선 정도의 소수회선으로 데이터 량이 적을 때 사용된다.

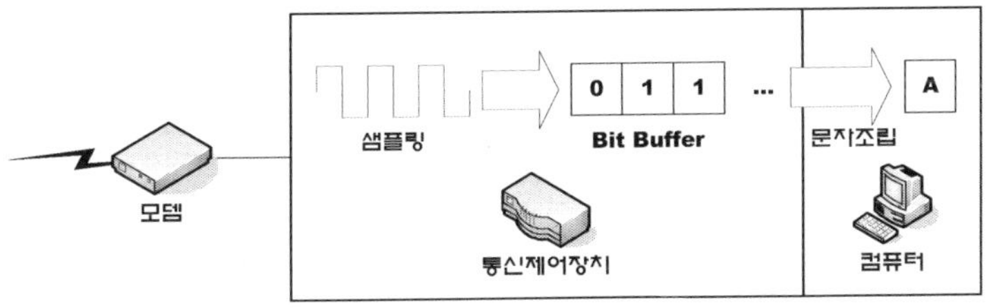

[비트버퍼방식]

(2) 문자버퍼방식

비트 버퍼에 있는 데이터를 모아 문자를 조립하기 위한 문자 버퍼까지 갖는 방식으로 컴퓨터의 지령에 따라 송신문자를 비트로 분해하고 수신한 비트를 문자로 조립하여 컴퓨터로 넘긴다.

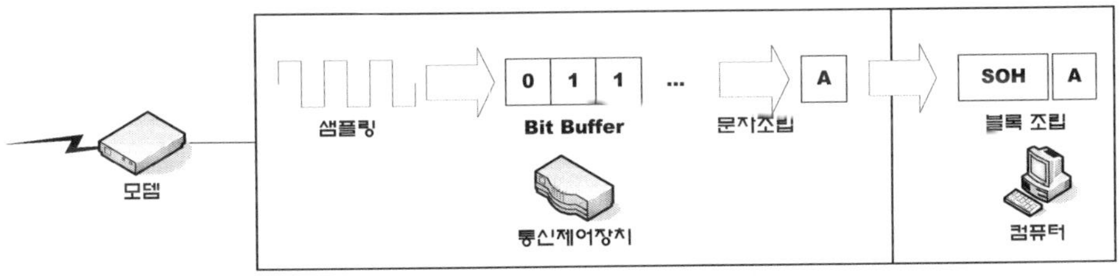

[문자버퍼방식]

(3) 블록버퍼방식

조립한 문자를 다시 모아 STX부터 ETB까지의 1블록을 만들 수 있을 만큼의 블록버퍼를 가진 통신제어로서 블록마다 에러 검출 및 재송 요구 기능을 갖는다.

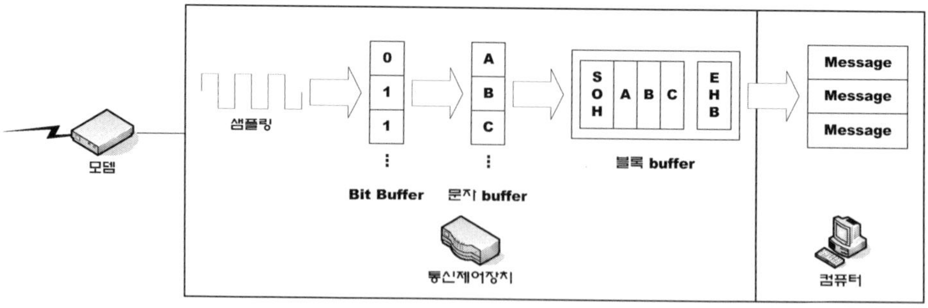

[블록버퍼방식]

(4) 메시지버퍼방식

몇 개의 블록을 조립하고 여러 블록을 모아서 컴퓨터로 보내는 방식으로 CCP라 한다. SOH부터 ETX까지의 한 메시지를 만들어 컴퓨터에 전송한다.

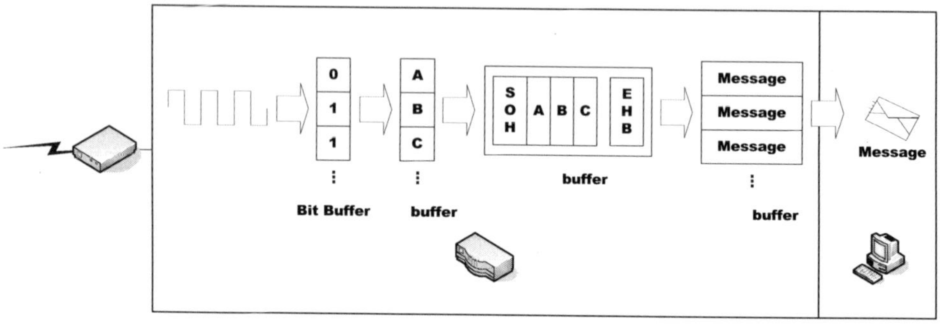

[메시지버퍼방식]

(5) 메시지처리방식

메시지의 처리 기능을 갖춘 통신제어장치로 컴퓨터와 같은 수준의 처리를 하므로 전치처리장치(FEP)라 한다.

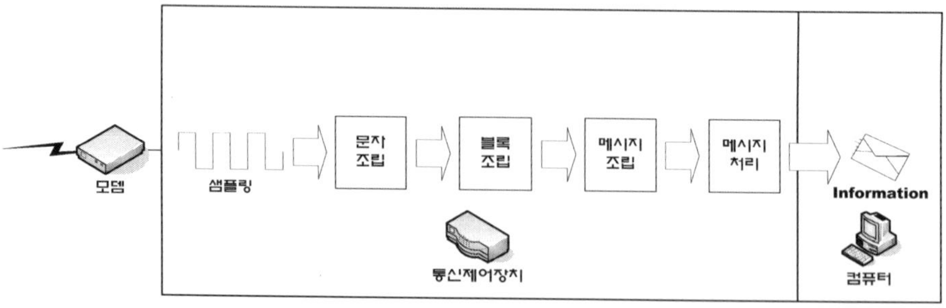

[메시지처리방식]

6.4 통신제어장치의 형태

통신제어장치는 전송회선의 데이터를 중앙처리장치로 보내어 주는 장치로서 중앙처리장치의 부하를 줄여서 보다 더 많은 일을 효율적으로 하기 위해서 개발된 장치이다.

① CCU(Communication Control Unit : **통신제어장치**) : 문자를 조립, 분해하는 기능을 수행한다.

② CCP(Communication Control Processor : **통신제어처리장치**) : 프로세서를 갖추고 메시지를 조립하는 기능을 수행한다.

③ FEP(Front End Processor : **전치처리장치**) : 중앙처리장치 앞에 설치되어 통신회선 및 터미널의 제어, 전송메시지검사, 형식변환 등의 기능을 수행해서 중앙처리장치의 부하를 덜어서 중앙처리장치의 효율을 높이는데 큰 도움을 주는 장치

④ BEP(Back End Processor : **후처리장치**) : 중앙처리장치의 뒤에 설치되어서 중앙처리장치가 처리하지 못한 일들을 처리한다. 데이터베이스를 구성할 때 전용컴퓨터를 설치하는데 이를 후처리장치라고도 한다.

⑤ RP(Remote Processor : **원격처리장치**) : 단말기 측에 연결하여 집선, 제어, 메시지처리 등의 기능을 수행한다.

7 통신제어장치(CCU)와 전송제어장치(TC)의 차이점

통신제어장치는 중앙처리장치 전단에 위치하고 전송제어장치는 단말기에 위치한다.

① 통신제어장치는 여러 개의 전송회선과 접속되지만 전송제어장치는 하나의 전송회선만 연결한다.

② 통신제어장치는 메시지 처리 기능을 가지고 있고 전송제어장치는 메시지 처리기능이 없다.

③ 통신제어장치는 중앙처리장치와 전송회선과의 사이에서 접속 및 전송제어기능을 수행하지만 전송제어장치는 입·출력 장치와 전송회선과의 사이에서 접속 및 전송제어 기능을 수행한다.

[전송제어장치(TC)와 통신제어장치(CCU)]

8 운영체제(소프트웨어)

전체적인 중앙처리장치를 통제하는 제어 프로그램을 운영체제(OS : Operation System) 이라하는데, 이런 소프트웨어의 발전으로 좀 더 효율적이고 다양한 작업을 실현할 수 있게 되었다.

8.1 운용체제(OS : Operation System)의 기능

① **감독기능(Supervisor)** : 중앙처리장치의 관리 기능과 주기억장치 관리기능 그리고 입·출력 제어를 한다.

② **파일 관리기능** : 액세스 제어기능과 매체 공간 관리기능 그리고 카탈로그 관리기능이 있다.

③ **통신제어기능** : 네트워크 제어기능과 전송제어기능이 있다.

④ **잡(Job)관리 기능** : 원격 잡 입·출력 기능과 근거리 잡 입·출력 기능 그리고 잡 실행 관리 기능이 있다.

⑤ **데이터베이스 관리기능** : 데이터베이스 정의기능과 데이터베이스 관리기능 그리고 데이터베이스 액세스기능이다.

⑥ **언어처리기능**

⑦ **보조기능** : 운영 보조 유틸리티와 시스템 제너레이션 기능이다.

8.2 응용 프로그램(AP : Application Program)의 기능

사용자가 원하는 작업을 수행할 수 있도록 만들어진 프로그램을 말한다. 종류로는 업무용, 이용자 작성, 전용라이브러리, 범용라이브러리가 있다.

8.3 오퍼레이팅 시스템이 갖추어야 할 능력

① 복수개의 프로그램을 효율적으로 동작시키기 위해서 주기억장치와 논리장치 그리고 입 · 출력장치, 보조 장치 등의 하드웨어 자원을 효율적으로 관리하고 처리 요구에 따라서 순서적으로 이를 할당해 주어야 한다.

② 통신 시스템을 사용하는 사용자의 경제적인 부담을 줄여주어야 한다.

③ 사용자의 프로그램이 하드웨어를 의식하지 않고 처리가 가능해야 한다.

9 DTE와 DCE의 접속규격

단말장치 인 DTE(Data Terminal Equipment)와 신호변환장치 인 DCE(Data Communication Equipment) 사이의 정확한 데이터 교환을 위해서 물리적, 기능적, 절차적, 전기적인 특성을 맞추는 것을 말한다. 또한 DTE와 DCE의 접속규격은 ITU-T(국제전기통신

연합), ISO(국제표준화기구), EIA(미국 전자 공업협회)에서 접속규격에 관한 표준화를 제정, 권고하고 있다. 그리고 DTE와 DCE의 접속규격은 시리즈별로 나누어지는데 V시리즈는 기존의 전화망을 이용한 데이터 전송용으로 음성통신에서 사용되고, X시리즈는 디지털 데이터망에서 사용된다. 근래에는 I시리즈가 많이 사용되는데 이는 종합정보통신망(ISDN : Intergrated Service Digital Network)을 말한다. DTE와 DCE의 접속규격은 ISO에서 OSI참조모델의 7계층 중 최하위계층인 물리계층에 해당된다.

9.1 DTE와 DCE의 인터페이스 특성

① 기계적인 특성 : DTE와 DCE회로의 숫자와 커넥터의 치수 등을 규정한 것

② 절차적인 특성 : DTE와 DCE회로의 제어신호와 정확한 신호를 규정한 것

③ 전기적인 특성 : DTE와 DCE회로의 전압레벨과 관계되는 특성을 규정한 것

④ 기능적인 특성 : DTE와 DCE회로의 신호에 관계되는 특성을 규정한 것

reference **인터페이스란?**

접속규격을 말하며 장치간의 접속을 정확하게 수행하기 위해서 장치간의 전송조건을 말한다.

9.2 DTE와 DCE의 인터페이스 시리즈 권고안

9.2.1 V시리즈

- V.1 : 2진 부호 시스템의 상호 교환에 필요한 기호
- V.2 : 전화선을 이용한 데이터 전송에 있어서 출력신호의 전력 레벨

- V.3 : 데이터와 메시지의 전송을 위한 국제전신 부호 ITU-T No.5코드
- V.4 : 데이터와 메시지 전송을 위한 7단위 코드의 구조
- V.5 : 공중회선을 이용한 동기식 데이터 전송속도
  (600, 1200, 2400, 9800[bps])
- V.6 : 공중회선을 이용한 동기식 데이터 전송속도
  (600, 1200, 2400, 3600, 4800, 6600[bps] 등)
- V.10 : IC로 된 장치와 불평형 복류회로 접속부의 전기적 요건에 관한 사항
- V.11 : IC로 된 평형 복류회로 접속부의 전기적 요건에 관한 사항
- V.15 : 데이터 전송을 위한 음향 결합기에 관한 사항
- V.16 : 의료용 아날로그 데이터 전송을 위한 변복조기에 관한 사항
- V.20 : 공중회선을 위한 병렬 데이터 전송용 변복조기에 관한 사항 (스위치 라인)
- V.21 : 공중회선(교환회선)을 위한 200[buad] 변복조기의 규격
- V. 22 : 공중회선(교환회선)을 통한 동기식 1200[bps] 변복조기
- V.22bis : 전용회선을 통한 동기식 1200[bps] 변복조기
- V.23 : 공중회선을 위한 600/1200[buad] 변복조기
- V.24 : 데이터 터미널과 데이터 통신기기의 접속규격
- V.25 : 공중회선을 이용한 자동 호출 및 응답장치
- V.26 : 4선식 전용회선을 위한 2400[bps] 변복조기
- V.26bis : 공중회선을 위한 2400/1200[bps] 변복조기
- V.27 : 전용회선을 위한 4800[bps] 변복조기
- V.27bis : 전용회선을 위한 2400[bps] 변복조기
- V.27TER : 공중회선을 위한 4800/2400[bps] 변복조기
- V.28 : 불평형 복류 인터체인지 회로의 전기적 특성
- V.29 : 전용회선을 위한 9600[bps] 변복조기

- V.31 : 접점에 의해 제어되는 단류 인터체인지 회로의 전기적 특성
- V.35 : 60~108[KHz] 군 대역 회선을 통한 48[Kbps] 데이터 전송
- V.36 : 60~108[KHz] 군 대역 회선을 통한 48[Kbps] 동기식 변복조기
- V.37 : 60~108[KHz] 군 대역 회선을 통한 72[Kbps] 이상의 데이터 전송
- V.40 : 전자기계식 기기의 에러 지시에 관한 사항 (전자기계식 ARQ)
- V.41 : 모든 코드에 사용이 가능한 에러 제어방식에 관한 사항
- V.50 : 데이터 전송의 전송품질에 의한 표준 한계값
- V.51 : 데이터 전송을 위한 국제전화회선의 보전에 관한 사항
- V.52 : 데이터 전송에서의 왜곡 현상과 에러율 측정
- V.53 : 데이터 전송용 전화회선의 유지 보수에 관한 사항
- V.54 : 변복조기의 루프 테스트 기기
- V.55 : 데이터 전송을 위한 충격성 잡음 측정기
- V.56 : 전화회선을 위한 변복조기의 비교 측정
- V.57 : 고속 데이터 신호의 comprehensive data test set

9.2.2 X시리즈 권고안

- X.1 : 공중데이터 네트워크에서의 국제 이용자 서비스 분류
- X.2 : 공중데이터 네트워크에서의 국제 이용자 설비
- X.3 : 공중데이터 네트워크에서의 패킷 · 분해 조립 장치
- X.4 : 공중데이터 네트워크를 이용한 데이터 전송 시 ITU-T NO.5의 접속 규격
- X.20 : 공중데이터 네트워크에서의 비동기 전송을 위한 DTE와 DCE 접속 규격
- X.20bis : V.21가 호환성이 있는 공중데이터 네트워크에서 비동기 전송을 위한 DTE와 DCE사이의 접속 규격
- X.21 : 공중데이터 네트워크에서 동기식 전송을 위한 DTE와 DCE사이의 접속 규격

- X.21bis : V시리즈의 동기식 변복조기에 맞게 설계된 DTE의 PDN에서의 사용
- X.24 : 공중데이터 네트워크에서 사용되는 DTE와 DCE사이의 인터페이스 회로에 대한 정의
- X.25 : 공중데이터 네트워크에서 패킷형 터미널을 위한 DCE와 DTE사이의 접속규격
- X.26 : IC로 된 장치와 불평형 복류회로 접속부의 전기적 특징
- X.27 : IC로 된 장치와 평형 복류회로 접속부의 전기적 특징
- X.28 : 동일 국내의 PDN에 연결하기 위한 DTE/DCE 접속
- X.29 : 패킷형 DTE와 PAD사이에 제어정보 및 데이터 교환에 대한 절차
- X.40 : 기초군(Primary Group)을 주파수 분할하여 전신과 데이터 채널을 만들기 위한 주파수 편이방식의 표준화
- X.50 : 동기식 데이터 네트워크 사이의 국제적 접속을 위한 다중화 방법
- X.51 : 10비트 Envelope 구조를 사용한 동기식 데이터 네트워크 사이의 국제 접속을 위한 다중화 방법
- X.60 : 동기식 데이터 통신 방식에서 공중채널신호(이용자부분)
- X.70 : 비동기식 데이터 네트워크 사이의 국제회선에 스타트-스톱 방식을 사용하기 위한 터미널 및 공중제어신호 방식
- X.71 : 동기식 데이터 네트워크 사이의 국제회선에 분산된 터미널 중계제어 신호 방식
- X.75 : 패킷 교환 공중 데이터 네트워크 상호간의 접속을 위한 노드 사이의 프로토콜
- X.92 : 동기식 공중데이터 네트워크에 대한 가상적 기준 연결
- X.95 : 공중데이터 네트워크의 네트워크 파라미터
- X.96 : 공중데이터 네트워크의 Call Progress 신호

※ X 시리즈 권고안 전부다 PDA에 대한 내용이 포함되어 있다.

실전문제 1 다음 중 공중데이터망에서 ITU-T의 DTE/DCE 간의 인터페이스 표준규격은?

가. V.21 나. V.26

다. X.24 라. X.27

답 다

실전문제 2 ITU-TX 시리즈 권고 인터페이스 규약 중 X.21에 해당하는 것은?

가. 공중 데이터망에서의 국제적인 사용자 서비스 클래스의 규약

나. 공중 데이터망의 국제적인 사용자 설비의 규약

다. 공중 데이터망에서의 동기식 전송을 위한 DTE와 DCE간의 인터페이스 규약

라. 공중 데이터망에서 패킷모드로 동작하는 단말기의 DTE와 DCE간의 인터페이스 규약

답 다

9.3 X 시리즈와 X 시리즈 접속규격 관계도

기존 터미널이 V 시리즈를 갖고 있는 이를 Digital회선 교환망에 사용할 수 있도록 구성하면 Digital 데이터망에 X 시리즈와 V 시리즈 인터페이스를 모두 적용시켜 V, X 시리즈 터미널의 상호 통신을 가능하게 한다.

9.4 25핀 인터페이스

25핀 접속규격은 DTE와 DCE사이의 데이터 전송 시에 직렬 데이터를 송 · 수신하기 위한 제어 신호 및 타이밍 신호를 전송하기 위한 접속규격으로서 ITU-T의 V.24와 V.28과 ISO/IS2110과 EIA의 RS-232C에 의한 것이다.

(1) 적용조건

① **동기방식** : 비동기식, 동기식

② **회선의 종류** : 전용회선, 교환회선

③ **접속 케이블** : DTE측에서 준비

④ **데이터 신호의 전송속도** : 20[Kbps]이하(통상 9600[bps]를 사용한다.)

(2) 상호접속회로

① 100시리즈에는 37가지, 200시리즈에는 13가지의 상호 교환 회로가 정의되어 있고 실제 DTE는 이 중 필요한 것만 사용한다.

② ITU-T V.24(EIA의 RS-232C와 동일)에는 일반적 응용을 위한 100시리즈와 자동 호출을 위한 200시리즈 권고안이 있다.

(3) 핀 배열

25핀 인터페이스에서 사용되는 핀은 데이터 송·수신, 전기적 접지, 타이밍 회로, 제어회로 기능을 수행한다.

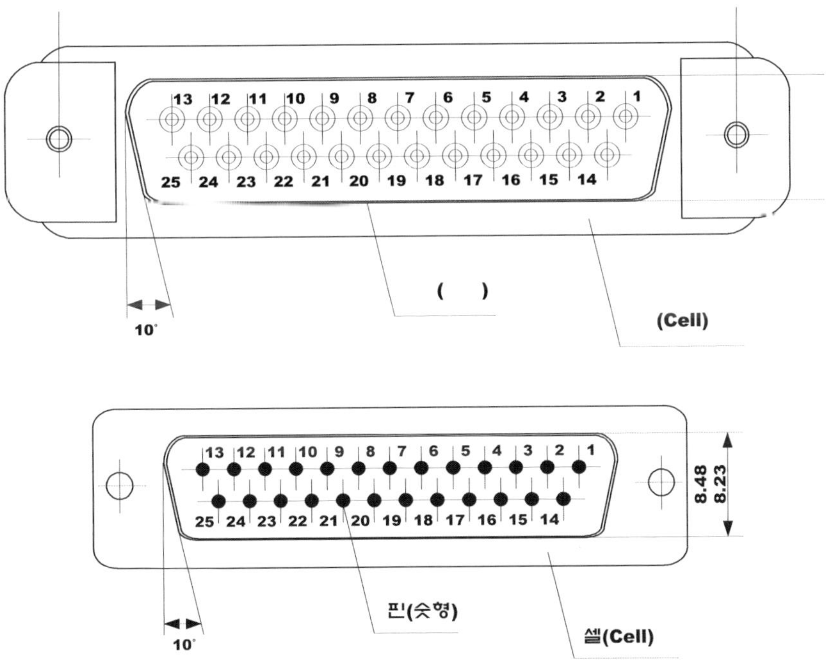

[25핀 커넥터의 핀]

핀 번호	ITU-T 기호	RS-232C	기능	입 · 출력	신호방향	
					DTE	DCE
1	101	AA	보안용 접지 또는 어스 (PG : Protective Ground, Fame Ground(FG))			
2	103	BA	송신용 데이터 (TD : Transmitted Data)	입력	→	
3	104	BB	수신용 데이터 (RD : Received Data)	출력		←
4	105	CA	송신의 요구(RTS : Request To Send)	입력	→	
5	106	CB	송신 준비의 완료(Clear To Send)	출력		←
6	107	CC	데이터 셋 준비완료(Data Set Ready)	출력		←
7	102	AB	신호용 접지(SG : Signal Ground)			
8	109	CF	수신용 캐리어 검출(Data Carrier Detect)	출력		←
9	-	-	데이터 테스트 모뎀(Data Test Modem : Positive DC)			←
10	-	-	데이터 테스트 모뎀(Data Test Modem : Negative DC)			←
11	-	-	이퀄라이저 모드(Equalizer Mode)	입력		←
12	122	SCF	귀환 채널의 수신신호검출 (SCDC : Secondary Data Carrier Detect)	출력		←
13	121	SCB	귀환 채널의 데이터의 송신(SCTC : Secondary Clean To Send)	출력		←
14	118	SBA	귀환 채널의 송신 데이터(STD : Secondary Transmitted Data)	입력	→	
15	114	DB	송신 신호의 엘리먼트 타이밍(TC : Transmitter Clock(DCE))	출력		←
16	119	SBB	귀환채널의 수신데이터(SRD : Secondary Received Data)	출력		←
17	115	DD	수신 신호의 타이밍(Receiver Signal Element Timing)	출력		←
18	-	-	근거리 귀환(Local Look Back)(DCR : Divided Clock Receiver)		→	
19	120	SCA	귀환채널의 송신요구(SRTS : Secondary Request To Send)	입력	→	
20	108.2	CD	데이터 단말 준비 완료(DTR : Data Terminal Ready)	입력	→	
21	110	CG	데이터 신호 품질 검출(DSQD : Data Signal Quality Detect)	출력		←
22	125	CE	피 호출 표시(RI : Ring Indicator)	출력		←
23	111/ 112	CH/ CI	데이터 신호 속도 선택(DTE/DCE : Data Rate Selector)	입 · 출력	→	←
24	113	DA	송신기의 클록(Transmitter Clock)	입력	→	
25	-	-	Unas Signed			

실전문제 1 다음 중 EIA/RS-232C 25핀 커넥터의 접속 핀 규격이 틀린 것은?

가. 2번 : 데이터 송신(TXD)　　나. 3번 : 데이터 수신(RXD)

다. 4번 : 송신요구(RTS)　　라. 5번 : 신호용 접지(SG)

답 라

9.5 37핀 인터페이스

25핀과 대처 가능하고 교환회선간의 누화감소, 고속전송, DCE의 테스터기능 제어 특성을 갖는 접속규격을 가지고 있다.

(1) 적용조건

① **동기방식** : 비동기식, 동기식

② **회선의 종류** : 교환회선, 전용회선

③ **접속 케이블** : DTE측에서 준비

④ **데이터 신호의 속도** : 상호 접속 회로가 불평형 복류 방식의 경우는 100[kbps]이하 평형복류 방식의 경우는 10[Mbps]이하이다.

(2) 핀 배열

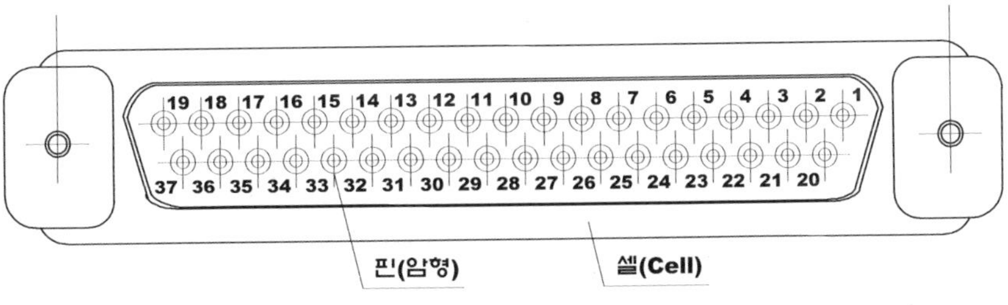

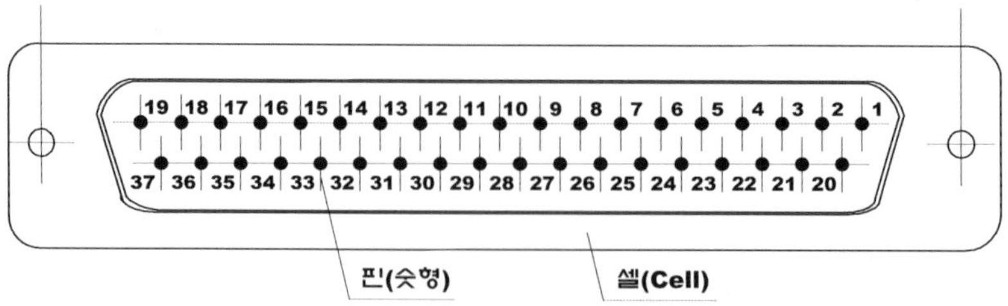

[37핀 커넥터 핀 배열]

9.6 RS-232C 인터페이스와 V.24의 관계

① DTE와 변 · 복조기 사이의 거리가 2~3[m] 이내로 짧은 거리를 사용하며 공중 전화망을 통한 데이터의 속도도 빠르지 않으므로 표준 인터페이스에 사용되는 신호 레벨도 감쇄의 영향을 크게 받지 않는다.

② 미국의 EIA에서 정의한 RS-232C 인터페이스와 ITU-T에서 권고된 V.24는 공중 전화망을 통한 데이터 전송에 필요한 변 · 복조기와 컴퓨터를 접속시켜 주는 표준 인터페이스이다.

③ RS-232C/V.24 표준 인터페이스 케이블은 컴퓨터와 주변장치 간에 9.6[kbps]이하의 속도로 최대 15[m] 이내의 거리에서 연결할 때만 사용한다.

④ 표준 인터페이스 케이블인 RS-232C 케이블은 기본 형식으로 리본이고, 멀티코어 케이블도 사용한다.

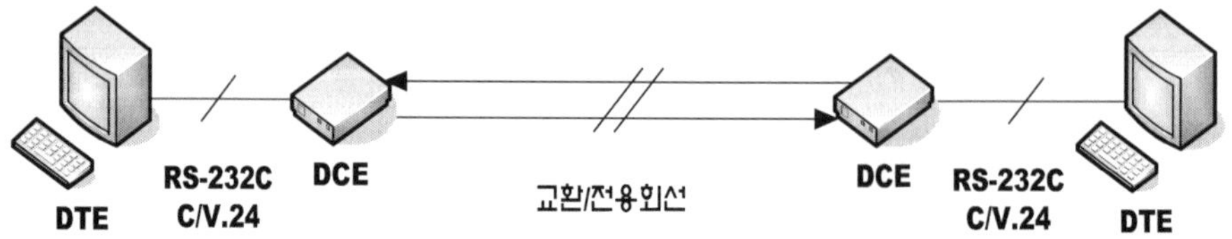

[인터페이스 기능]

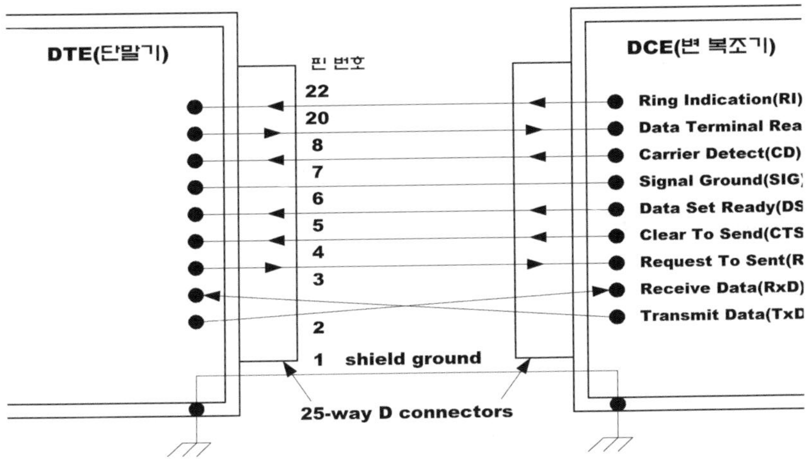

[신호 정의]

9.7 RS-422 인터페이스

V24나 RS-232C 보다 빠르게 데이터를 송 · 수신할 때 사용하는 인터페이스로 V.11 인터페이스의 기능과 같다.

9.8 RS-449 인터페이스

통신장비의 테스트 시에 사용되고 비 지능형 단말기와 중앙처리장치 사이에 연결되어 사용된다. V.35 인터페이스의 기능과 같다.

① X.20 : 공중데이터 통신망에서 비동기 전송을 위한 DTE와 DCE 접속 규격

② X.20bis : 비동기식 V시리즈의 모뎀과 동기식 변복조기에 맞게 설계된 단말기(DTE)의 공중 데이터 통신망(PDN)에서 사용

③ X.21 : 공중데이터 네트워크에서 동기식 전송을 위한 데이터 단말기(DTE)와 회선 종단 장치(DCE) 사이의 접속 규격

④ X.21bis : 동기식 V시리즈 모뎀과 인터페이스용으로 설계된 동기식 변복조기(DTE)에 맞게 설계된 회선 종단 장치(DCE)에서 사용

X.21과 X.21bis의 차이점

① X.21은 공중 데이터망에서의 동기식 전송을 위한 DTE/DCE간의 접속 규격을 정의한 것이고, X.21bis는 V계열의 동기식 변·복조기에 맞게 설계된 DTE를 공중 데이터망에서 사용하고자 할 때 갖추어야 할 접속 규격을 정의한 것이다.
② RS-232C/V.24가 공중 전화망을 통한 전송에 필요한 DTE/DCE 접속 규격을 정의한데 비하여 X.21, X.21bis는 공중 데이터망을 사용하는 점이 다르다.

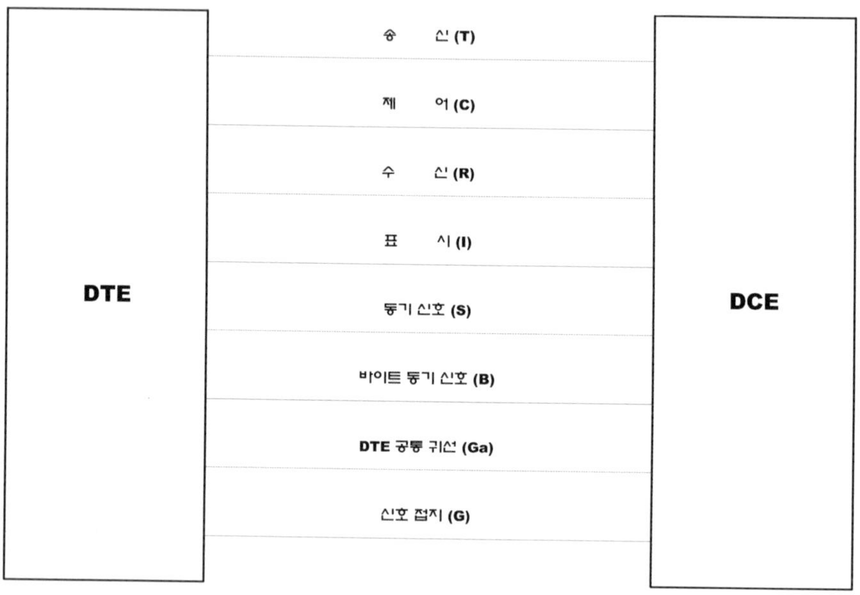

[접속 회로의 명칭]

CHAPTER 4

정보전송장치

1 변 · 복조기(MODEM)

아날로그 전송회선을 사용하여 디지털 데이터 전송이 가능하도록 도와주는 장비로서 컴퓨터에서 출력되는 디지털 신호를 아날로그 전송회선에 전송하기 알맞은 신호 변조하여 주고, 변조된 아날로그 신호를 다시 복조하여 원래의 디지털신호로 되돌려 주는 일종의 신호 변환장치이다. 이러한 모뎀은 기존의 아날로그 전송로를 통해 디지털 데이터 전송이 가능할 뿐 아니라 변조를 행하기 때문에 원거리 전송이 가능하며, 오류 확률 또한 최소화 할 수 있다.

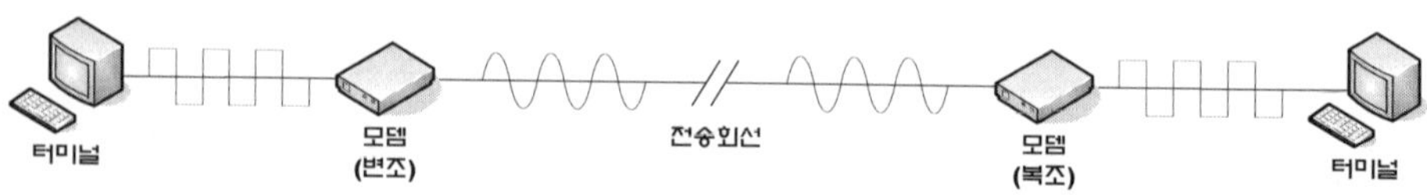

[변복조기(모뎀)의 기능]

1.1 모뎀의 구조

1.1.1 송신부

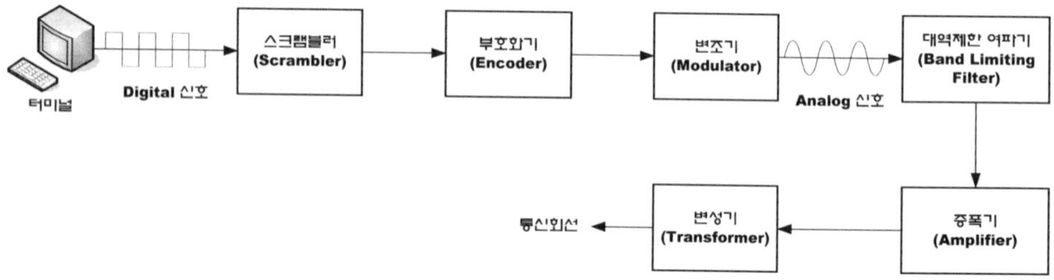

[모뎀의 송신부 구조]

① **스크램블러**(Scrambler) : 0, 1이 중복되는 것을 피해 데이터 패턴을 자유롭게 한다.
직류성분을 없애기 위해서 사용한다.
도청방지목적의 주파수대 변환기로 사용된다.

② **부호화기(Encoder)** : 중앙처리장치와 터미널에서 출력된 신호를 아날로그 전송로에 적절한 형태로 만들어 주기 위해서 송신 클록에 지정된 부호 형식으로 만들어 준다.

③ **변조기(Modulation)** : 부호화된 디지털 신호를 1700 ~ 1800[Hz] 정도의 반송주파수를 이용하여 아날로그 신호로 디지털 변조를 한다.

④ **대역 제한 여파기(BLF : Band Limiting Filter)** : 변조된 신호는 여파기에서 아날로그 전송선로에 맞는 주파수 대역으로 제한된다.(합 일 때는 주파수는 통과, 차 일 때는 주파수는 제한)

⑤ **증폭기(Amplifier)** : 아날로그 전송로에 필요한 전송 레벨만큼 증폭시킨다.

⑥ **변성기(Transformer)** : 모뎀과 통신선로 사이에 임피던스 정합을 시킨다.

실전문제 1 모뎀의 기능 중에서 디지털신호가 "1" 이나 "0" 이 계속 되는 것을 방지하는 것은?

가. 스크램블 기능　　나. Timing 기능

다. 등화기능　　라. 테스트 기능

답 가

1.1.2 수신부

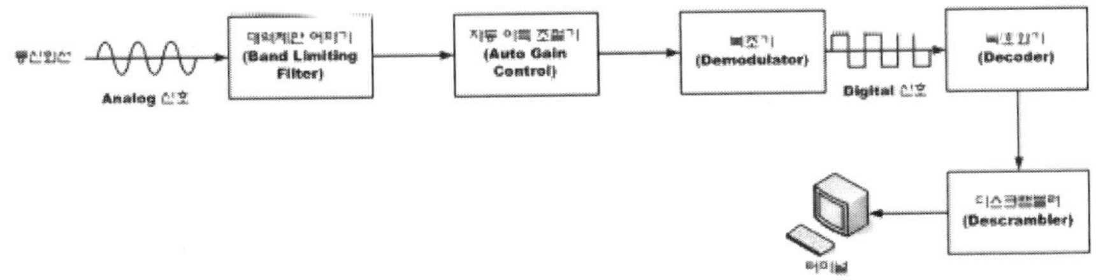

[모뎀의 수신부 구조]

① **대역 제한 여파기(BLF : Band Limiting Filter)** : 전송로에 맞는 주파수 대역으로 제한된다.

② **자동 이득 조절기**(AGC : Automatic Gain Control) : 적당한 신호 크기로 레벨을 맞춘다.

③ **등화기**(Equalizer) : 진폭, 주파수, 위상왜곡을 보상하기 위해서 사용된다.

④ **복조기**(Demodulator) : 디지털 변조되어 들어온 신호를 디지털 부호로 변환한다.

⑤ **복호기**(Decoder) : 변환된 디지털 부호를 원래의 디지털 신호로 변환한다.

⑥ **디스크램블러**(Descrambler) : 송신측의 스크램블러의 역 과정을 수행하는 기능으로 원래 송신 데이터를 복원하는 부분이다.

실전문제 1 모뎀의 구조에서 송신부와 수신부에 공통으로 구성되는 요소는?

가. 대역제한여파기 　　나.등화기

다. 자동이득제어기(AGC) 　　라.디코더

답 가

1.2 모뎀의 분류

일반적으로 모뎀을 분류하는 방법으로는 동기 방식에 따라 동기식과 비동기식 모뎀, 통신 속도에 따라 저속도, 중속도, 고속도 모뎀, 변조 방식에 따라 ASK, FSK, PSK, QAM모뎀으로 분류 할 수 있으며, 이 외에도 채널 대역폭에 따라서 음성대역 이하의 모뎀, 음성대역 모뎀, 광대역 모뎀 그리고 사용회선에 따라 교환회선 모뎀과 전용회선 모뎀 등으로 분류 될 수 있다.

1.2.1 동기 방식에 따른 분류

(1) 비동기식 모뎀

1200[bps] 이하의 저속도 모뎀으로 비동기식 단말에서 사용되며 주로 FSK변조 방식을 사용한다.

(2) 동기식 모뎀

2400[bps] 이상의 중속도 모뎀으로 대화형 단말이나 지능형 단말과 같은 동기식 단말에 사용되며 주로 PSK나 QAM변조 방식을 사용한다.

실전문제 1 **다음 중 동기식 변복조기와 비동기식 변복조기에 대한 설명으로 틀린 것은?**

가. 동기식은 대화형이나 지능형 단말기에 주로 사용되고 주파수편이 변조방식(FSK)을 사용한다.

나. 비동기식은 FSK가 주로 사용되고 저속도용이다.

다. 동기식은 고속변조에 사용되며 PSK나 QAM을 주로 사용한다.

라. 비동기식은 시작 비트와 정지 비트를 사용하여 글자로 구분한다.

답 가

1.2.2 통신 속도에 따른 분류

(1) 저속도 모뎀

데이터 신호 속도가 1800[bps]이하의 모뎀

(2) 중속도 모뎀

데이터 신호 속도가 2400[bps] ~ 4800[bps]이하의 모뎀

(3) 고속도 모뎀

데이터 신호 속도가 9600[bps]이상의 모뎀

1.2.3 변조 방식에 따른 분류

(1) ASK모뎀

ASK변조방식을 사용하는 모뎀으로 각종 잡음 및 신호레벨 변동에 약해 근거리 소량의 데이터 전송에만 제한적으로 이용된다.

(2) FSK 모뎀

FSK변조 방식을 사용하는 모뎀으로 각종 잡음 및 간섭에 강하고 신호레벨 변동이 작기 때문에 원거리 전송에 사용된다. 1200[bps]이하의 저속도 비동기식 모뎀으로 이용된다.

(3) PSK 모뎀

PSK변조 방식을 사용하는 모뎀으로 2400 ~ 4800[bps]의 중속도 모뎀에 주로 이용된다.

(4) QAM 모뎀

QAM변조 방식을 사용하는 모뎀으로 9600[bps]이상의 고속도 모뎀에 주로 이용된다.

실전문제 1 다음 중 모뎀(Modem)의 변복조 방식이 아닌 것은?

가. QAM　　나. DPSK　　다. FSK　　라. SSB

답 라

1.2.4 채널(이용) 대역폭에 따른 분류

(1) 광대역 모뎀

48[Khz], 96[Khz], 240[Khz]이 대역을 이용한 고속 변 · 복조기

(2) 음성 대역 모뎀

300 ~ 3400[Hz]으 음성 대역을 이용한 변 · 복조기. 9600[bps]이하에서 사용

(3) 음성 이하 대역 모뎀

50[bps]이하의 저속 모뎀에서 이용하며 주로 음성대역을 주파수 분할해서 사용한다.

1.2.5 사용 가능 거리에 따른 분류

(1) 선로 구동기

1마일(1,609[m]) 미만의 거리에서 사용되는 변 · 복조기로 속도는 100[Kbps] ~ 1[Mbps]이하

(2) 단거리(제한거리) 모뎀

20마일 미만의 거리에서 사용되는 변 · 복조기로 속도는 110[bps] ~ 1[Mbps]이하

(3) 장거리 모뎀

20마일 이상의 장거리에 사용되는 변 · 복조기로 속도는 50 ~ 16000[bps]이하

1.2.6 사용 가능한 포트 수에 따른 분류

(1) 멀티포트 모뎀

4800[bps] 이상의 변 · 복조기로 2~6개 이상의 포트를 내장

(2) 단 포트 모뎀

저속(비동기식) 변 · 복조기로 2400[bps]이하의 변 · 복조기

1.2.7 등화방식에 따른 분류

(1) 가변 등화 모뎀

① **자동식** : 등화회로가 자동으로 특성에 맞게 조정 가능

② **수동식** : 등화회로의 특성을 사람이 변형시켜주는 변 · 복조기

(2) 고정 등화 모뎀

등화회로의 특성이 고정되어 있는 변 · 복조기

1.2.8 사용회선에 따른 분류

(1) 전용 회선 모뎀

4선식이나 2선식 회선을 이용하는 변 · 복조기로 통신 속도에 제한이 없다.

(2) 교환 회선 모뎀

PSTN(공중 전화망)을 사용하는 모뎀을 말하며, 1200[bps] ~ 9600[bps]의 저 · 중속도에서 사용한다.

1.2.9 모뎀을 이용한 아날로그 전송방식

모뎀을 이용한 아날로그 전송에서 터미널(단말)과 모뎀 간에는 RS-232C 케이블로 연결하여 디지털 신호를 모뎀으로 전송하고, 송신측의 모뎀과 수신측의 모뎀 간에는 2선식 또는 4선식 평형 케이블로 구성된 전용회선이나 전화국내의 전화교환기를 통한 전화 교환망(PSTN : 공중전화 교환망) 또는 동축케이블을 이용한 케이블TV망을 통하여 아날로그 신호를 전송한다.

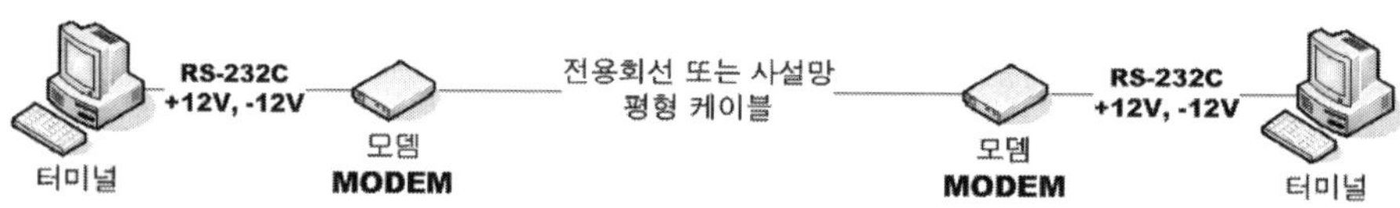

그림[4-4] 전용회선 망을 이용한 구성

그림[4-5] 전화 교환망(PSTN망)을 이용한 구성

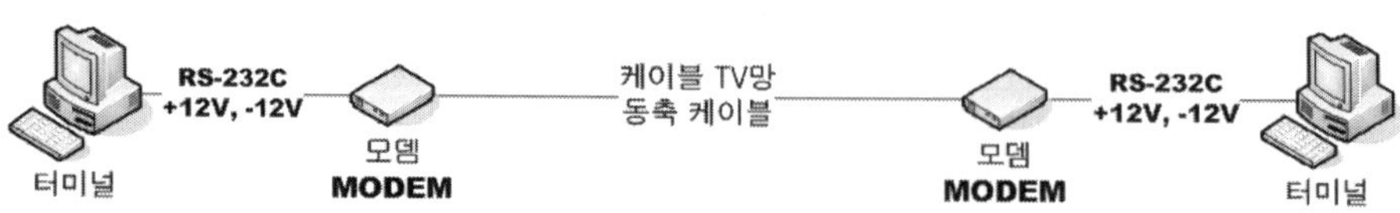

[케이블TV망을 이용한 구성]

1.3 주요 사용 모뎀의 특징

1.3.1 선로 구동기

① 변 · 복조기를 이용해서 가까운 거리통신을 할 때 이용하는 신호 연장기로서 아날로그 신호를 증폭한다.

② RS-232C 케이블을 사용해서 100[Kbps]에서는 1500[m], 1[Mbps]에서는 150[m]까지 전송이 가능하다.

③ 제한 거리 모뎀보다 짧은 거리에서 이용되고 디지털 신호를 사용하는 경우 DSU를 이용해서 신호를 연장해야 하는데 이때 연장 해주는 기계를 리피터(Repeater)라고 한다.

④ 음성대역 회선을 이용하지 않고 동선을 이용하며 일반적으로 변 · 복조기를 다르게 디지털 신호로서 전송되기 때문에 사용 거리가 짧을 경우 수신측에는 선로 구동기 변 · 복조기는 필요가 없다.

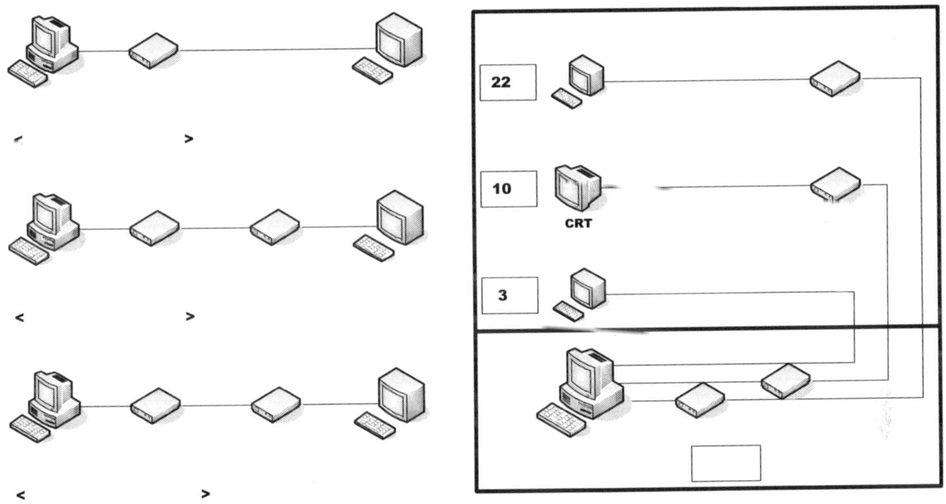

[사용가능거리에 따른 모뎀의 구성도]

1.3.2 단거리(제한거리) 모뎀(Limited Distance Modem)

① 2선식과 4선식을 사용하여 단방향, 반이중, 전이중 통신이 가능하다.

② 짧은 거리(1 ~ 20마일)에서 사용하는 변 · 복조기로 데이터를 전송하는 것에 비해서 비용을 절감할 수 있다.

③ 통신 속도는 110[bps] ~ 1[Mbps]의 속도에서 사용된다.

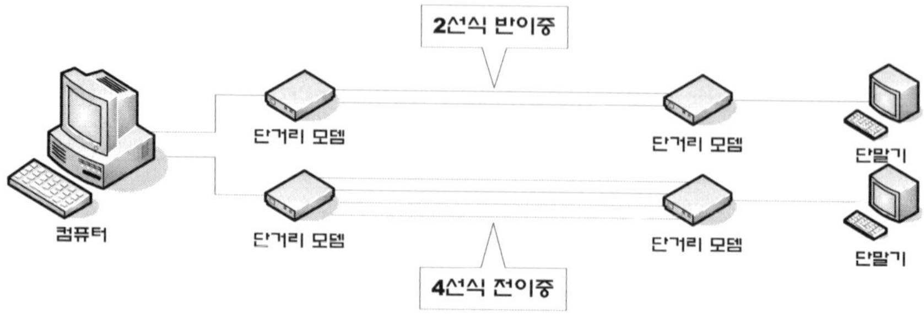

[단(제한)거리 모뎀의 구성도]

1.3.3 멀티포트 모뎀(Multi-port Modem)

① 4개 이하의 채널을 다중으로 사용하고자 하는 경우에 별도의 다중화기를 이용하지 않고 변 · 복조기와 제한된 기능을 멀티플렉서가 혼합된 형태의 멀티포트 변 · 복조기를 사용한다.

② 멀티포트 변 · 복조기는 기본적으로 고속 동기식 모뎀과 시분할 다중화기가 1개의 장비로 만들어져 있다.

③ 시 분할 다중화기는 모뎀의 신호를 그대로 사용하기 때문에 데이터를 동기하기 때문에 별도의 기기를 이용하는 경우보다 편리하다.

④ 동기식 운영만 가능하다.

⑤ 가격이 저렴하고 구조가 간단하다. 또한 1개의 기기를 이용하므로 조작이 쉽다.

⑥ 별도의 멀티플렉서를 사용하지 않기 때문에 상당히 경제적이다.

⑦ 멀티포트 모뎀에 입력되는 라인들의 속도의 합은 출력라인의 속도의 합과 같아야 한다.

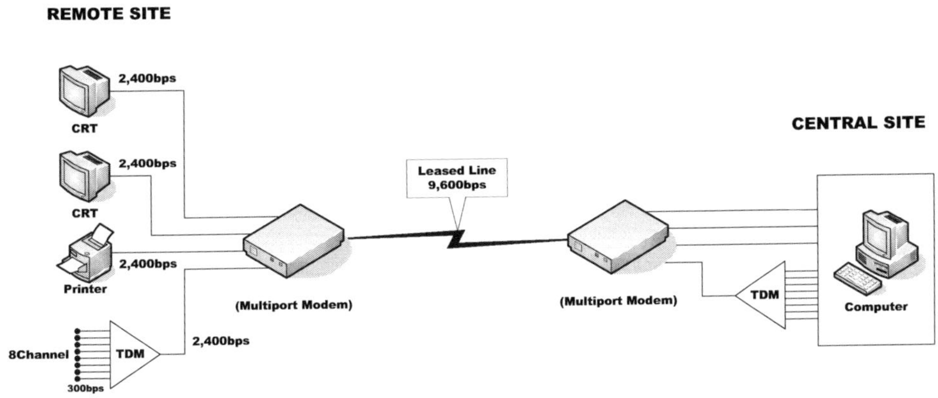

[멀티포트 모뎀]

1.3.4 멀티포인트 모뎀(Multi-point Modem)

① 전송지연을 최소화하기 위해 고속 폴링을 할 수 있도록 설계된 변 · 복조기

② 멀티포인트를 다른 말로 멀티드롭(Multi Drop)이라고도 하는데, 한 지역에 집중적으로 모여 있지 않고 흩어져 있는 경우에 사용

③ 응답시간, 터미널의 이용빈도, 이용규약과 효율, 모뎀의 전송속도, 선로반전 시간 등을 고려해야 한다.

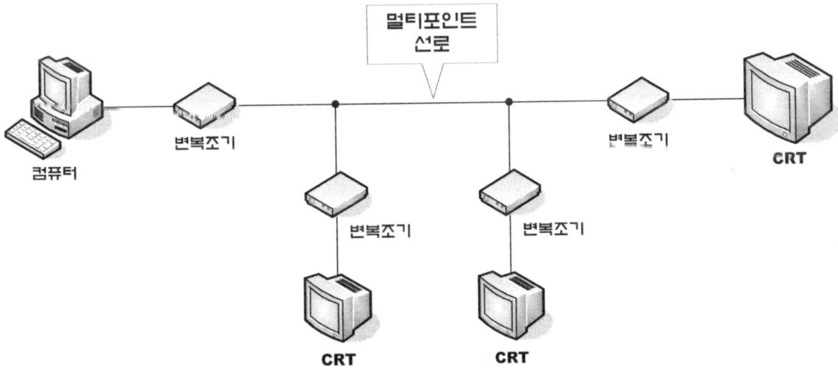

[멀티포인트 시스템의 구성도]

④ 멀티포인트 모뎀에서 단말에 폴링할 때 발생되는 지연요소들

- 모뎀 내부의 지연시간(K_m)
- 컴퓨터와 단말기 사이의 거리에 따른 지연시간(K_p)
- 단말기 자체에서 지연시간(K_T)
- RTS/CTS의 신호에 따른 지연시간($K_{R/C}$)
- 전체적인 지연시간 = $2(K_{R+C} + K_m) + K_T + K_p$

1.3.5 음향결합기(Acoustic Coupler)

① 최초의 변 · 복조장치로서 전화기 내부에 설치한다.

② FSK변조 방식을 사용해서 1200[bps]이하의 저속 데이터 통신에 사용한다.

③ 송 · 수화기를 통하여 연결되기 때문에 전화가 설치된 어느 곳에서든지 이동하여 사용할 수 있다.

④ 음성대역에서 송신에 대하여 두 개의 분리된 주파수를 이용하고 수신에 대해서도 두 개의 분리된 주파수를 이용하기 때문에 2선 전화 교환망에서 전이중 통신이 가능하다.

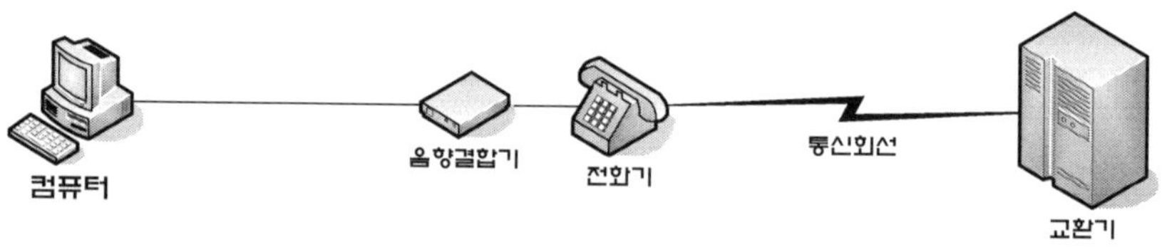

[음향 결합기]

1.3.6 지능형(Intelligent) 모뎀

① 중앙처리장치에 마이크로프로세서를 탑재하여 전산처리능력과 에러처리능력 그리고 데이터의 압축 기능을 수행하도록 설계된 변 · 복조 장치이다.

② 중앙 채널과 부수적인 채널로 나누어지며 중앙채널이 실질적인 데이터 전송을 하며, 부수적 채널이 망 운영 정보를 교환한다.

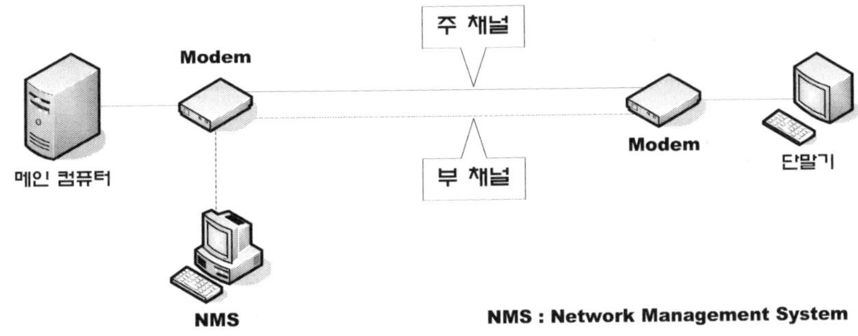

[지능형 모뎀의 구성도]

> **reference 모뎀의 기능**
>
> ① 자동응답 기능 : 수신측 변 · 복조기의 내부 회로를 동작시켜 상대측과 자동으로 연결해 주는 기능
> ② 자동호출 기능 : 직접 다이얼하지 않고 자동적으로 상대방이 호출되는 기능
> ③ 자동속도조절 기능 : 통신 상호간의 변 · 복조기 속도를 일치하도록 하는 기능
> ④ 모뎀 테스트 기능 : 변 · 복조기의 동작상태가 정상인지를 시험할 수 있는 오류검출기와 패턴발생기 회로가 내장되어 있다.

1.4 추가적인 전송장치

중앙처리장치가 온라인 상태에서 원거리의 터미널과 정보를 송 · 수신하기 위한 추가적인 전송장치로서 자동응답기와 자동호출기가 있다. 추가적인 전송장치는 중앙처리장치 측에 설치하는 장비이다.

1.4.1 자동 응답기(Automatic Answering Unit)

① 변 · 복조기 안에 내장되어 있어서 단말기 측에서 호출이 있을 경우 중앙처리장치에 자동으로 단말기를 연결시켜 주는 장치이다.

② 호출이 응답된 후 일정 시간이 지났는데도 반송자가 도착하지 않으면 연결을 자동으로 해제한다.

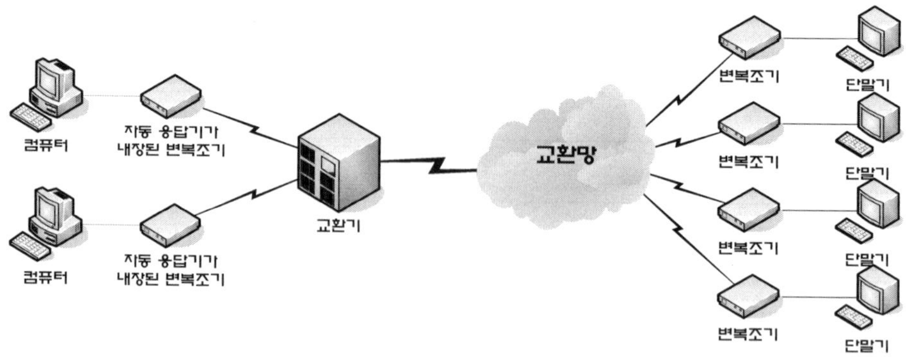

[자동응답 장치의 실제 사용인 예]

1.4.2 자동 호출기(Automatic Calling Unit)

① 중앙처리장치에서 원격지 터미널로 교환망을 사용해서 Data를 전송할 경우 사람이 해야 할 호출을 중앙처리장치가 자동적으로 하는 장치를 말한다. 중앙처리장치가 원격 단말기로 정보 전송을 할 때 가장 먼저 자동 호출기가 원격지 단말기를 호출한 다음에 변·복조기를 통해서 정보를 전송시킨다.

② 데이터 통신 네트워크에서 선로의 이용율을 크게 높여준다.

③ 분산형 네트워크에서 사용된다.

④ 호출할 전화번호나 호출의 횟수는 프로그램화 되어 있어서 컴퓨터 안에 저장되어 있다.

⑤ 자동호출기의 형식

- 801C 자동호출기 : 버튼식(다이얼식 보다 통신 속도를 약10배 정도 빠르게 할 수 있다.)
- 801A 자동호출기 : 다이얼식

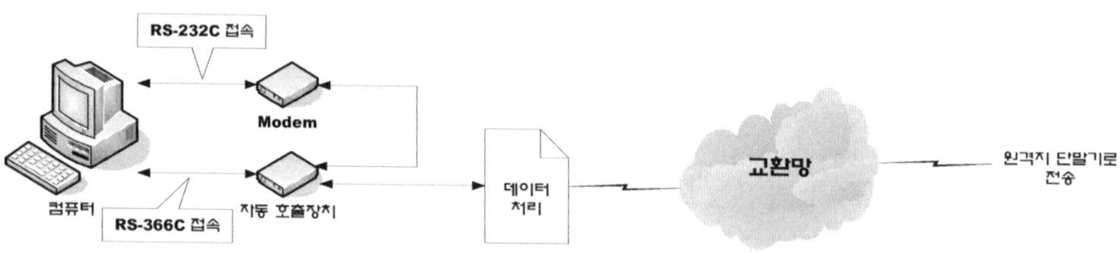

[자동호출기 구성도]

2 DSU(Digital Service Unit)

2.1 DSU

DSU는 디지털 전송회선을 사용하여 디지털 데이터를 전송할 때 필요한 장비로서 아날로그 전송회선에서 사용되는 모뎀과는 달리 2진 디지털 단극성(Unipolar) 펄스 신호를 복극성(Bipolar)신호로 변환하여 전송하고 수신측에서는 복극성(Bipolar) 신호를 다시 본래의 단극성(Unipolar) 신호로 되돌려 주는 역할을 수행한다. 이러한 DSU는 단극성 디지털 신호를 복극성 디지털 신호로 변환하여 디지털 신호가 전송도중에 생길 수 있는 감쇠 및 왜곡 현상을 최소화 할 수 있으며, 극성이 한쪽으로 치우치는 것을 예방하고, 동기신호를 잃지 않게 유지시켜 준다.

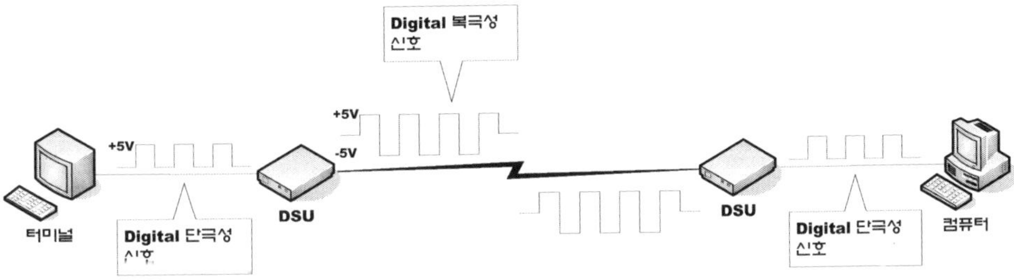

[DSU의 기능]

(1) 기능★

① 신호 전송속도를 변환시켜준다.

② 제어신호를 삽입할 수 있다.

③ 신호파형 변환할 수 있다.

실전문제 1 DTE와 디지털 데이터 교환망을 접속하기 위한 DSU의 기능으로 적합하지 않은 것은?

가. 신호 파형의 변환　　나. 신호 전송속도의 변환

다. 제어 신호의 삽입　　라. 프레임의 시분할 다중화

답 라

(2) 구성

① **인터페이스부** : 단말장치로부터 송 · 수신 신호를 결합시켜 주는 장치

② **송신부** : 2진 부호인 단극성 신호를 BNZS(Bipolar with N Zero Substitution) 형태로 Encoding(부호화)하여 복극성 펄스로 변환시켜 준다.

③ **수신부** : 데이터 포트로부터 수신된 복극성 신호를 단극성 신호로 변환시켜서 단말장치로 전송해 주는 장치

④ **타이밍 및 주파수합성기**(PLL : Phase Looked Loop) : 수신데이터로부터 동기용 클록을 추출해서 송신부에 공급시켜 주는 장치

(3) 특징

① 모뎀보다 가격이 저렴하다.

② 디지털 전송로에서만 사용이 가능하다.

③ 원거리 전송을 보장해 주는 기능을 가지고 있다.

2.2 CODEC(Coder + Decoder = 코덱)

아날로그 신호를 디지털 전송로에 맞게 사용하기 위해서 디지털 신호로 변환해서 전송한 후 디지털 신호를 다시 아날로그 신호로 재생시켜주는 신호변환장치이다. 여기서 아날로그 신호를 디지털 신호로 바꾸어 주는 것을 코더(Coder)라 하고, 디지털신호를 아날로그로 신호로 바꾸어 주는 부분을 디코더(Decoder)라 한다.

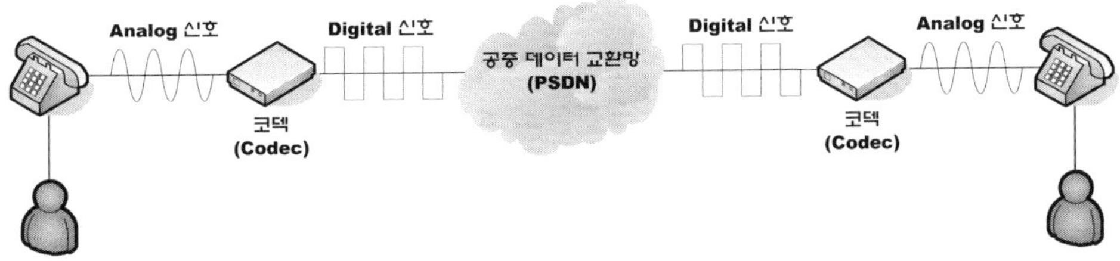

[코덱(Codec)의 기능]

3 다중화 장비(Mutiplexer)

다중화란 하나의 단말이 하나의 회선 전체 용량을 모두 사용하는 방식이 아니라, 복수 개의 단말에서 발생되는 많은 량의 데이터를 하나의 회선에 동시 다발적으로 전송하는 방법을 다중화라 한다. 즉 하나의 단말이 한 회선을 모두 사용할 경우 다른 단말들은 통신을 할 수 없게 되는데, 이러한 현상을 막기 위해 복수개의 단말에서 발생되는 많은 량의 데이터를 하나의 회선에 모아서 주파수 대역 또는 시간 영역 등을 나누어 전송하는 방식으로 통신의 이용 효율성을 극대화 시킨 방식을 말한다. 예를 들어 원거리에 존재하는 다수의 단말들을 모두 각각 통신회선으로 연결하게 되면 비용이 높아지게 되어 경제적인 통신을 구축하기 어렵게 된다. 그래서 다수의 단말들을 일정 지역별로 나누어 복수개의 저속회선으로 연결한 다음 하나의 고속회선으로 전송하고, 다시 저속회선으로 분할하는 방식이 다중화 방식이다. 다중화 하는 방법에는 크게 주파수를 분할하여 다중화 하는 주파수 분할 다중화(FDM : Frequency division Muyltiplexing)와 시간을 분할하여 다중화 하는 시분할 다중화(TDM : Time Division Multiplexing)그리고, TDM보다 한 단계 발전된 STDM방식이 있다. 다중화장비는 단말 측에서 입력되는 회선들의 속도의 합과 전송회선의 속도가 같은 장비를 말한다.

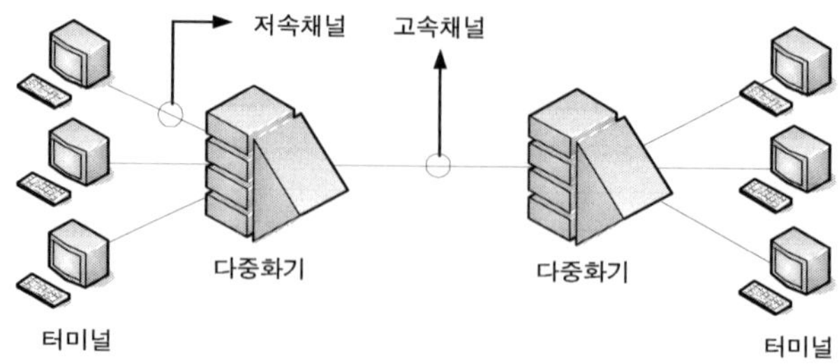

[다중화 장비에 대한 개념도]

(1) 특징

① 선로의 정적인 공동이용이 이루어진다.

② 장비관리 및 회선관리가 쉬워진다.

③ 통신회선이 고장이 나면 터미널 전체가 사용이 불가능하다.

(2) 종류

① 주파수분할 다중화기

② 시분할 다중화기

③ 광대역 다중화기

④ 지능 다중화기

⑤ 역 다중화기

실전문제 1 다음 전송장비 중 다중화장비의 특징이 아닌 것은?

가. 광통신에서는 파장분할 다중화가 적용된다.
나. 두 개 이상의 신호를 결합하여 하나의 물리적 회선을 통하여 전송할 수 있는 시스템이다.
다. 한 전송로의 데이터 전송시간을 일정한 시간 폭으로 나누는 방식은 시분할 다중화이다.
라. 입력 측과 출력 측의 전체 대역폭이 서로 다르다.

답 라

3.1 FDM(Frequency Division Multiplexing) – 주파수 분할 다중화

주파수 분할 다중화란 사용가능한 주파수 대역을 분할하여 다중화 하는 방식으로 일정 크기의 주파수 대역폭을 여러 개의 작은 대역폭으로 나누어 각각의 단말과 연결된 각 채널을 서로 다른 반송파를 사용하여 변조 한 다음 송신하고, 수신측에서는 BPF(Band Pass Filter)를 통해 각 채널별로 복조(검파)함으로서 원래의 신호를 얻어내는 아날로그 다중화 기술이다.

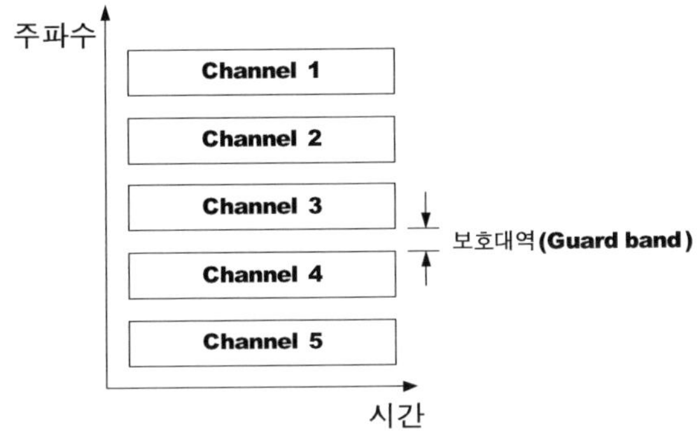

[FDM(주파수 분할 다중화기)의 개념]

(1) 특징

FDM은 사용 가능한 주파수 대역을 분할하여 다중화 하는 방식으로 전송하려는 신호의 대역폭 보다 전송매체의 유효 대역폭이 큰 경우에 사용하는 방식이다. 보통 FSK방식이 사용되며, 각 채널 간 간섭을 줄이기 위해 완충지역인 보호대역(guard band)이 필요하다. 이렇게 사용된 보호대역은 사용가능한 대역폭의 낭비를 가져와 채널 이용률을 낮게 하는 요인이 된다.

① 이용가능한 주파수 할당 대역폭이 넓을 때 사용가능하다.

② 누화와 혼선이 발생하지만 광대역 전송이 가능하다.

③ 비동기식 방식에 사용되며 동기는 필요치 않다.

④ 각 채널 간 완충지역인 보호대역(guard band)이 있으며 이로 인해 주파수 낭비를 초래한다.

⑤ 1200[bps]이하의 저속도로 구조가 간단하고 가격이 저렴하다.

⑥ 멀티포인트 방식의 구성에 적합하다.

⑦ 융통성이 없는 다중화 기술로 간주된다.

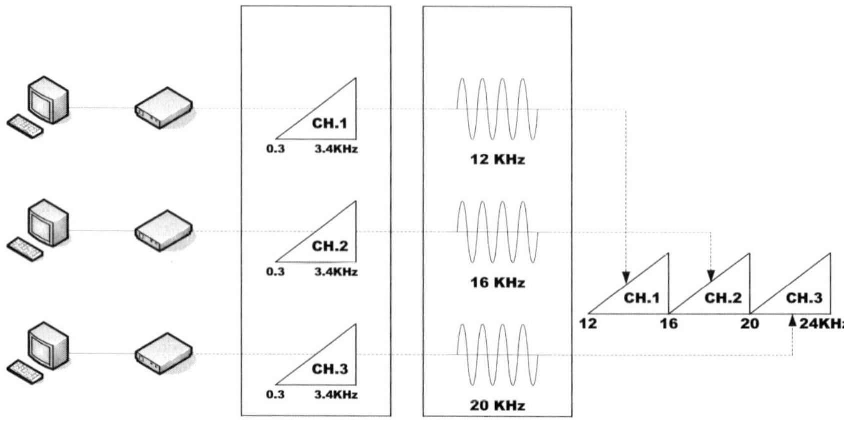

[FDM의 구성도]

(2) 원리

여러 개의 통화로를 일괄적으로 모아서 변조기에 공급하도록 하여 변조를 행하는 방식이다. 통화로 수가 많고 반송주파수가 높아지면 이러한 군변조를 몇 번이고 계속하게 된다.

[주파수 다중 분할(FDM)의 원리적 설명표]

군	약호	통화로수(CH)	구성	주파수대역[Khz]	반송주파수[Khz]
전군	PG	3	CH×3	12~24	12, 16, 20
기초군	BG	12	PG×4	60~108	84, 96, 108, 120
기초초군	SG	60	BG×5	312~552	420, 468, 516, 564, 612
기초주군	MG	300	SG×5	812~2044	1364, 1612, 1860, 2108, 2356
기초초주군	SMG	900	MG×3	8516~12398	10560, 11880, 13200

3.2 TDM(Time Division Multiplexing) – 시분할 다중화

시분할 다중화란 사용가능한 시간대역을 분할하여 다중화 하는 방식으로 각 채널에 정보 신호를 전송할 수 있는 Time Slot을 할당하여 전송하고 수신측에서 전체 망 동기를 통해 희망 채널 신호를 Time Gate를 이용하여 수신함으로서 원래의 신호를 얻어낼 수 있는 디지털 다중화 기술이다.

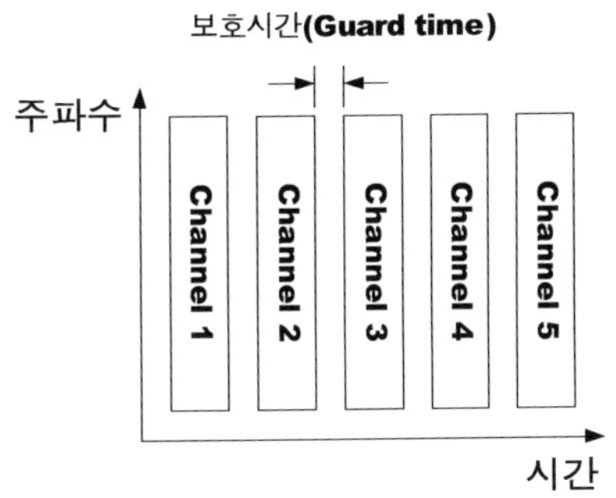

[TDM(시 분할 다중화기)의 개념]

(1) 특징

TDM은 전송로를 통한 데이터 전송 시간을 나누어서 각 채널에 차례대로 분배하여 다중화 하는 방식으로 channel 1부터 channel N번까지 동일하게 시간을 할당하여 할당된 시간만큼 데이터를 전송하고 다시 channel 1부터 channel N번까지 반복하면서 전송하게 된다. 그래서 다중화 되는 채널수가 증가되면, 한 채널당 할당할 수 있는 시간 폭이 (time slot)이 좁아지게 되고, channel간 반복되는 주기가 길어져서 시간적 지연(Delay)이 생길 수 있다. 그러므로 정보통신 기술과 정보처리 기술이 발달해야 채널을 많이 나눌 수 있으며 무조건적으로 채널을 많이 할당하면 시간적 지연(Delay)이 생기므로 다중화면에서만 본다면 FDM이 더 유리하다 할 수 있다.

① 이용가능한 주파수 할당 대역폭이 좁을 때 사용가능한 방식이다.

② 채널수가 증가되면 단위 채널당 할당되는 시간 폭(time slot)이 좁아져서 시간적 지연(Delay)이 생긴다.

③ 송 · 수신 간에 동기를 맞추어 주어야 하는 동기식 방식에 사용된다.

④ 각 채널 간 시간 폭(time slot)이 중복되는 것을 막기 위해 보호시간(guard time)이 있다.

⑤ 어느 한 시간상에는 하나의 채널만이 전송되므로 채널 간 간섭이 없고, 각종 잡음에 강하다.

⑥ 저속 또는 고속 통신이 가능하다.

⑦ 동기전송과 비동기 전송이 있다.

⑧ Point To Point 방식에 적합하다.

⑨ 비동기식과 동기식 다중화 방식에 사용된다.

⑩ 비트 삽입식은 동기 데이터의 다중화 방식에 사용되며, 문자 삽입식은 비동기식 데이터 다중화에 사용된다.

⑪ 시간 폭이 중복되는 것을 방지하기 위해서 부 채널사이에 보호시간(Gard Time)을 둔다.

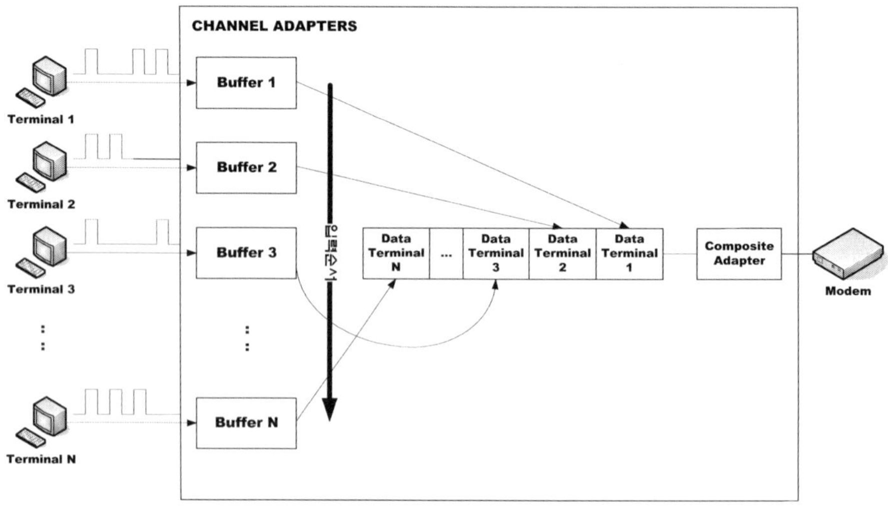

[TDM의 기본적인 동작원리]

(2) STDM(Synchronous TDM) – 동기식 TDM

데이터와 상관없이 각 단말장치에 균일하게 시간 쪽을 할당한다. 한 전송로의 대역폭을 일정한 시간 쪽으로 나누어 각각의 단말장치(채널)에 동일하게 할당하도록 되어 있다. 장점은 관리와 구조는 간단하고 단점은 비효율적으로 채널을 사용하는 경우가 있다. 즉, 실제 전송데이터가 없는 단말장치도 일정 시간 쪽을 할당한다. 또한 버퍼의 크기가 작게 되며 문자 재구성시 시간이 불필요하다.

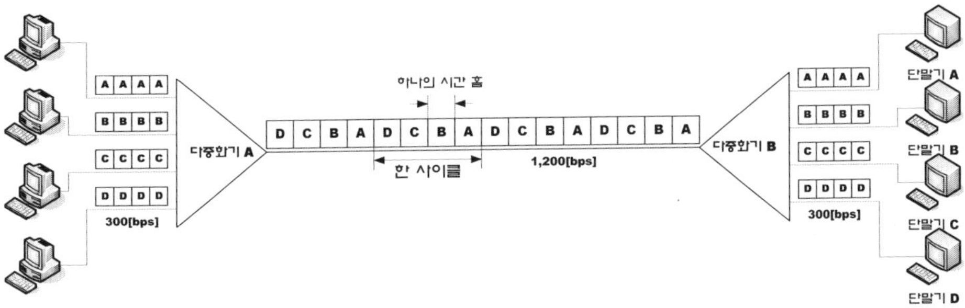

[동기식 시분할 다중화 방식]

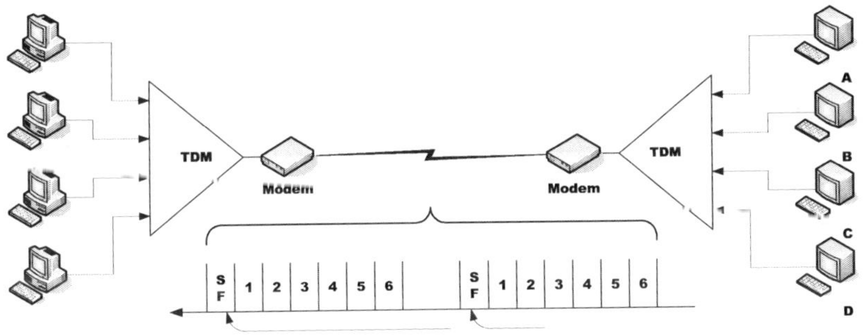

[동기식 시분할 다중화기의 시간할당]

(3) ATDM(Asynchronous TDM) – 비동기식 TDM(지능형 다중화장치 = Intelligent)

비동기식 TDM은 일반적인 동기식 TDM방식과 달리 모든 채널에게 정적으로 시간 폭(time slot)을 할당하는 방식이 아니라 실제로 데이터를 전송해야 할 단말에게만 시간 폭(time slot)을 할당하는 방식으로 일반적인 TDM은 하드웨어 방식이지만 비동기식 TDM은 Software적으로 시간 폭(time slot)의 배정이 가능해졌기 때문에 지능형 다중화 장치 또는 통계적 TDM 장치(STDM)라고도 부른다.

[지능 다중화기의 사용 예]

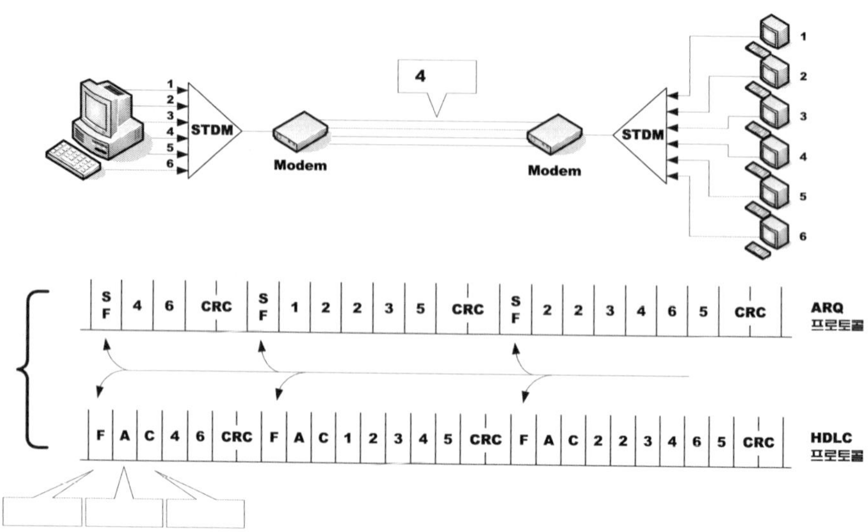

[통계적 시분할 다중화기의 시간할당 예]

① 비동기식 TDM의 특징

일반적인 동기식 TDM의 경우에는 모든 채널에게 정적으로 시간 폭(time slot)이 할당되기 때문에 실제 데이터 전송이 없는 단말에게도 시간 폭(time slot)할당되어 실제 전송되는 데이터 없이 시간만 낭비되는 현상이 많다. 하지만 비동기식 TDM은 실제 시간 폭(time slot)을 전송할 데이터가 있는 단말에게만 동적으로 할당 하므로 나머지 시간에 새로운 전송 채널 주기를 이룰 수 있고, 시간적 지연 없이 동일시간에 많은 량의 데이터 전송이 가능하다. 그러므로 동기식 TDM에 비해 전송효율이 더욱더 한층 향상된다. 또한 내부에 프로세서를 내장하고 있으므로 가격은 비싸지만 흐름제어, 주소제어, 에러제어, 메시지 교환 등의 기능도 제공한다. 그리고 저속 비동기식 데이터 중 Start bit와 Stop bit는 다중화 시 제외시키고 전송하지 않으며 순수한 문자 비트만 전송한 다음 수신측에서 원래의 문자로 분리한 뒤 Start, Stop bit를 붙임으로서 전송효율이 상승되기도 한다.

(4) FDM과 TDM방식의 비교

FDM방식은 주파수 대역을 분할하여 다중화 하는 방식으로 각 채널이 서로 다른 주파수를 가지고, 전송 시간이 겹쳐서도 전송이 가능하지만, TDM 방식은 시간을 분할하는 방식으로 각 채널이 동일한 주파수를 사용하며, 각 채널 에 할당된 시간만 전송이 가능하다.

이것 말고도 여러 가지 차이점이 있는데 전체적인 FDM과 TDM의 차이점은 다음과 같다.

[FDM과 TDM의 비교]

	FDM	TDM
다중화	주파수 대역폭이 넓으면 TDM에 비해서 다중화가 용이하다.	많은 채널이 할당되면 시간적 지연(Delay)이 생길 수 있어 기술적 제한을 받는다.
동기	필요치 않다.	필요하다.
누화(혼선)	누화(혼선)가 많이 발생한다.	누화(혼선)가 발생하지 않는다.
상호변조	있다.	없다.
통화 회선	대역폭에 따라 회선수를 얼마든지 증가 시킬 수 있다.	증가 시킬 수 있는 통화 회선 수에 제한을 받는다.
시스템 구조 (단국장치)	시스템 구조가 비교적 간단하고, 저렴하다.	복잡하고 고가이다.
통신망 형태	multipoint 통신망에 적합하다.	point-to-point 통신망에 적합하다.

3.3 광대역 다중화기(Group Band Multiplexer)

광대역 데이터 회로를 위해 특별히 설계된 시분할 다중화기로서 비트 삽입식 시분할 다중화기이다. 여러 가지 다른 속도의 동기식 데이터를 한데 묶어서 광대역을 이용하여 전송할 수 있게 하고 사용 가능한 속도는 2400[bps]에서 56[Kbps]까지 사용할 수 있다. 보통은 4800, 7200, 9600, 19200[bps] 등이 사용하며 고속 링크 측 채널속도는 19.2[Kbps]에서부터 1.544[Mbps]까지 이고 보통은 38.4, 40.8, 50, 56, 64, 230.4[Kbps]가 사용된다. 즉 고속의 송 · 수신을 하기 때문에 수신측과의 정확한 동기를 유지하기 위해 별도의 동기용 채널(Sync channel)을 가져야 한다.

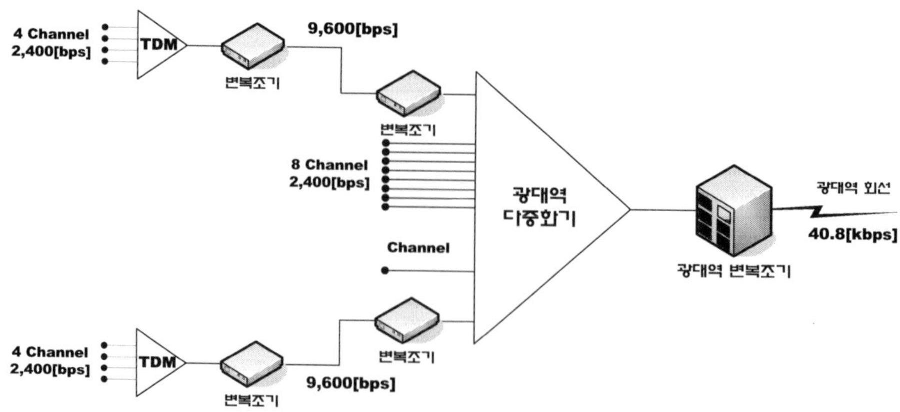

[광대역 다중화기 구성도]

3.4 역 다중화기(Inverse Multiplexer)★

2개의 음성 대역폭을 이용해서 광대역에서 얻을 수 있는 통신 속도를 이용한다. 다른 다중화기와 반대로 고속 데이터 스트림을 2개의 낮은 속도의 데이터 스트림으로 변환하여서 변 · 복조기를 통해 전송하고 수신측에서 다시 2개의 낮은 속도의 데이터 스트림을 합해서 고속의 데이터 스트림을 만들어서 이용한다. 모든 입력되는 직렬비트열은 두 개의 경로로 나누어져 있으며 모든 홀수 번째 비트가 한 경로로 모든 짝수 번째 비트는 다른 경로로 전송된 다음 수신측에서 본래의 차례대로 만들어서 보낼 수 있다.

(1) 특징

① 라인플렉서 또는 바이플렉서라고도 한다.

② 한쪽 채널이 고장 나면 속도는 느리지만 다른 쪽 채널로 운용이 가능하다.

③ 2개의 별도의 채널이 지닌 상대적 지연 때문에 생긴 비트열의 혼란을 방지하기 위해서 순환 기억 장치(Circulating Memory)가 필요하다.

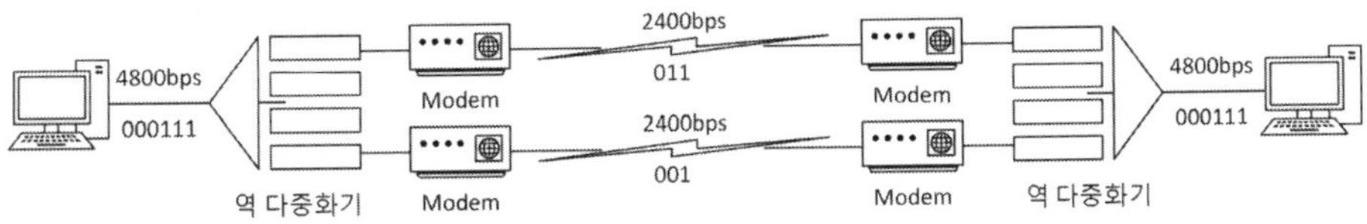

[역 다중화기]

실전문제 1 **다음 중 2개의 음성대역폭 회선을 이용하여 광대역에서 얻을 수 있는 통신 속도를 갖는 것은?**

가. 다중화기 나. 역 다중화기

다. 지능 다중화기 라. 시분할 다중화기

답 나

실전문제 2 **다음 중 역다중화기에서 두 개의 별도의 채널이 지닌 상대적 지연 때문에 생기는 비트열의 혼란을 조정해주는 것은?**

가. Port selector 나. Modem

다. DSU 라. Circulating Memory

답 라

4 집중화장비(Concentrator)

하나의 고속 회선에 여러 개의 저속 회선을 연결해서 전송해 주는 장비로서 시간의 동적인 할당으로 실제로 보낼 데이터가 있는 단말장치에만 시간 폭을 할당해 주는 장비로서 다중화기의 지능적 TDM과 비슷한 원리를 가지고 있다.

(1) 특징

① 입력회선의 수는 출력회선의 수보다 같거나 많다.(A+B+C+D ≥ Z)

② 동적인 방법을 통해서 실제로 데이터가 있는 단말장치에게만 시간 폭을 할당한다.

③ 마이크로프로세서가 내장된 지능형 다중화기는 집중화기의 역할을 수행 할 수도 있다.

④ 중앙처리장치, 다수선로제어기, 단일회선제어기 등으로 집중화기의 하드웨어가 구성된다.

(2) 기능

① **메시지 스위칭** : 입력 데이터를 모아서 어떤 처리 기준에 따라 집중화되도록 처리한 다음 시스템에 연결된 1개 또는 2개 이상의 선로에 메시지를 전달하는 기능을 한다. 즉, 메시지 교환 방식의 메시지 교환기와 같은 기능을 수행하므로 축적, 처리 후 목적지로 메시지를 전달되는 기능을 가지고 있으며 이를 위해서 에러관리, 버퍼관리기능 등을 갖는다.

② **순수한 경쟁선택** : 집중화기가 단순한 포트 셀렉터를 운용하는 것이다.

③ **원격 네트워크 프로세싱** : 원격지에서 집중화기로 요구되는 입력 데이터를 중앙처리장치에 전송하는 기능으로 원격 네트워크 프로세싱 자체에 부착된 라인프린터, 카드리더기, 카드 펀치 등이나 자체 처리 기능을 이용하여 입력된 데이터를 자체 처리한 후 입력회선에 되돌려 주는 역할을 한다.

④ **집중화**

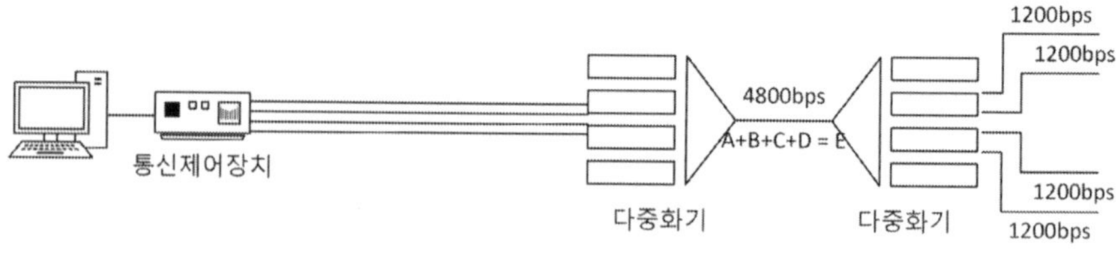

(a) 다중화 장비

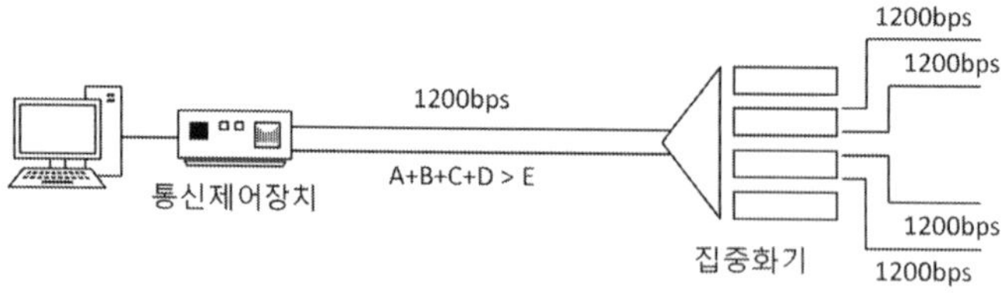

(b) 집중화 장비

[다중화 장비와 집중화 장비]

[다중화기와 집중화기의 비교]

특징	다중화기	집중화기
제어기	논리적인 제어로 고속회선	프로세서로 제어
부수적인 채널 할당 방법	정적인 할당(고정)	동적인 할당(가변)
부수적인 채널 속도의 합	고속 링크 측 속도와 같다.	고속 링크 측 속도보다 크거나 같다.
개별회선연결	물리적 연결	논리적 연결

5 공동이용기

데이터 통신을 하기 위해서 공동 이용기를 사용하는데 원리는 비싼 가격의 컴퓨터를 여러 대의 단말기가 공동으로 이용하기 위한 장비로서 모뎀 공동 이용기, 선로 공동 이용기, 포트 공동 이용기, 포트선택기 등이 있다.

네트워크 구성을 단순화함으로써 비용절감 효과를 기대할 수 있다.

(1) 공동 이용기를 사용할 때 주의사항

① 부착 가능한 터미널의 수

② 접속 가능한 변 · 복조기의 종류

③ 공동이용기와 터미널 사이의 거리

5.1 모뎀 공동 이용기(Modem Sharing Unit : MSU)

① 여러 대의 터미널이 한 대의 변 · 복조기를 공동으로 사용할 수 있는 장비

② 폴링 방식에 의해서 망 제어가 이루어지는 경우에 사용되고 폴링 방식에 의한 접속으로 네트워크 구성이 간단하고 저렴한 비용으로 사용이 가능하다.

③ 폴링 방식을 사용하기 때문에 우선순위가 정해져 있다.

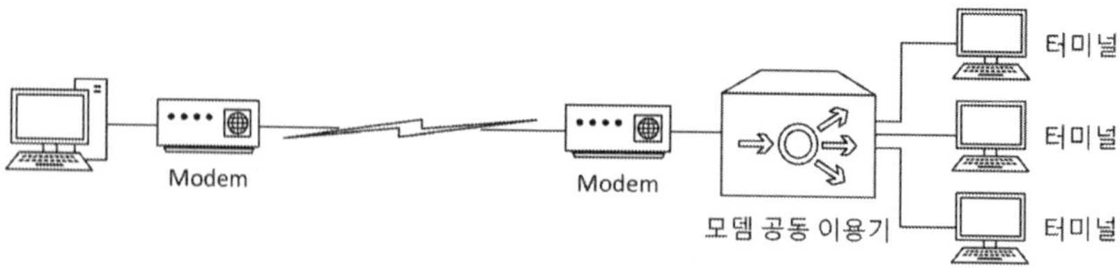

[모뎀 공동 이용기 구성도]

5.2 선로 공동 이용기(Line Sharing Unit : LSU)

① 여러 대의 터미널이 하나의 선로를 공동으로 이용할 수 있는 장비

② RS-232C 방식에 의한 접속으로 15(m)이내에만 접속이 가능

③ 내부에 타이밍 소스가 있어 모뎀 없이도 정확한 타이밍 판정이 가능하다.

④ 폴링 방식에 의해서 망 제어가 이루어지는 경우에 사용된다.

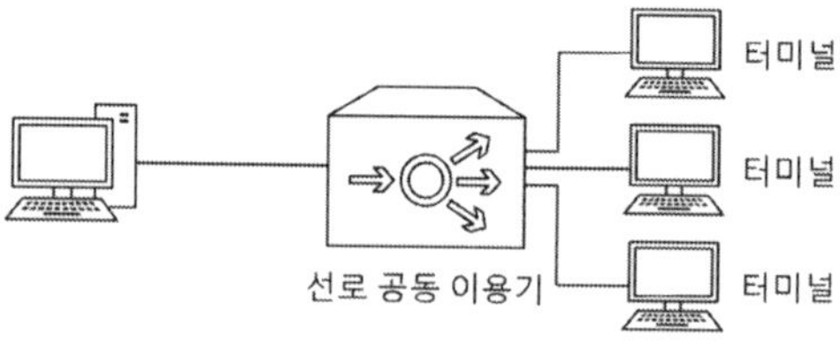

[선로 공동 이용기 구성도]

[모뎀 공동이용기와 선로 공동 이용기의 비교]

	모뎀 공동 이용기	선로 공동 이용기
사용거리	원거리	근거리
접속	모뎀의 접속	컴퓨터에 접속(RS-232C케이블 이용)
내부 타이밍 소스	없다.(모뎀의 타이밍 소스 이용)	있다.

5.3 포트 공동 이용기(Port Sharing Unit : PSU)

① 컴퓨터와 모뎀 사이에 위치하여 여러 대의 터미널이 하나의 포트를 공동으로 이용할 수 있도록 만든 장비이다.

② PSU는 MSU나 LSU의 보충장비로 사용이 가능하다.

③ 폴/셀렉터 프로토콜을 이용한다.

④ 여러 대의 터미널이 하나의 포트를 이용하므로 포트의 비용을 줄일 수 있다.

⑤ 컴퓨터와 가까운 거리에 있는 터미널이나 원격지 터미널에 모두 사용이 가능하기 때문에 거리적인 제한이 없다.

⑥ 모뎀 공동 이용기를 이용하는 경우에는 공동 이용기 자체 혹은 선로나 변 · 복조기의 고장 시 모든 단말기가 운영이 불가능한 단점이 있으나 포트 공동 이용기는 상관없이 사용할 수 있다.

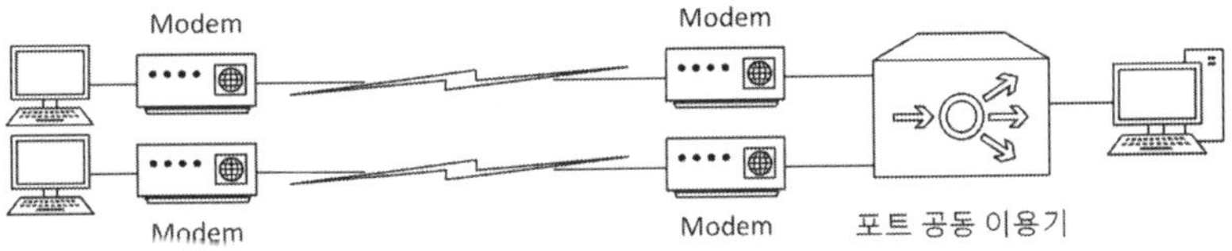

[포트 공동 이용기 구성도]

[MSU/LSU와 PUS의 특성 비교]

구분 \ 비교항목	MSU와 LSU	PUS
모뎀의 수	2 ~ 32	2 ~ 6
송신모드	방송형태	
수신모드	경쟁방식	
단말기의 접속	폴에 의한 접속	
인터페이스	RS-232C 인터페이스	로컬인터페이스
표준인터페이스의 위치	모뎀과 터미널 사이	컴퓨터 포트와 모뎀사이

5.4 포트 선택기(Port Selector : PS)

① 컴퓨터 포트와 단말기 사이에서 사용하여 컴퓨터 포트의 증가 없이 다수의 단말기를 연결하여 평균 이용률이 낮은 포트에 입력 데이터를 전송하여 전처리기기의 사용효율을 얻을 수 있다.

② 컴퓨터 포트의 이용을 원하는 터미널에 비상용 중인 포트를 할당하는 방식이다.

③ 포트의 평균 이용률은 50[%]정도 낮으므로 낮은 이용률 개선을 위해 이용된다.

④ 컴퓨터 측의 포트 셀렉터는 입력 측의 모든 포트를 검사하고 동시에 단말기의 입력 데이터가 들어올 때 출력 포트를 연결시켜 주기 위해서 사용률이 낮은 출력 포트를 계속 검사한다.

⑤ 컴퓨터 측의 운영과 원격지 측의 운영이 가능하다.

⑥ 폴링 네트워크에서 포트 공동 이용기를 이용하는 데 경쟁 선택 네트워크에서는 포트 선택기를 이용한다.

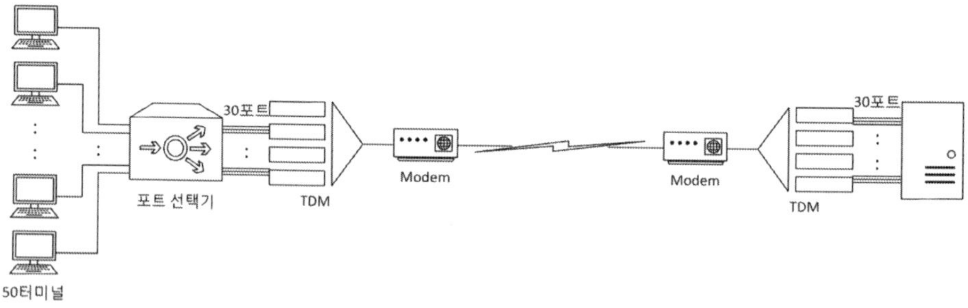

[포트 선택기]

CHAPTER 5

무선통신기기

1 전파의 성질

reference 전자파의 정의

전자파는 전계(E)와 자계(H)라는 매질이 90° 차이를 두고 움직이며 그 진행방향($E\times H$)과 직각으로 진동하며 전진하는 파이다.

① 전파는 횡파이며 평면파이다.

※ 횡파 : 매질의 진동 방향과 직각인 방향으로 진행하는 파를 말한다.

② 전자파의 속도(V)는

$$V=\frac{1}{\sqrt{\epsilon\mu}}=\frac{1}{\sqrt{\epsilon_o\mu_o}}\cdot\frac{1}{\sqrt{\epsilon_s\mu_s}}=\frac{C}{\sqrt{\epsilon_s\mu_s}}=\frac{3\times10^8}{\sqrt{\epsilon_s\mu_s}}[\mathrm{m/sec}]\text{이다.}$$

$$\epsilon_0(\text{공기의 유전율})=\frac{1}{36\pi}\times10^{-9}[F/m],\ \mu_0(\text{공기의 투자율})=4\pi\times10^{-7}[H/m]$$

즉, 투자율이나 유전율이 클수록 속도가 늦어진다.(전파의 속도는 공간상의 매질의 종류에 따라 달라짐을 의미한다.)

전파의 속도(V)는 자유공간($\epsilon_s=\mu_s=1$)에서는 광속도(C)와 같다.

③ 위상속도(V_p)와 군속도(V_g)의 곱은 광속도(C)의 제곱과 같다.

$\Rightarrow V_p\cdot V_g=C^2$

④ 전파는 빛의 성질과 비슷하데 다음과 같은 성질을 갖는다.

- 반사와 굴절성
- 전자파는 주파수가 낮을수록 회절 현상이 심하고 주파수가 높을수록 직진성을 갖는다.
- 편파성
- 간섭성
- 감쇠 및 편파성

2 전파의 분류

약자	주파수의 분류	주파수 범위	파장 범위
VLF(초장파)	Very Low Frequency	30[kHz]이하	10[km]이상
LF(장파)	Low Frequency	30 ~ 300[kHz]	1 ~ 10[km]
MF(중파)	Medium Frequency	300 ~ 3,000[kHz]	100 ~ 1,000[m]
HF(단파)	High Frequency	3 ~ 30[MHz]	10 ~ 100[m]
VHF(초단파)	Very High Frequency	30 ~ 300[MHz]	1 ~ 10[m]
UHF(극초단파)	Ultra High Frequency	300 ~ 3,000[MHz]	10 ~ 100[cm]
SHF(센티미터파)	Super High Frequency	3 ~ 30[GHz]	1 ~ 10[cm]
EHF(밀리(미터)파)	Extra High Frequency	30 ~ 300[GHz]	1 ~ 10[mm]

3 파장에 따른 전파의 특성

3.1 장파

장파는 주로 지표파에 의해 전파된다.

(1) 지표파의 전파

① 지표파는 도전율이 클수록, 유전율이 작을수록 감쇠가 적다.

② 지표파는 낮은 주파수(긴 파장)일수록, 수식편파일수 록 감쇠가 적다.

③ 전계강도가 큰 순서대로 나열하면 해상, 해안, 평야, 구릉, 산악, 시가지 순이다.

3.2 중파

중파는 지표파와 E층 전리층 반사파에 의해 전파된다.

3.3 단파

단파대의 주요전파는 주로 전리층반사파(F층)에 의해 이루어진다.

> **reference 단파통신의 특징**
>
> ① 혼신의 영향을 받기 쉽다.
> ② 지향성이 예민한 송수신 안테나의 이용이 용이하다.
> ③ 소전력으로 원거리 통신회선이 구성될 수 있다.
> ④ 페이딩, 델린져 현상, 에코, 산란 등의 영향을 받는다.

3.4 초단파대 이상

초단파대 이상의 주파수는 직접파와 대지 반사파에 의해 전파된다.

(1) 가시거리 내의 전파

① 직접파와 대지반사파에 의해 통신을 행할 수 있다.

② 전파의 실제 가시거리는 대기의 굴절현상 때문에 기하학적(광학적) 가시거리보다 약간 멀다.

③ 신틸레이션 페이딩, K형 페이딩, 감쇠형 페이딩, 산란형 페이딩, duct형 페이딩이 발생 한다.

④ 해상전파는 육상전파에 비해 불안정하고 심한 페이딩을 받는다.

(2) 초가시거리 전파

① 산악회절파, radio duct, 대류권 산란파, 산재 E층에 의한 전파, 전리층 산란파를 이용해 초단파대 초 가시거리 통신을 행할 수 있다.

② 산악회절파는 송 · 수신점의 중간에 산악이 있어야 하는 등의 지리적 제한을 받으나

손실이 적기 때문에 많이 사용된다.

③ radio duct와 산재 S층에 의한 전파는 시간적, 공간적으로 불안정하여 고정통신용으로는 사용할 수 없다.

④ 대류권 산란파와 전리층 산란파는 안정회선을 구성할 수 있어 실용화되어 사용되고 있다.

(3) 마이크로파 통신의 특징

① 직접파를 이용하며 원거리 통신을 하기 위해서는 다수의 중계소를 필요로 한다.

② 예민한 지향성과 고이득을 가진 안테나를 소형으로 만들 수 있다.

③ 전파손실이 적고 외부잡음의 영향이 적어 S/N비를 크게 할 수 있다.

④ 광대역성이 가능하다.

⑤ PTP(Point To Point) 통신이 가능하다.

⑥ 회선 건설기간이 짧고 경비가 저렴하며 재해 등의 영향이 적다.(회선구성의 융통성)

4 지표파

지표파란 지표면을 따라 전파해가는 전파로, 장 · 중파의 주요전파이며 지면의 요철에 큰 영향을 받지 않는 특징을 가진다.

지표파는 대지를 따라 전파해감으로 대지가 지표파에 영향을 미치게 되며 지표파의 전계강도, 편파면, 전파속도에 미치는 영향으로는 다음과 같다.

4.1 대지가 지표파 전계강도에 미치는 영향

① 지표파의 전계 강도 E는 $E = \frac{120\pi Ihe}{\lambda d}[V/m]$이다.

② 대지의 도전율이 클수록, 유전율과 투자율이 작을수록 감쇠는 적어진다.

③ 주파수가 낮을수록 감쇠가 적다.

④ 수직편파 쪽이 수평편파 쪽보다 감쇠가 적다.

⑤ 전계강도의 감쇠는 해수, 습지, 건지 순으로 커진다.

⑥ 전계강도가 큰 순서대로 나열하면 해상, 해안, 평야, 구릉, 산악, 시가지 순이다.

4.2 직접파

VHF대 이상의 전파는 송신점에서 복사된 전파가 수신점에 직접 도달하는 직접파에 의해 주로 전파된다.

4.2.1 가시거리

(1) 기하학적 가시거리

$$d = 3.57(\sqrt{h_1} + \sqrt{h_2})[km]$$

(2) 등가지구와 등가지구 반경계수

① **등가지구** : 실제 지구보다 더 큰 지구를 가상하면 전파통로를 직선으로 취급할 수 있으며 이러한 지구를 등가지구라 한다.

② **등가지구 반경계수(K)** : $K = \frac{\text{등가지구반경}(R)}{\text{실제지구반경}(r)}$

온대(중위도)지방 : $K = \frac{4}{3}$, 열대(저위도,적도)지방: $K = \frac{4}{3} \sim \frac{3}{2}$, 한대(고위도,극한

대방: $K = \frac{6}{5} \sim \frac{4}{3}$

(3) 전파 가시거리

$$d = 4.11(\sqrt{h_1} + \sqrt{h_2})[km]$$

4.2.2 전파투시도(지형단면도)

대기의 굴절률이 수직방향으로만 변화한다고 가정하고(수평방향으로는 일정) 송 · 수신점을 포함해 대지에 수직으로 그림 지형 단면도를 전파투시도라 하면 다음과 같은 특징을 갖는다.

① 전파통로를 나타내는 지형단면도로 profile map 이라고도 한다.

② 전파통로상에서 수직방향의 장애물을 살펴볼 때 편리하다.

③ 등가지구 반경계수 K를 고려해서 작성해야 하며, 이렇게 함으로써 전파통로를 직선으로 취급할 수 있게 된다.

5 대류권에서의 페이딩

5.1 생성원인에 따른 분류

(1) 신틸레이션 페이딩(scintillation fading)

대기중의 와류에 의해 유전율이 불규칙한 공기뭉치가 발생하고 여기에 입사된 전파는 산란을 하게 된다.

① **전계강도의 변화폭** : 2~3[dB]

② 주기가 빠르고 불규칙하다.

(2) K형 페이딩

대기의 높이에 따라 굴절효과가 다르기 때문에 생기는 페이딩으로 이는 곧 등가지구 반경계수 K가 변화하기 때문에 생기게 되므로 K형 페이딩이라 한다.

(3) 감쇠형 페이딩

비, 구름, 안개등에 의한 대기에 의한 흡수 및 감쇠상태나 산란상태가 변화하기 때문에 발생하는 페이딩

(4) 산란형 페이딩

수신된 산란파가 다수 간섭파의 합성이기 때문에 발생되는 페이딩

(5) duct형 페이딩

전파통로상에 radio duct가 발생할 때 나타나는 페이딩으로 마이크로파대에서 실용상 문제가 되며 전계강도의 변동폭이 크다

6 AM 송신기

송신기란 고주파 에너지를 발생시켜 이것을 증폭하고 체배하여 원하는 주파수로 신호를 변조한 후 규정된 출력으로 만들어 안테나를 통해 방사시키는 장치로서 발진부, 변조부, 전원부, 증폭부로 구분되어 있다.

(1) 송·수신기용 발진기가 갖추어야 할 조건

① 주파수의 안정도가 우수할 것

⇒ 안정도가 높은 수정발진기를 많이 사용한다.

② 전원 전압이나 온도 및 습도의 변화에 대해서 발진출력이 안정할 것

⇒ 항온조를 사용하여 온도 및 습도의 변화에 의한 발진주파수 변동을 막는다.

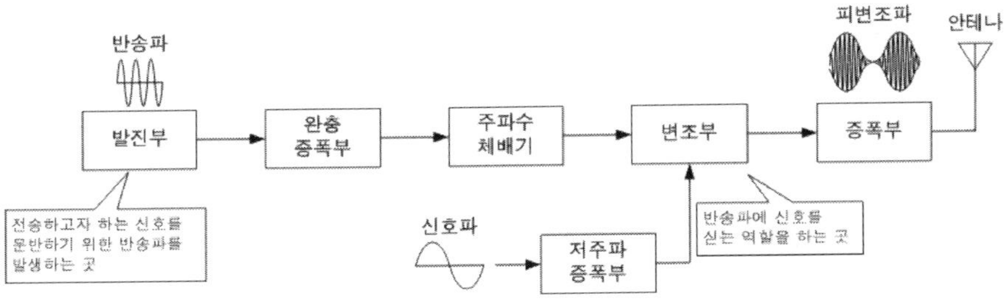

③ 고조파가 적을 것

④ 주파수의 미조정(세밀 조정)이 용이할 것

⑤ 부하 변동에 영향을 받지 않을 것

⇒ 발진기 다음 단에 완충증폭기를 설치하여 부하변동에 따른 발진주파수의 변동을 방지한다.

⑥ 후단에 연결되는 증폭부를 여진 하는데 필요한 출력을 가질 것

⑦ 주파수를 변환 조작이 간단하고, 신속 확실 할 것

7 LC 발진기 주파수 변동원인과 대책

① 전원의 안정도를 높인다.(전원전압 변동 ⇒ 정전압 회로)

② 주위 온도 변화에 따른 주파수 변동을 막기위해 항온조를 사용한다.(온도변화 ⇒ 항온조)

③ 발진기와 출력 단 사이에 완충증폭기를 넣는다.(부하변동, 진동, 충격 ⇒ 완충 증폭기)

④ 발진기의 동조회로에 Q가 높은 부품을 선택한다.

⑤ 발진기와 코일과 콘덴서의 온도계수를 상쇄하도록 부품을 선택한다.(부품 불량 ⇒ 교체)

⑥ 동조점 불안정 ⇒ 동조 점을 약간 벗어나게 선택

8 수정발진기의 발진주파수 변동 방지 대책

① 수정 공진자를 항온조 내에 둔다.

② 정전압 회로를 사용한다.

③ 부하와의 사이에 완충 증폭기를 사용한다.

④ Q가 높은 수정 공진자를 사용한다.

⑤ 온도계수가 낮은 수정 공진자를 사용한다.

⑥ 발진부의 전원은 별도로 사용한다.

9 완충증폭기(buffer amplifier)의 특성

① **위치** : 발진기 다음 단에 설치

② **목적** : 부하변동에 따른 발진주파수의 변동을 방지하기 위하여

③ **증폭 방식** : 증폭 목적이 아니기 때문에 A급 증폭 방식을 사용

④ 인입현상을 방지하기 위하여 독립된 전원을 사용

10 Spurious 발사

(1) 고조파

$$\text{고조파 왜율(K)} = \frac{\sqrt{\text{제2고조파}^2 + \text{제3고조파}^2 + \cdots}}{\text{기본파}} \times 100\%$$

(2) Spurious 방사 대책

① 전력증폭기의 여진 전압을 가급적 적게 한다.

⇒ 필요이상 높게 취하면 고조파 성분이 많아진다.

② 전력 증폭부를 B급 Push-Pull 증폭기를 사용

⇒ Push-pull 전력증폭기를 사용하면 우수 고조파가 자동으로 상쇄되기 때문 출력파형의 찌그러짐이 작아지고 전원전압에 포함되어 있는 hum이 줄어든다.

③ 공중선 회로의 결합에 π 형 결합회로를 사용한다.

⇒ π 형 결합회로는 자체 LPF 기능을 가지고 있다.

④ 종단증폭부 공진회로의 Q(선택도)를 높게 한다.

⑤ 급전선에 저역 여파기나 트랩(Trap)을 설치한다.

11 SSB 통신 특징(DSB 방식과 비교)

① 점유주파수 대폭이 1/2로 되어 주파수 이용률이 좋아진다.

② 저 전력으로 양질의 통신이 가능하다.

③ 선택성 fading의 영향이 적어 S/N가 개선된다.

④ 비화성이 있다.

⑤ 수신기에 동기용 국부발진기가 필요하다.(단점)

⑥ 반송파가 없어 AGC, AVC 회로 부가가 어렵다.(단점)

⑦ 송 · 수신기 회로가 복잡하고 비싸다.(단점)

12 전력 비교

① DSB $P_m = P_c\left(1+\frac{m^2}{4}+\frac{m^2}{4}\right) = P_c\left(1+\frac{m^2}{2}\right)$

100% 변조시 $(m=1)$ $\therefore P_m = 1.5P_c$

② SSB $P_m = P_c \cdot \frac{m^2}{4}$

100% 변조시 $(m=1)$ $\therefore P_m = 0.25P_c \Rightarrow \therefore \frac{1}{6}$ 배 감소

> reference **평균전력 비교**
>
> $$\frac{P_m}{P_S} = \frac{P_c\left(1+\frac{m^2}{2}\right)}{\frac{m^2}{4}P_c} = \frac{2(2+m^2)}{m^2}$$

13 FM 송신기 특징

> reference **AM 통신방식과 비교한 FM 통신방식의 특징**
>
> ① S/N가 좋다.
> ② 잡음 및 레벨 변동의 영향이 적다.
> ③ 수신 주파수대역이 넓다.(단점)

13.1 직접 FM 변조 방식

※ 자려발진기에 가변 리액턴스소자(가변용량 Diode, 리액턴스 등)를 접속하고, 신호파에 따라 인덕턴스를 변화시켜 발진 주파수를 직접 변화시키는 방식.

① 주파수 안정도가 나쁘다 → LC발진기 사용

② 주파수 체배단이 적다

③ AFC 회로가 필요하다

④ 높은 주파수 편이(Δf)를 얻을 수 있다.

⑤ Spurious 발사가 적다.

13.2 간접 FM 변조방식

간접 FM이란 신호파를 전치보상회로를 이용해 적분한 다음 PM파를 얻은 후 다시 FM파를 얻는 방식을 말한다.

① 주파수 안정도가 좋다. → X-tal 발진기 사용

② 많은 주파수 체배단 필요

③ AFC가 필요 없다.

④ 주파수 편이(Δf)가 낮다. → 직선성이 나빠서

⑤ Spurious 발사가 많다.

⑥ Pre-distortor (전치보상기) 필요 → PM에서 FM을 얻기 위해

	직접 FM 방식	간접 FM 방식
발진기	LC발진기	수정발진기
변조기종류	① Hartley 발진기 ② 가변 리액턴스를 이용한 변조기 ③ Varactor diode를 이용한 변조기 ④ 반사형 클라이스트론을 이용한 변조기	① Amstrong 발진기 ② 이상법 변조기 ③ Vector 합성법에 의한 방법 ④ Serasoid 변조기

13.3 변조지수

$$m_f = \frac{\Delta f}{f_s} \qquad \begin{cases} f_s : \text{신호파} \\ m_f : \text{변조지수} \\ \Delta f : \text{최대주파수 편이} \end{cases}$$

13.4 대역폭(Band Width)

$$BW = 2(f_s + \Delta f) = 2f_s(1 + m_f)$$

13.5 송신기 보조회로

(1) Pre-distortor (전치보상기)

① 적분회로.

② PM파로서 등가적인 FM파를 얻기 위하여 위상변조기 전단에 사용하는 회로

③ 입출력 신호 사이에는 90° 위상차를 갖는다.

(2) Pre-emphasis

① 송신 신호 중 특정 주파수 이상의 주파수 신호가 이득이 현저하게 떨어지는 현상 때

문에 송신측에서 변조하기 전 신호파의 특정 주파수 이상의 주파수에서 이득을 크게 해주는 회로이다. (미분회로)

② 높은 주파수에 대한 S/N비 개선

$$\tau = CR_1 [\text{sec}]$$

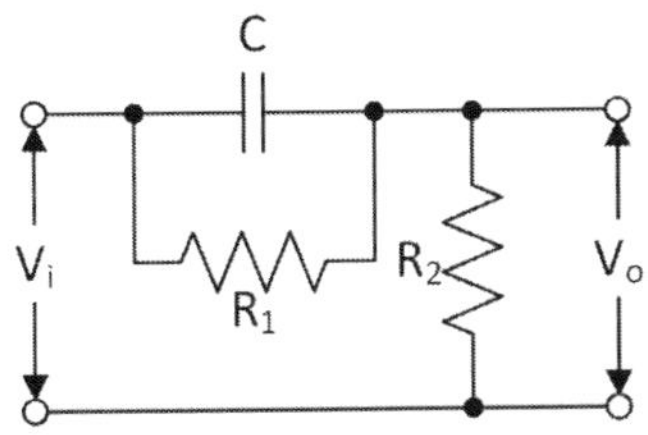

[프리엠파시스(Pre-emphasis)]

(3) 순시편이제어회로(IDC: Instantaneous Deviation Control)

FM 변조에서 최대 주파수 편이가 규정 값을 넘지 않도록 하는 회로

(4) 주파수 안정회로

① PLL(Phase-Locked-Loop), AFC(Automatic Frequency control), APC(Automatic Phase control)

14 수신기 양부판정 기준

(1) 감도(Sensitivity)

미약한 전파 수신정도(주로 종합 이득과 내부 잡음에 의해 결정)

(2) 선택도(selectivity)

희망 신호 이외의 신호의 분리 정도

(3) 충실도(Fidelity)

전파된 통신 내용을 수신, 본래의 신호로 재생 정도

(4) 안정도(Stability)

재조정을 하지 않고, 장시간 일정 출력을 얻는 정도를 의미하는 것으로 국부 발진기 및 증폭기 등의 안정도에 의해 결정되며 부품의 노후화 또한 큰 영향을 미친다.

15 영상주파수 방해(혼신)(Image Frequency Interference)

① 영상혼신 주파수(f_I)=수신 신호주파수(f_r)+2×중간주파수(f_i)

② 국부발진 주파수(f_L) : $f_L = f_r + f_i$

16 고주파 증폭기(RF Amp : Radio Frequency Amplifier)의 설치 목적

① 영상 주파수 선택도 개선

② 공중선 회로와 정합

③ 불요전파 방사 억압

④ 수신기 감도 향상

⑤ 수신기 전체의 S/N비의 개선

⑥ 국부발진기에 의한 전파가 공중선에 복사되는 것을 방지(스퓨리어스 발사 억제)

17 수신기 보조회로

① **자동 이득 제어회로**(AGC: Automatic Gain Control) : 수신 전계강도 변화에 증폭기 이득을 제어하여 수신기 출력을 일정하게 유지.

② **지연 이득 제어회로**(DAGC: Delay Automatic Gain Control) : 일정한 Level 이상의 전파에서만 AGC가 동작.

③ **자동 주파수 제어회로**(AFC: Automatic Frequency Control) : 발진 주파수 편차를 검출하여 발진 주파수를 일정하게 유지시킨다. AFC는 송 · 수신기에 모두 이용되며 온도 영향을 받지 않기 위하여 기준 주파수와의 비교 발진기는 항온조에 수용한다.

④ **자동 선택도 제어회로**(ASC) : 수신전파가 약할 때 선택도를 높게 하여 혼신을 적게 하는 회로.

⑤ **자동잡음 억제회로**(ANL: Automatic Noise Limiter) : AM 수신기 보조회로로 불규칙한 특성을 갖는 충격성 잡음 등을 억제하는데 주로 사용된다.

⑥ **비트 주파 발진기**(BFO: Beat Frequency Oscillator)

18 FM 수신기의 특징(AM 수신기와의 차이점)

(1) S/N가 좋다.

(2) 수신 주파수대역이 넓다.(단점)

(3) 보조회로의 종류

① Limiter (진폭제한기)

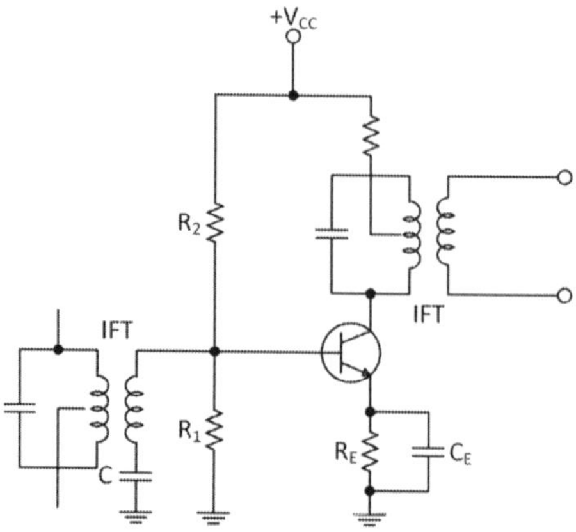

[진폭제한기(Limiter)]

트랜지스터를 이용한 리미터(Limitter) 회로 특징

① 컬렉터의 바이어스 전압을 가능한 낮게 설정해야 출력포화로 인한 진폭 제한의 기능을 잘 수행한다.
② R1을 크게 하면 V_{be}가 증가되어 트랜지스터의 컬렉터 전류가 증가하게 됨으로써 우수한 진폭제한기의 기능을 수행 수 없게 된다.
③ 콘덴서 C는 IF 이외의 높은 주파수의 잡음 신호를 제거하는 기능을 한다.
④ RE 값을 적게 하면 출력신호의 포화가 빨리 일어나 진폭제한기의 기능을 한다.

- 용도: 잡음이나 혼신 등으로 인해 본래의 FM파 이외의 성분을 제거.
- 위치: 중간주파증폭기 뒷단에 위치
- 특성곡선

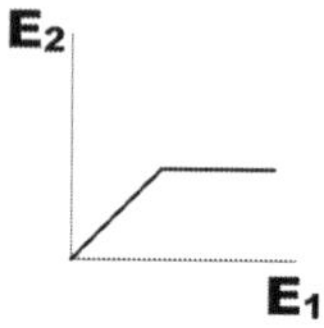

② **주파수 변별기**(Frequency Discriminator)

FM파의 주기 변화를 진폭변화(AM파)로 바꾸는 회로(Foster-Seely형, Ratio 형)

③ **Squelch(=Muting)회로**

FM 수신기는 입력된 신호가 없을 때 Limiter가 동작하지 않아 큰 잡음이 발생하므로 입력된 신호가 없을 때는 저주파 증폭단의 입력을 차단하고 입력된 신호가 있을 때는 저주파 증폭단의 입력을 개방시켜주는 잡음 억제회로를 squelch 회로라 한다.

⇒ 입력신호가 없거나, 잡음 Level이 신호 Level보다 클 경우 AF(저주파 증폭기) 차단하여 내부 잡음을 억제시키는 회로이다.

④ **De-emphasis : 고주파 신호 Level을 억제(적분회로: LPF)**

⇒ FM무선통신에서 낮은 주파수에서는 잡음 전력이 작으나 주파수가 높아짐에 따라 잡음 전력이 현저히 증가하게 된다. 따라서 송신 쪽에서 변조하기 전 신호파의 특정 주파수 이상의 주파수에서 이득을 강하게 하는 회로가 필요 하는데 이를 Pre-emphasis 라 한고 수신 쪽에서는 다시 원상태로 되돌리기 위하여 고주파 신호 Level을 억제하는 회로가 필요 하는데 이를 De-emphasis 라 한다.

19 Ratio 형의 특징(Foster-Seely형 과 다른 점)

① Diode 접속 방향이 다르다 (F-S형→병렬, Ratio→직렬)

② 출력단자가 다르다. (F-S형→부하저항 하단 접지, Ratio→중성점 접지)

③ 비검파기는 부하저항과 병렬로 대용량 Condenser 접속.

임펄스성 잡음제거, Limiter역할 (Limiter 단수를 적게 할 수 있다.)

④ Ratio →진폭제한기능 (Limiter 불필요)

Foster Seely형 → 출력이 입력파 크기에 비례하므로 앞단에 Limiter필요.

⑤ 검파감도 → 비검파기는 감도가 약하여 Limiter 단수를 적게 할 수 있다.

⑥ 출력감도 → Foster Seely형의 약 1/2. (2:1)

CHAPTER 6

유선통신기기

1 송화기(Transmitter)
2 수화기(Receiver)
3 Push-Button dial
4 측음방지회로(Anti Side Tone Circuit)
5 키폰
6 교환기
7 전자교환기의 특징
8 축적프로그램의 장점
9 제어장치의 보호형태
10 교환기 프로그램
11 전전자교환기 정합장치
12 최번 시(Busy Hour)
13 트래픽 단위

1 송화기(Transmitter)

음파(공기 중의 진동)를 전기적인 신호(음성전류)로 변환하는 원리를 말한다.

2 수화기(Receiver)

전기적인 신호를 음성적으로 변환하는 것을 말한다.

3 Push-Button dial

고군의 주파수 부분과 저군의 주파수 부분 2개의 직교 교류주파수 조합으로 버튼을 누르면 신호가 인가되어 방진기가 동작하여서 지정된 발진주파수의 신호(펄스)가 송출되어 숫자가 입력된다.

① 기계식과 전자식 교환기(Exchange)에서 사용하고 있다.

② 발진주파수의 신호를 직접 선로에 인가하여 직접적으로 송출하므로 송출시간이 단축된다.

푸시톤식(톤) (단위 : Hz)

저군 \ 고군	1209	1336	1477
697	1	2	3
770	4	5	6
852	7	8	9
941	*	0	#

4 측음방지회로(Anti Side Tone Circuit)

측임이란 : 송화기에 가한 음성에너지 일부가 수화기로 들리는 것을 말한다. 송화의 능률적인 부분을 위해 적당히 있어야 한다.

5 키폰

5회선 미만의 선로를 구내에서 사용할 때 교환기 없이 내선전화로 사용할 수 있는 다기능 전화기를 말한다.

(1) 기능

① 회선을 선택하여 호출을 할 수 있는 기능

② 공동으로 연결된 전화기들을 연결해 주는 기능(인터콤 기능)

③ 호를 대기 상태로 만들어 두는 기능

④ 전용으로 전화를 사용할 수 있는 기능

6 교환기

다수의 단말기가 분포되어 있는 중심지역에서 가입자가 연결하고자 하는 회선을 접속하는 장치를 말한다. 구성은 통화로망과 제어장치로 구성된다.

(1) 교환기의 발전단계

수동식 → 기계식 → 전자식으로 발전

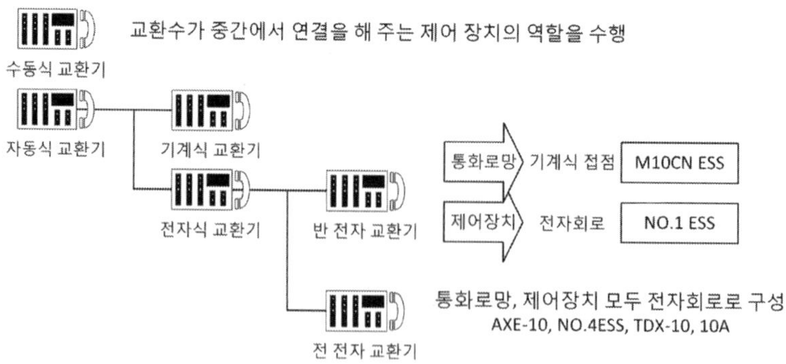

7 전자교환기의 특징

① 소형이기 때문에 설치 면적이 적다.

② 전력이 적게 소모 된다.

③ 신뢰성이 높다.

④ 잔고장이 없고 수명이 길다.

⑤ 중앙 집중형식이었던 공통제어장치의 수가 줄고 개별 형식의 계층분산제어가 증가한다.

⑥ 감도가 좋고 데이터 처리속도가 빠르다.

⑦ 자동으로 우회하는 기능이 있다.

8 축적프로그램의 장점

① 가입자에 대한 다양한 기능부여

② 고도의 신뢰성

③ 시설비가 저렴하다.

④ 속도와 크기에 상관없이 전송이 가능하다.

⑤ 기능의 변경이나 추가가 등의 융통성이 풍부하다.

9 제어장치의 보호형태

가입자에게 최대한 좋은 품질의 서비스를 제공하기 위해 시스템 다운을 방지하기 위해서 중요한 부분을 이중화하여 신뢰성과 안정도를 향상시킨다.

① **동작대기 방식** : 한 개의 CPU가 통화로 접속을 수행하고 있는 동안에 다른 하나의 동작중인 CPU는 장치를 점검하면서 대기상태에 있게 된다. 이 때 동작중인 CPU에 이상이 발생하거나 장애가 생기게 되면 대기 중인 CPU가 수행중인 작업을 계속해서 수행하는 방식

② **부하분담 방식** : 시스템 전체에 발생되는 통화량을 몇 개의 CPU가 나누어서 정확, 신속하게 처리하는 방식이다. 처리 능력의 45[%] 정도로 부하가 걸린다. 사용 중에는 여러 개의 CPU가 부하를 분담하여서 처리하나, 고장 이 났을 경우에는 다른 CPU가 전체 통화량을 모두 처리하는 방식

③ **동기운용 방식** : 동기 운용은 2개의 CPU가 설치되어 있으나, 동작대기방식과는 다르게 교환 작업을 동시에 수행하고 있다가 한쪽 CPU에 문제가 발생되면 나머지 1개 CPU가 서비스 중단 없이 계속해서 작업을 수행하는 방식이다. 여기서 2개의 CPU는 서로 동기로 동작.

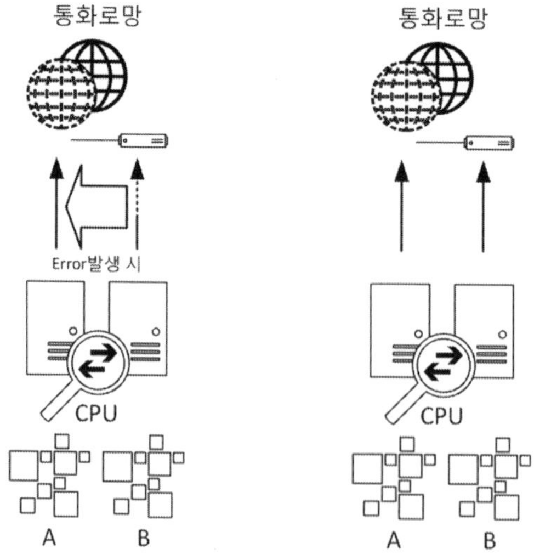

[동기 대기 방식] [부하 분담 방식]

10 교환기 프로그램

① **실행관리 프로그램** : 처리의 우선 도에 의해 프로그램을 실행 관리 하거나 입 · 출력 장치제어하고 메모리의 관리 등을 한다.

② **호 처리 프로그램** : 교환기의 호 처리 기능을 담당하는 입력처리와 내부처리 그리고 출력처리 등의 호출에 대한 접속 동작을 한다.

③ **보수운용 프로그램** : 장해진단/처리 및 운용관리 등을 한다.

11 전전자교환기 정합장치

(1) 중계선 회로 정합장치

중계회선과 직접 연결해서 중계선의 정합기능을 수행(GAZPACHO 기능)

[중계선 회로 정합장치]

기호	명칭	기능
G	Generation of frame	프레임 생성
A	Alignment of frame	프레임 배열
Z	Zero string suppersion	연속된 "0" 신호 억제
P	Polar conversion	양단 또는 그 역으로 변환
A	Alarm processing	경보 처리
C	Clock Recovery	블록발생으로
H	Hunt During Reframe	프레임동기회기능으로
O	Office signal	국가 신호의 삽입 및 추출

(2) 가입자선 정합장치

아날로그 가입자 회선과 직결되어 가입자선 정합 기능을 담당하고 있는 회로이다.(BORSCHT 기능)

[가입자선 정합장치]

기호	명칭	기능
B	Battery Feed	통화전류공급
O	Over Voltage Protection	낙뢰에 의한 과전압 보호
R	Ringing	20[Hz]Ring 신호 공급
S	Supervision	가입자선 상태감시, 다이얼펄스 검출
C	CODEC	A/D, D/A 상호변환
H	Hybrid	2선/4선 변환
T	Test	내 · 외선 시험

12 최번 시(Busy Hour)

하루 중 호가 가장 많이 발생하는 한 시간을 말한다. (09시~11시 사이)

① **최번 시 호수** : 최번 시에 통화 발생한 호의 개수
(교환설비설계의 기초)

② **최번 시 집중률** : 시내전화는 12~15[%] 정도

$$최번시\ 집중률 = \frac{최번시\ 호수}{하루\ 총\ 호수} \times 100$$

13 트래픽 단위

① **1시간 단위** : 1회선을 1시간(60분) 동안 보류했을 때의 트래픽 양

② **100초 단위** : 1회선을 100초 동안 보류했을 때의 트래픽 양

	단위	호량
1시간 단위	① Erl(erlang) ② TU(Traffic Unit)	$a_c = \frac{C_o \cdot h_o}{3,600}$
100초 단위	① HCS(Hundred Call Second) ② CCS(Cent Call Second) ③ UC(Unit Call)	$a_c = \frac{C_o \cdot h_o}{100}$

reference 호량의 상호 관계

Erl = TU　　HCS = CCS = UC　　1Erl = 36HCS　　1HCS = $\frac{1}{36}$ Erl

CHAPTER 7

무선이동통신

1 이동통신기기의 특징

① **간편성** : 기기의 성능이 뛰어나고, 손쉽게 사용할 수 있다.

② **이동성** : 언제, 어디서나 나의 포켓용으로 사용할 수 있다.

③ **공공성** : 기기의 기능만 알면 누구나 폭 넓게 사용할 수 있고, 기기의 기능을 몰라도 사용은 할 수 있다.

④ **저렴성** : 많은 사람이 사용하므로 기기의 가격이 떨어져서 누구나 저렴한 가격으로 기기를 이용할 수 있다.

2 이동전화의 구성

2.1 이동전화 단말기(Mobile Station : MS)

(1) 구성

① **제어장치(Control unit)** : 전화기의 모든 기능을 제어하고 전기적인 신호를 음성신호로 변경해 준다.

② **무선 송수신기** : 전파된 신호를 선이 없는 통신방식으로 가능하게 송신기와 수신기를 사용한다.

③ **안테나** : 전파를 보내거나 받을 수 있는 장치로서 여러 종류가 있지만 주로 루프(Loop), 무지향성 등이 많이 사용된다.

(2) 기능

① 무선채널 선택 능력

② 기지국과 무선채널 구성

③ Call set up을 위한 호 처리

④ 기능위치등록정보의 송출

2.2 이동전화 교환국 (Mobile Telephone Switching Office : MTSO)

(1) 구성

① Home Memory : 가장 핵심적인 부분으로서 단말기의 일련번호와 기본적으로 제어하고 저장하는 곳이다.

② Processor : 통신을 할 수 있도록 프로그램을 처리하는 곳이다.

③ Switching network : 연결망으로서 기지국과 단말기를 연결한다.

(2) 기능

① 자동차 전화 상호 접속

② 일반전화망과의 접속

③ 통화절체 기능(Hand Off = Hand over) : 통화중 이동 국이 이동하더라도 통화를 유지시켜주는 기능.

④ 통화 상대 번호, 가입자정보, 과금 등과 관련된 정보의 기록 저장 기능.

⑤ 위치검출, 등록기능

⑥ Roaming : 이동가입자가 등록한 시스템 이외의 다른 시스템이 관리하는 지역으로 이동하는 경우 연속적으로 시스템을 사용할 수 있도록 하는 기능.

실전문제 1 이동통신 시스템의 구성 요소 중 이동전화 교환국의 기능이 아닌 것은?

가. 핸드오버 및 로밍 기능
나. 단말기와 이동전화 교환국을 연결하는 기능
다. PSTN 교환기와 연결할 수 있는 기능
라. 기지국에 할당된 채널을 관리 통제하는 기능

답 나

2.3 무선 기지국(Cell Site : Base Station = BS)

(1) 구성

① **신호레벨 감시 장치** : 신호의 유무를 감지하고 신호레벨이 낮거나 높으면 적정하게 유지해주는 장치이다.

② Set-up **무선장치** : 재부팅을 할 수 있고 교환국의 내용이 변경되었을 경우 중간에서 하드웨어적이나 소프트웨어적인 것을 변경할 수 있는 무선장치이다.

③ **안테나** : 단말기와 계속하여 Slot Mode를 사용하여 위치와 전파의 세기를 확인하고 있고, 무지향성 안테나가 많이 사용된다.

④ **제어장치**(Control unit) : 기지국의 신호를 제어해서 통신에 사용할 수 있는 환경을 만들어 준다.

⑤ Data line / Voice trunks : 신호 라인은 가입자의 구내에서부터 패킷 교환국까지의 데이터 전용 회선을 말하고, 음성 트렁크는 음성을 통과 시켜주는 통로를 말한다.

⑥ Maintenance and test equipment

(2) 기능

① Mobile 위치 확인

② MTSO (Mobile Telephone Switching Office)와 Mobile 간의 중계

③ 이동국과 RF 송 · 수신

④ 통화로 구성 호 처리(Page & Access)

⑤ 통화중 Hand-off를 위한 정보 MTSO에 제공

⑥ 자동제어 및 신호채널 구성(채널지정 및 감시)

3 이동통신 시스템의 설계요소

① 동일 채널 간섭 경감대책

② 주파수 재사용 채널개념

③ 통화 채널 전환 기법

④ 셀 분할에 대한 고려

⑤ 반송파대 간섭 비

4 다이버시티(Diversity) : 합성법

이동전화 시스템에서는 전파 경로상의 건물이나 지형 등에 의한 반사 때문에 다중경로 현상이 생겨 수신 신호의 진폭이 커졌다 작아졌다 하는 Fading 상태가 나타난다. 이러한 현상을 극복하기 위하여 다이버시티 방식을 사용한다.

① 주파수 다이버시티

② 편파 다이버시티

③ 공간 다이버시티

④ 각도 다이버시티

⑤ 시간 다이버시티

5 셀룰러 이동통신

한정된 주파수 자원을 공간적으로 분할된 작은 단위의 서비스 영역으로 분할하여 재사용함으로써 무선회선의 이용효율을 그대화한 이동통신 방식을 말한다.

(1) 특징

① 주파수 스펙트럼의 이용효율을 향상시킴으로써 대용량 가입자의 수용이 가능하다.

② 전지역적으로 호환된다.

③ 통화량 밀집 지역에 대한 적응성이 좋다.

④ 저출력, 소규모 서비스 영역으로 인한 경제적인 통화 가격이 형성되어 저렴하게 이용이 가능하다.

6 존(Zone)

하나의 기지국이 담당하는 서비스 영역을 말한다. 이 중에서 주파수 이용효율화를 극대화하기 위해서 소구역 방식을 많이 사용하는데 이것을 셀이라고 한다.

(1) 존의 종류

① **대존** : 하나의 기지국이 넓은 지역을 서비스하는 방법으로, 택시나 버스 등의 무선주파수 공용 통신방식(TRS 또는 MCA)에 사용된다.

② **소존** : 서비스 구역을 잘게 분할해서 소비전력을 적게 하고 주파수 재사용을 극대화한 방식으로 셀룰러통신이나 PCS통신에 많이 사용된다. 이 소존 방식을 셀이라 한다.

7 동일 채널 간섭 경감책

① 안테나의 높이를 조정한다.

② 송신 출력 제어를 한다.

③ 다이버시티 수신기를 사용한다.

④ 지향성 안테나 시스템을 사용한다.

⑤ 다단 디스콘 안테나를 사용하여 우산 형 복사패턴을 이용한다.

8 Hand Off(Hand Over : 통화 채널 전환 기능)

통화자가 전화를 걸면서 다른 기지국으로 이동할 때 두 개의 기지국은 서로 다른 주파수를 사용하고 있지만 통화자에 의해 거의 인식될 수 없는 상태에서 단말기의 주파수가 자동적으로 새로운 기지국의 주파수로 변경되어 통화가 끊어지지 않고 지속되도록 하는 처리 과정을 말한다.

reference Hand Off(Hand Over : 통화 채널 전환 기능)의 종류

① Hard Hand Off
가입자가 기지국 간을 이동 중 순간적으로 무선 채널의 교체가 이루어지며 통화 채널 전환(hand-off)이 이어지는 방식.

② Soft Hand Off
한 기지국에서 다른 기지국으로 이동 시 양쪽 무선 채널을 동시에 유지한 상태에서 통화 채널만 교체되는 것. 연결 완료 후 절단(Connect before Break)이라고도 하며, 통화 단절 없이 안정된 통화를 할 수가 있다.

③ Softer Hand Off
동일 기지국 내의 섹터간 이동시 일어나는 핸드오프. 일반적으로 도심의 기지국은 3섹터로 되어 있으며, 각 섹터는 주파수는 같아도 시스템은 별도로 동작하게 된다. 섹터가 겹치는 구간에서 통화가 일어나면 섹터 간 핸드오프가 동작하게 되는데 동일 기지국내이기 때문에 변복조 과정은 동일한 변복조기 칩에서 이루어진다.

9 이동통신 시스템의 다원접속방식의 종류

9.1 Frequency Division Multiple Access (FDMA : 주파수 분할 다원접속)

시간은 공유하면서 주어진 주파수 대역을 다른 사용자와 겹쳐지지 않게 사용하는 방식으로 각 채널 간에 일정한 완충지역을 두어 서로의 대역을 보호해 준다. 이 보호대역을 가드밴드(Guard Band)라 한다.

(1) 특징

① 핸드오프가 복잡하다.

② 듀플렉서가 필요 없다.

③ 대역폭이 아주 좁다.

④ 반송파당 단일채널을 사용한다.

⑤ 이동국의 간소화가 필요하다.

⑥ 연송전송이 가능하다.

9.2 Time Division Multiple Access(TDMA : 시 분할 다원접속)

하나의 반송파를 여러 사용자가 공유해서 시간을 여러 개의 시간구간으로 나누어서 여러 사용자가 자기에게 할당된 시간 구간을 다른 사용자의 시간구간과 겹치지 않게 하는 다중통신 방식이다. 시간 구간이 겹치지 않게 하기 위해서 시간 구역에도 보호 시간을 둔다. 이 보호 시간을 가드타임(Guard Time)이라 한다.

(1) 특징

① 핸드오프가 줄어들어 통신 품질이 좋다.

② 듀플렉서가 필요 없다.

③ 전송용량이 크다.

④ 이동 국이 상당히 복잡한 단점이 있다.

⑤ 단일파당 다수의 채널을 할당 할 수 있다.

⑥ 군의 형태로 전송이 가능하다.

⑦ 기지국 비용이 저렴하다.

9.3 Code Division Multiple Access(CDMA : 코드 분할 다원접속)

대역확산(SS : Spread Spectrum)방식을 사용한 통신 방식으로 FDMA나 TDMA보다 더욱 더 발전된 방식이다.

(1) 특징

① 주파수 이용효율이 무척 높다.

② 동기 및 비동기의 다원접속이 가능하다.

③ 방해를 제거(Jamming에 강함)하며, 다른 방해를 주지 않는다.

④ 다중경로(Multipath)의 영향을 저감시킬 수 있다.

⑤ 증가하는 통신회선에 대해서 비화통신 가능하다.

⑥ 은밀하게 전파를 방사할 수 있고 신호의 비밀이 보장된다.
LPI(Low Probability of)을 실현 할 수 있다.

⑦ 교신 상대국의 거리 측정이나 시간의 동기가 가능하다. (ITS : Intelligent Transport System)

(2) 종류

① FH(Frequency Hopping) ② TH(Time Hopping)

③ DS(Direct Sequence) ④ Chirp변조

(3) Spread Spectrum

송신신호 대역폭이 메시지 대역폭보다 아주 넓다.

(4) 통신용량

통신로를 통하여 매초 당 보낼 수 있는 정보의 최대 값.

$$C = B\log_2\left(1 + \frac{S}{N}\right)[bps]$$

(단, B : 전송대역폭, S : 신호전력, N : 잡음전력)

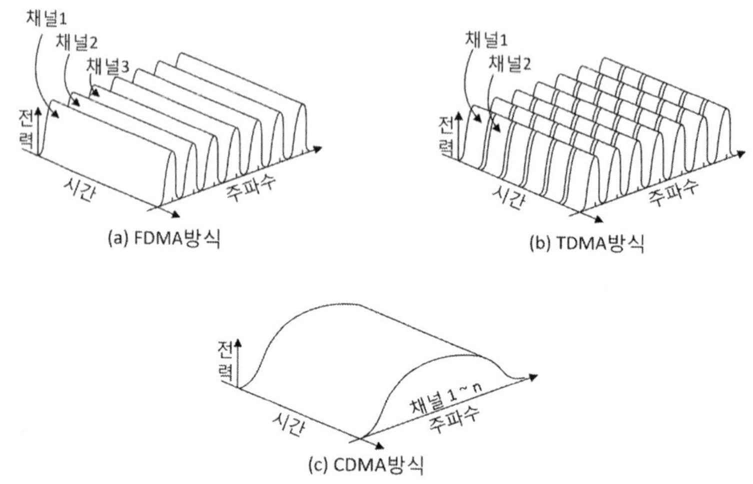

[다원접속방식]

[FDMA와 TDMA의 비교]

	TDMA	FDMA
점유주파수 대역폭	넓다	좁다
단국장치	간단	복잡
가격	저렴	비싸다
BPF	불필요	고가
전송대역	광대역	광대역
잡음과 페이딩의 영향	강하다	강하다
통화로 수의 관계	적은 경우에 경제적	많은 경우에 경제적

	TDMA	FDMA
호환성	유선망과 접속이 어려움	유선망과 접속이 용이
통화회선 수	많게 할 수 없다.	많게 할 수 있다.
보호수준	보호시간(Guard Time)	보호대역(Guard Band)

10 주파수 공용 방식 (TRS : Trunked Radio System)

사용주파수를 800[㎒]대로 해서 여러 가입자들이 동시에 공동의 주파수를 가지고 시간을 나누어 사용하는 통신으로서 TRS 또는 MCA(Multiple Channel Access)라고 하는데, 무선시스템의 주파수의 효율성을 최대로 높이기 위해서 사용된 방식이다.

(1) 특징

① FAX, DATA 전송이 가능하다.

② 통화시간의 제한되어 대략적으로 1분 정도이다.

③ 통화중에도 약 6초 이상 사용하지 않으면 자동적으로 회선이 절단된다.

④ 중앙에서 공통으로 제어하기 때문에 경제적 운용이 가능하다.

⑤ 동일 이용자 소속의 단말장치 간에만 통화가능하다.

⑥ 얼마 전까지 단신통화방식으로 사용하고 있었지만 현재는 양 방향통신으로 사용이 가능해졌다.

⑦ 생활무전기 등은 일반 공중전화망과 연결이 되지 않지만 주파수 공용통신은 공중전화망과 연결되어 무전기로 전화가입자와 통화가 가능하다.

⑧ 고정된 주파수를 가지고 시간을 나누어 사용하기 때문에 통화중 에는 혼선이 없어 대화의 비밀성이 보장된다.

⑨ 통화 폭주 시 예약 등록 방식을 채택하고, 있어 러시아워시의 비접속률의 증대가 억제된다.

⑩ 다양한 호출 통화가 가능하다.

⑪ 서비스 반경이 20 ~ 30[㎞]로 경제적으로 넓은 서비스 구역을 확보할 수 있다.

⑫ 운수업, 제조 및 서비스업, 건설형장, 경비업체, 연안 선박, 경찰 등이 많이 사용한다.

(2) 종류

① **선택 호출** : 필요한 단말기들만 선택적으로 호출하는 방식이다.

② **개별 호출** : 개인마다 고유의 번호를 송출하여 호출하는 방식이다.

③ **일제 호출** : 모든 단말기를 한꺼번에 호출하는 형식으로서 기본적인 주파수 공용방식을 말한다.

④ **그룹 호출** : 선택호출과 비슷하지만 좀 더 넓은 의미를 가지고 있다. A나 B 그룹으로 만들어서 호출하는 방식이다. 즉 소속 그룹 내 단말기를 동시에 호출하는 방식을 말한다.

⑤ **비상 호출** : 긴급할 때 사용하는 호출방식이다.

(3) 구성

① **이동국** : 자동차나 개인이 가지고 다니는 휴대 단말장치

② **기지국** : 각 사용자 군에 설치된 기지국은 1개의 군에만 소속

③ **중앙 제어국** : 기지국과 이동국 간의 회선 제어를 행하며 무선 이동국 상호간을 제어하고 통신을 연결해 준다.

실전문제 1 이동통신 채널의 한 특징으로 이동체의 움직임에 따라 수신신호의 주파수가 변하는 것은?

가. 페이딩 현상 나. 동일채널간섭 효과
다. 도플러 효과 라. 지연확산 현상

답 다

CHAPTER 8

위성통신기기

1 위성통신의 특징
2 위성의 분류
3 위성통신의 분류
4 위성을 이용한 서비스
5 주파수 대역별의 분류
6 회선할당방식
7 다원접속(Multiple access)방식
8 위성통신의 구성요소
9 위성통신의 구조
10 통신기기계와 공통기기 계의 기능 설명
11 탑재부(Payload)
12 공통 기기계(Bus)
13 자세제어계
14 지상관제 시스템
15 지구국용 안테나

1 위성통신의 특징

(1) 단점

① 전파손실이 크다.

② 위성 체 고장 시 수리 곤란하다.

③ 전자파 방해에 약하다.

④ 통신비밀보장이 어렵다. (암호화 장비 및 대형 지구국 안테나 필요)

⑤ 수명이 짧다.

⑥ 전송지연시간의 문제가 된다. (정지궤도 → 최소 238[ms], 최대 278[ms] 약 250[ms])

⑦ Point-To-Point 네트워크 구성만이 가능하다. (새로운 지구국 건설비용이 많이 든다.)

⑧ 위성 일식의 영향을 받는다. (지구가 위성과 태양사이에 일적선 상태 → 축전지 사용)

(2) 장점

① 동보성 : 동시에 위성 안테나 범위에 있는 지구국이 동시에 동일 신호를 받음

② 장거리 통신에 적합 (광범위한 지역에서 고정, 이동의 서비스 제공)

③ 다원접속이 가능 (FDMA, TDMA, CDMA)

④ 통신비용의 감소 (초기 투자비, 운용비 및 보수비가 통신거리와 관계없다.)

⑤ 고 신뢰성 : 재해 시에 적합

⑥ 전 세계 커버 : 위성 3개가 120도 간격으로 동시에 관리

⑦ 경제성 : 통신비용이 기존에 망에 비해 저렴

⑧ 적은 에러율과 통신 품질 균일

⑨ 지구국 트래픽 변동 상황에 신속, 유연 대응.

⑩ 고속 광대역 특성 : ㎓의 높은 주파수 대역

실전문제 1 다음 중 정지 위성통신에 대한 설명으로 옳지 않은 것은?

가. 통신 영역이 넓고, 고품질의 통신이 가능하다.

나. 다원접속(multiple access)이 가능하다.

다. 방송에 이용 시 난시청 지역을 해소 할 수 있다.

라. 전파의 전송지연이 발생하지 않는다.

답 라

2 위성의 분류

<table>
<tr><td rowspan="11">위성</td><td rowspan="4">용도에 따른 분류</td><td colspan="2">방송위성</td></tr>
<tr><td colspan="2">관측위성</td></tr>
<tr><td colspan="2">통신위성</td></tr>
<tr><td colspan="2">군사위성</td></tr>
<tr><td rowspan="4">위성중계기의 유 · 무</td><td rowspan="3">능동위성</td><td>위상위성</td></tr>
<tr><td>정지궤도위성</td></tr>
<tr><td>임의위성(랜덤위성)</td></tr>
<tr><td colspan="2">수동위성</td></tr>
<tr><td rowspan="3">궤도에 따른 분류</td><td colspan="2">정지궤도위성(GEO : Geostationary Earth Orbit)</td></tr>
<tr><td colspan="2">중궤도위성(MEO : Medium Earth Orbit)</td></tr>
<tr><td colspan="2">저궤도위성(LEO : Low Earth Orbit)</td></tr>
</table>

3 위성통신의 분류

(1) 랜덤위성(Random Satellite Orbit : 임의위성)

가장 초기의 위성통신방식으로 주회궤도 위성이라고 한다. 지구상의 수백 ~ 수천[km]의 궤도상을 수 시간 주기로 선회하면서 위성을 이용하는 방식이다. 통신을 행할 때에만 지구국 사이에 위성이 존재하는 기간만 사용할 수 있기 때문에 상시 통신회선을 확보하기 위해서는 많은 위성을 사용해야 한다. 상시 통신회선을 확보하기 위해서 많은 위성을 사용하야 하며 지구국에서도 2 ~ 3개 안테나를 설치하여 위성을 추미해야 되기 때문에 정지위성방식으로 대체되고 각종 관측 위성에서만 사용되고 있다.

① 정지궤도 위성이 커버하지 못하는 극지방도 통신이 가능하다.

② 저궤도로 전파지연과 손실이 극히 작다.

③ 지구국과 위성이 마주보는 시간만 통신이 가능하다.

④ 다수의 위성운용으로 비용이 많이 든다.

⑤ 건설비가 비싸다.

⑥ 용도 : 기상, 해상 관측용으로 사용

(2) 정지궤도위성 (Geo-Stationary Orbit Satellite)

적도 궤도면을 갖는 궤도에 지구의 자전 방향과 같은 방향으로 회전시키는 위성

① 지표 상공 35,786.1[km] (약36000[km])위치

② 위성의 공전주기와 자전주기가 같아 정지한 것처럼 위성을 추적할 필요 없이 24시간 연속통신 가능.

③ 통신회선의 에러 율이 작으나 지상에서 멀어 전파지연시간 (최소 238[ms], 최대 278[ms])과 전송손실이 문제(약 250[ms])

④ 3개의 정지궤도 위성으로 극지방을 제외한 전 세계 커버
(국내, 국제통신용 널리 사용. 무궁화 1,2,3호 → 정지궤도 위성) 이론적으로 정지궤도에 있는 정지 위성은 지구 표면의 42.4[%]를 커버할 수 있으므로 120° 간격으로 3

개의 정지위성만 있으면 극 지역을 제외한 지구상의 어떤 지점과도 통신이 가능하다.

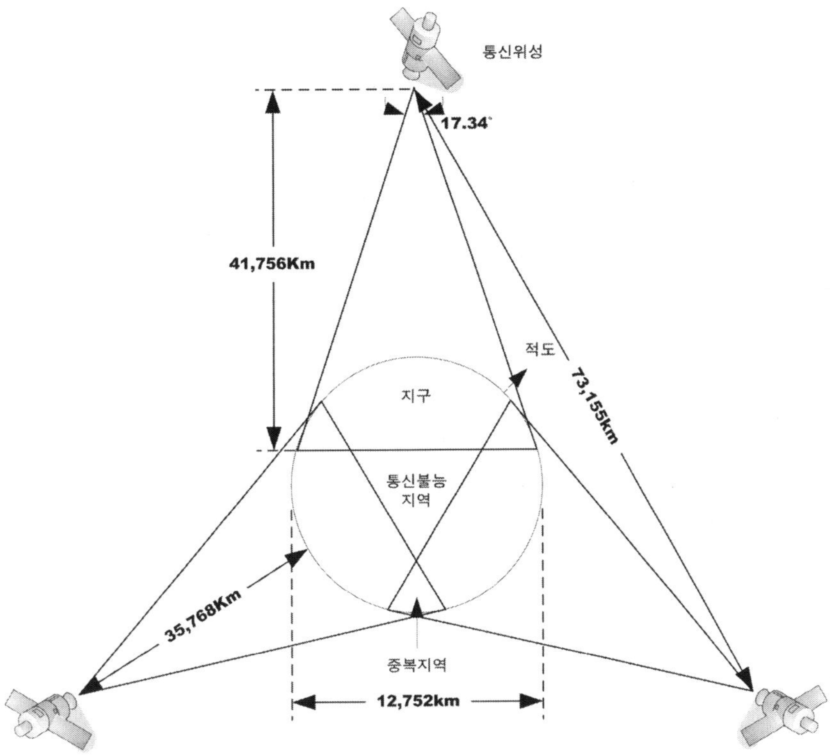

[정지궤도위성 (Geo-Stationary Orbit Satellite)]

(3) 위상위성(Phased Satellite Orbit)

지구 상공에 등 간격으로 여러 위성을 배치하고 지구국 안테나를 사용하여 차례로 위성을 추미하여 상시 통신망을 확보하는 방식

① 극지방 통신이 가능하다.

② 위성이 전력이 감소하고 안테나 크기가 줄어든다.

③ 고도가 낮아 지연시간이 짧다.

④ 상시통신망을 구성하기 위해 많은 위성이 필요하다.

4 위성을 이용한 서비스

① **고정위성서비스(FSS : Fixed Satellite Service)** : 위성을 중계국으로 해서 지구국 간에 영상, 음성 데이터를 서로 교환할 수 있는 서비스를 말한다.

② **이동위성서비스(MSS : Mobile Satellite Service)** : 고정된 지구국과 이동체 간 또는 이동체와 이동체 간의 상호 신호를 교환할 수 있는 서비스를 말한다.

③ **위성방송서비스(BSS : Broadcasting Satellite Service)** : 위성을 이용해서 각 가정으로 신호를 직접 전송해 주는 방송서비스를 말한다.

④ **지상 위성서비스(MSS : Meterodogical Satellite Service)**

⑤ **지구탐지 위성서비스(EESS : Earth Exploration Satellite Service)**

⑥ **무성항행 위성서비스(RNSS : Radio Navigational Satellite Service)**

5 주파수 대역별의 분류

BAND	주파수[GHz]
P	0.23 - 1
L	1 - 2
S	2 - 4
C	4 - 8
X	8 - 12.5
Ku	12.5 - 18
K	18 - 26.5
Ka	26.5 - 40
Millimeter Wave	40 - 300
Submillimeter Wave(Decimillimeter)	300 - 3000

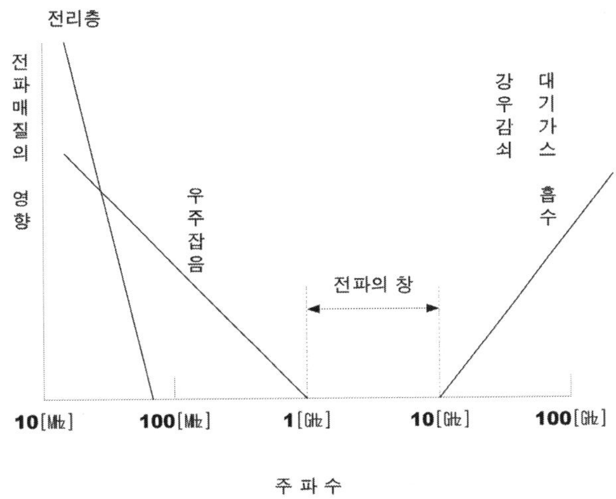

[전파의 창]

실전문제 1 다음 중 위성통신에 사용되는 전파의 창에 해당되는 것은?

가. 1[GHz]미만　　나. 1~10[GHz]

다. 100~200[GHz]　　라. 300[GHz]이상

답 나

6 회선할당방식

(1) 임의할당방식(RAMA : Random Assignment Multiple Access)

각 지구국에 전송할 정보가 발생하면 망의 상태와 무관하게 임의 슬롯을 발생시키는 방식으로 다른 지구국에서 보낸 신호와 충돌할 우려가 있다. 전송될 정보가 실시간이 요구되지 않는 버스트 성을 갖는 경우에 적합한 방식으로 패킷전송망에서 많이 응용된다. ALOHA방식에 사용된다.

(2) 요구할당방식(예약할당, DAMA : Demand Assignment Multiple Access)

사용하지 않는 슬롯을 비워두고 원하는 다른 지구국이 활용할 수 있도록 하는 통신 방식으로 더욱 많은 지구국이 위성 트랜스폰더를 효율적으로 사용하는 기술이다.

① 종류

- 분산 제어형 : 각 지구국이 개별적으로 빈 슬롯에 접속하는 방식으로 망의 관리나 우선권 부여가 어렵다. 그러나 접속 요구 절차가 매우 간단하다.
- 집중 제어형 : 중심지구국으로부터 슬롯을 할당받아서 접속 요구 절차가 까다롭다. 그러나 망의 관리나 우선권 부여가 용이하다.

(3) 고정할당방식(사전할당, PAMA : Pre-allignment Multiple Access)

고정된 주파수 또는 시간을 특별한 변경이 없는 한 반 연구적으로 한 쌍의 지국 국에 항상 할당해 주는 접속방식이다. 구성은 매우 간단하고 실시간으로 전용해서 사용할 수 있지만 사용하지 않을 때에는 회선의 낭비를 가져오게 되고 트래픽에 변화가 많을 때 상당히 부적절한 방식이다.

7 다원접속(Multiple access)방식

다원접속이란, 다수의 지구국이 하나의 통신위성을 사용해서 동시에 필요로 하는 통신로를 설정하는 것을 말하는데, 이와 같은 통신 방식 멀티플 액세스(multiple access)방식이라 하고, 위성통신에만 사용되는 특이한 방식이다. 멀티플 액세스 방식으로는 주로 FDMA, TDMA, CDMA(또는 SSMA)방식을 사용한다.

(1) Frequency Division Multiple Access(FDMA : 주파수 분할 다원접속)

주파수대역을 분할하여 각 지구국에 할당하는 방식으로, 각 지구국은 할당된 주파수대역 내에서 신호를 송신하고, 수신되는 주파수가 어느 대역 내에 있는가에 따라서 지구국을 식별하는 방식이다. 이 방식은 회선의 이용효율이 낮지만 지상마이크로파 통신 계에서 많이 사용한다.

(2) Time Division Multiple Access(TDMA : 시 분할 다원접속)

FDMA방식의 결점을 보완하기 위해서 개발된 방식이다. 다수의 지구국에서 송 · 수신하는 디지털화 된 신호를 시간적으로 분할하여 각 지구국에 할당하는 방식이다.

(3) Code Division Multiple Access(CDMA : 코드분할 다원접속)

스펙트럼 확산변조에 의한 것이어서 스펙트럼 확산 다원접속(SSMA : Spread Spectrum Multiple Access)이라고 한다.

① **특징**

- 대역확산 방식을 이용하여 필요로 하는 정보량의 대역폭보다 넓은 대역으로 신호를 확장시켜서 여러 신호를 동시에 송신하는 방식으로 가입자 수용 용량이 크다.
- 간섭과 방해에 강하다.
- 스펙트럼 확산에 따라 전송대역폭이 증가된다. 하지만 통신보안을 유지할 수 있고 페이딩의 영향을 감소시킬 수 있으므로 다중경로 fading을 극복할 수 있다.

(4) Space Division Multiple Access(SDMA : 공간분할 다원접속)

통신 영역을 분할하여 한정된 제원을 반복하여 이용하는 방식이다. 위성의 송 · 수신용 안테나를 다수의 스폿빔 안테나(Spot-Beam Antenna)로 구성하여 각지구국을 지역으로 분할한 다음 각 지역별로 스폿빔 안테나를 할당하는 방식이다. 멀티 빔(Multi-Beam)위성통신 방식이라고도 한다.

실전문제 1 위성통신에서 사용하는 다원접속 방식이 아닌 것은?

가. 주파수분할 방식　　나. 시분할방식
다. 파장분할방식　　라. 코드분할방식

답 다

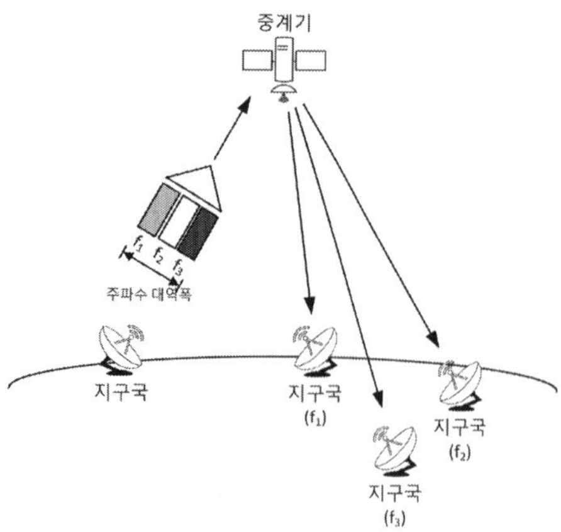

(a) FDMA

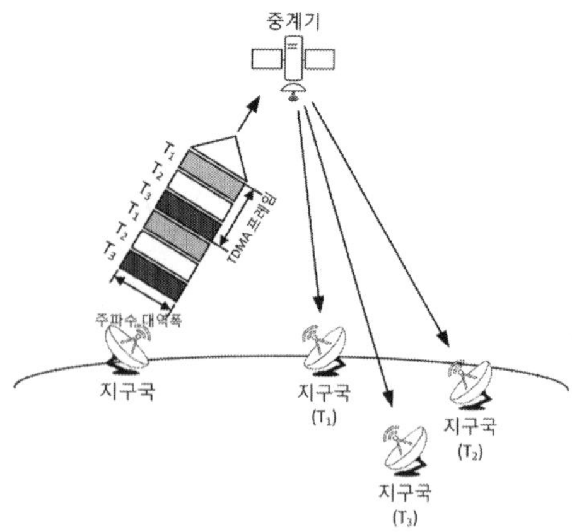

(b) TDMA

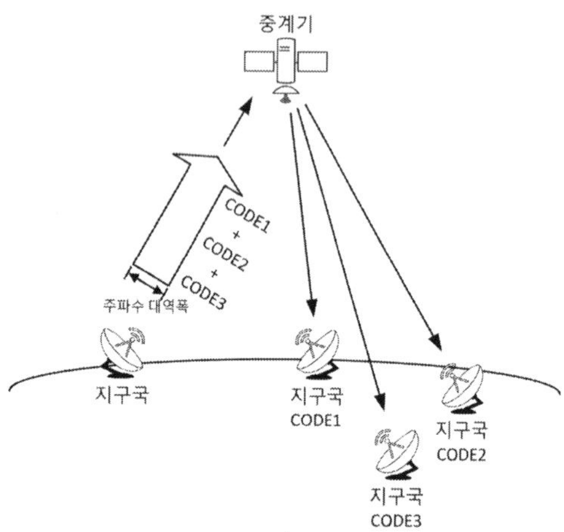

(a) CDMA

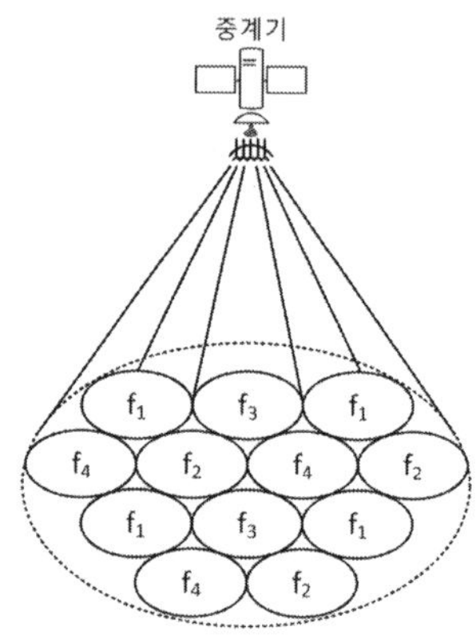

(b) SDMA

8 위성통신의 구성요소

8.1 구성요소

(1) Space Segment(우주국)

① 위성 ② 제어국 : 위성제어

(2) Ground Segment(지구국)

① 대 전력 증폭기　　　　② 안테나

③ 저 잡음 증폭기　　　　④ 송 · 수신 주파수 변환기

(3) 통신회선

① Up-link : 지상국에서 위성으로 송신되는 통신회선(6[㎓])

② Down-link : 위성에서 지상국으로 송신되는 통신회선(4[㎓])

9 위성통신의 구조

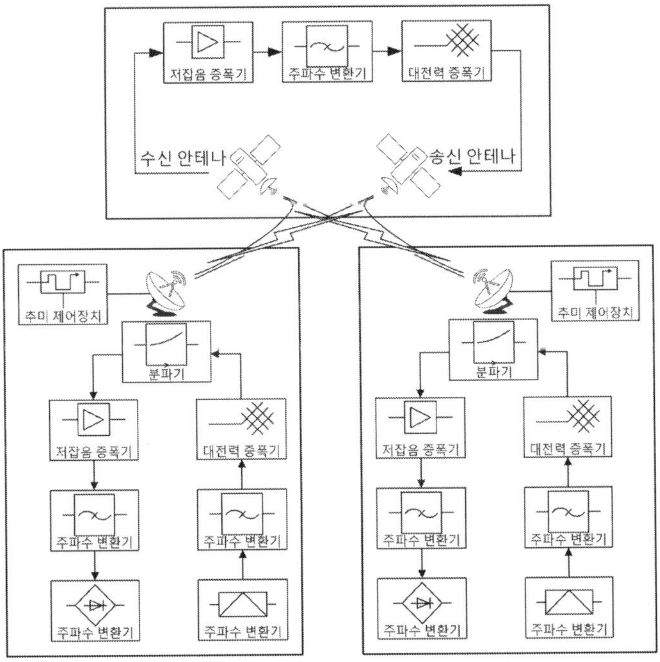

10 통신기기계와 공통기기 계의 기능 설명

<table>
<tr><th>시스템</th><th colspan="2">구성품</th><th>기능</th><th>주요특징</th></tr>
<tr><td rowspan="2">통신기기</td><td colspan="2">중계기계</td><td>1. 신호를 수신한 다음 주파수를 변환시켜서 재 송신 한다.
2. 수신부와 저 잡음 증폭기, 주파수 변환기 그리고 전력증폭기와 송신부로 구성된다.</td><td>대역폭, 송신전력, 수신 성능지수(G/T)</td></tr>
<tr><td colspan="2">안테나계</td><td>신호를 송·수신한다.</td><td></td></tr>
<tr><td rowspan="7">공통기기</td><td colspan="2">텔레메트리 명령계</td><td>위성 상태를 보고하는 텔레메트리 신호를 송신하고 위성 관제소로부터 명령 신호를 수신한다.</td><td>속도 측정 과 위치를 파악, 텔레메트리 수, 명령어 수</td></tr>
<tr><td colspan="2">자세제어계</td><td>1. 위성의 궤도와 위치 그리고 자세제어를 한다.
2. 안테나를 정확하게 지구국으로 잡아주고 태양전지판을 태양으로 향하게 한다.</td><td>축의 정확도</td></tr>
<tr><td colspan="2">열제어계</td><td>1. 위성의 각종 부품의 열을 적게 나도록 한다.
2. 각 서브시스템의 온도 범위를 적절하게 조절한다.</td><td>위성의 평균 온도 측정</td></tr>
<tr><td colspan="2">추진계</td><td>위성 발사 시 및 자세 변동 시 궤도를 일치시킨다.</td><td>추진과 비추진력 추진 체량</td></tr>
<tr><td colspan="2">구체계</td><td>각 기기 들을 유지하는 기본 구조체이다.</td><td>구조강도, 공진 주파수</td></tr>
<tr><td rowspan="2">전력계</td><td>전원 발생부</td><td>1. 태양전지를 판넬로 해서 전원 생성한다.
2. 배터리를 전원으로 연결한다.</td><td>태양전지로 100[W]정도의 출력</td></tr>
<tr><td>전원 공급부</td><td>발전된 전력으로 각각의 전자 장치에 원하는 전압을 자동으로 변환해서 공급한다.</td><td></td></tr>
</table>

11 탑재부(Payload)

11.1 통신계

지상으로부터 전파를 수신하고, 증폭한 후에 다시 지상으로 송신하는 장치이다.

11.2 중계기계(Transponder)

상향링크 신호를 받아 증폭한 후 주파수 변환 하향링크 신호로 만든다. 중계기계의 규모는 중계기 수와 채널 수 그리고 서비스의 형태에 따라 달라진다.

11.2.1 구성

(1) **수신부**

① **입력 필터** : 위성안테나로부터 입력된 신호는 광대역 필터로 대역외 신호를 약 80[dB]억압하여 수신대역만을 통과

② **저 잡음 증폭기** : 미약해진 수신 신호를 증폭

③ **주파수 혼합기** : 주파수를 변환해서 필요한 레벨만큼만 신호를 증폭

④ **잡음지수** : 중계기의 수신 성능지수(G/T)의 성능을 결정하는 것으로서 안테나 연결 도파관의 삽입 손실과 광대역 입력 필터의 삽입손실 그리고 LNA의 잡음지수와 이득으로 계산

(2) **송신부**

이득을 조정해서 대 전력 증폭을 해서 다시 전력 증폭된 각 신호를 결합해서 고주파 신호를 제거한 다음 송신 안테나로 신호를 보내는 기능을 수행

11.2.2 구비조건

① 고 신뢰성 ② 고 효율성

③ 경량 ④ 넓은 주파수 대역

11.2.3 증폭 효율

$$\eta(\%) = \frac{RF\text{출력 전력}}{\text{동작에 필요한 }DC\text{입력전력}} \times 100[\%]$$

12 공통 기기계(Bus)

12.1 측정 명령계(Telemetry command)

위성상태를 점검, 보고하는 Telemetry 신호를 송신하고 위성관제소로부터의 명령을 수신을 한다.

(1) TT&C(Tracking Telemetry and Command)의 역할

① 위성 상태에 기능이 정상적으로 작동하는지 점검한다.

② 안테나 빔 조정 및 위성 일식에 대비한 축전지의 충전 제어를 한다.

③ 위성의 위치 및 자세를 제어하도록 한다.

④ 위성에 장착해 제어 기계 장치가 고장일 때 지상의 명령에 따라 복구조치를 한다.

⑤ 신뢰도를 높이기 위해서 예비용 장비와 스위칭 시험을 할 수 있다.

⑥ 구성

- 중계기(Transponder)
- 탑재 처리 장치부(On-Board Data Handling)

13 자세제어계

위성의 자세, 궤도 등을 제어하기 위한 장치이다. 즉 태양 방사 압력과 태양 등 달의 중력의 영향을 받아 위성이 본궤도에서 이탈 했을 경우에 위성을 제어해서 궤도를 바로 잡는다. 이 때 발생한 위성의 자세 불안정을 조정하고 인공위성이 발사되어 운용궤도에 진입했을 때 위성의 자세를 정해져 있는 자세로 제어해서 통신위성안테나가 통신 영역을 정확히 잡도록 하는 역할을 하는 장치이다.

14 지상관제 시스템

위성을 감시, 제어하는 기능을 담당한다.

(1) 위성 관제소

① **기능** : 위성으로부터 송신되는 Telemetry신호를 수신하여 위성 제어 센터(SOCC)로 보내고 위성 제어 센터로부터 명령을 받아 위성에 송신한다.

② **위성관제** : 지상에서 위성의 내부 동작 상태, 위성의 운동 상황을 무선으로 원격 감시 및 측정하고 이 결과에 따라 무선으로 원격 명령(Command)을 보내어 위성을 제어하는 업무로 기능적으로 각종 상태의 원격측정, 추적, 원격명령으로 구성된다.

(2) 위성 제어 센터(SOCC)

가장 중요한 역할은 위성 관제소를 관할한다. 그리고 위성의 측정 Data 및 모든 정보를 시간 별로 기록하고 분석하여 위성 상태를 예측한다. 또한 망 제어 시스템(NCC)를 통해서 모든 지상 시스템에 전달하고 실시간으로 위성체가 천이 궤도, 표류 궤도에 있는 지 확인하다. 지정된 궤도 구간 내에 위성을 유지시키기 위한 필요한 업무를 담당한다.

(3) 위성 망 제어 센터(NCC)

위성중계기의 성능 시험, 중계기에 대한 감시와 통신 시스템 감시와 같은 항목에 대해서 측정을 명령하고 Data를 수집하며 시험 결과를 분석하는 기능을 수행하여 위성 통신망을 제어하는 컴퓨터 시스템으로 그 구성면에서 위서 제어 센터와 비슷한 역할을 한다.

(4) Gate Way

NCC와 연결되는 다른 망과 접속 기능을 수행한다.

15 지구국용 안테나

(1) 특징

① 광 대역성

② high gain, low cost

③ 예민한 지향성

④ 좁은 반치폭

⑤ 정확한 구동 제어 기능과 자기 추미 기능

(2) 카세그레인 안테나(Cassegrain Antenna)★

위성통신 지구국에 사용되는 대표적 안테나로 고 이득, 저 잡음 안테나.

① **구성** : 1차 복사기, 2개의 반사기(부 반사기, 주반사기)

② **주 반사기** : 파라보라

③ **용도** : 위성통신 지구국용 안테나

실전문제 1 다음 중 주반사경과 부 반사경이 있는 안테나로서 위성통신 지구국 안테나로 주로 사용되고 있는 것은?

가. 파라볼라 안테나　　나. 야기 안테나
다. 헬리컬 안테나　　라. 카세그레인 안테나

답 다

(3) 지구국용 안테나

① Cassegrain Antenna

현재 주로 사용되고 있고 고능률, 낮은 잡음온도, 제작 간단하다는 장점을 가지고 있다.

② Horn Reflector Antenna

능률 side lobe 양호하고 낮은 잡음온도가 장점이지만, 개구면적에 비해 크고 가격이 비싼 것이 단점이다.

③ Cas-horn Antenna

추적 · 관제 제어(TT&C) 지구국용으로 사용된 적이 있다.

④ **초점 급전** Parabola Antenna

현재 사용하지 않음

실전문제 1 인공위성을 이용하여 위치, 속도 및 시간 측정을 가능하게 해주는 시스템은?

가. GPS　나. DMB　다. VRS　라. ARS

답 가

CHAPTER 9

화상통신기기

1 화상통신이란?
2 화상정보의 개념적인 구성도
3 화상통신시스템의 기본적인 원리
4 팩시밀리(Facsimile)
5 화상통신 서비스의 분류
6 주사(Scanning)의 정의
7 TV방식의 비교
8 현재 TV와 HDTV의 비교
9 CATV(CAble TeleVision)란?
10 CATV의 특징
11 쌍방향 CATV발전 단계
12 CATV의 구성요소
13 CCTV(Closed Circuit Television : 폐쇄회로 텔레비전)
14 CATV와 CCTV의 비교
15 팩시밀리(Facsimile)
16 텔레라이팅(Tele-Writing)
17 믹스 모드형 단말기(MMT : Mixed Mode Terminal)

1 화상통신이란?

인간의 시각적인 화면정보를 전송회선에 맞게 바꾸어서 전기신호로 변환하고, 다시 수신 측에서 시각적인 화면 정보를 재현하는 방식을 말한다.

2 화상정보의 개념적인 구성도

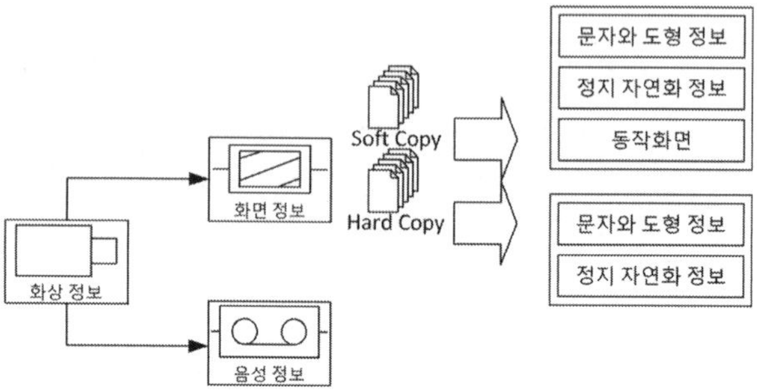

3 화상통신시스템의 기본적인 원리

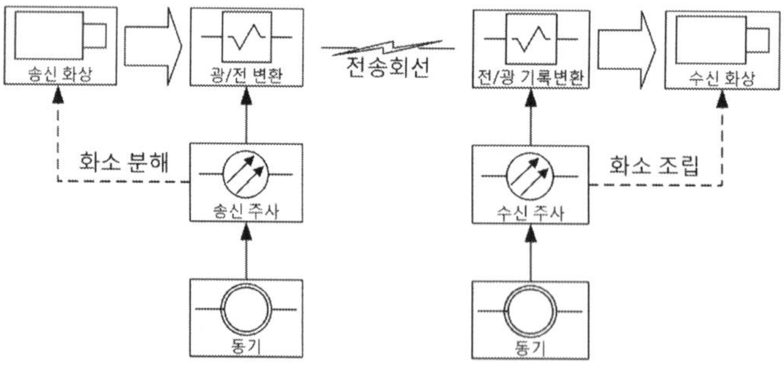

4 팩시밀리(Facsimile)

문자나 도형으로 구성된 문서를 전기적인 수단에 의해 부호소자(화소전류)로 분해하여 송신하고 수신측에서 이를 조합하여 지면상에 재현시키는 통신 방식

4.1 팩시밀리의 원리

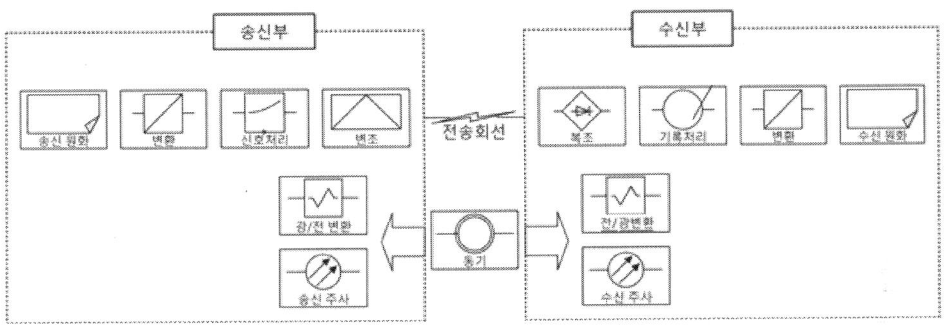

[팩시밀리의 계통도]

① **주사(Scanning)** : 송신부에서 송신 원화를 미세하게 분해해서 수신부에서 수신 원화를 다시 조립해 주는 것을 말한다. 즉, 화소(Pixels)수를 의미한다. 주사의 종류에는 원통주사와 평면주사가 있다.

② **광전변환(O/E 변환)** : 연속적인 신호를 다수 개 화소로 분해하면 명암 도를 화소전류로 변환해야 한다. Analog식과 Digital이 있다.

③ **전송** : 변환된 화소전류를 송신 부로부터 멀리 떨어져 있는 수신 부에 전송하는 것을 말한다. 전송 매체로는 전화선 케이블과 동축케이블 그리고 광케이블이 있다.

④ **전광변환(E/O 변환)** : 전송되어진 화소전류 양의 변화에 따라서 본래 명암의 화소로 변환하여 수신기록 한다. 즉 기록 변환이다.

⑤ **동기** : 송 · 수신 장치의 회전과 위상 동기를 맞춘다.

실전문제 1 다음 중 팩시밀리의 구성요소가 아닌 것은?

가. 주사장치 나. 광전변환
다. 수신기록 라. 주파수 체배

답 라

4.2 팩시밀리의 종류

팩시밀리는 처리방식과 기능에 따라서 ITU-T가 다음과 같이 4단계 group으로 구분한다.

① Group 1(저속기 : 1968년)

팩시밀리 최초의 형태이다. A4 표준용지를 한 장 보내는데 걸리는 전송시간이 6분이다. white data 1,300[Hz], black data 2,100[Hz]로서 데이터를 압축하지 않고 FM 변조하여 전송하고 있다. 아날로그 전송 방식을 사용해서 현재는 거의 사용하지 않는다.

② Group 2(중속기 : 1976년)

전송 시에는 G1과 같이 아날로그로 전송 방식을 사용하지만 G1 보다는 속도가 훨씬 빠르다. A4 표준용지를 한 장 보내는데 걸리는 전송시간이 3분 정도이다. AM, PM, VSB변조 방식을 사용한다.

③ Group 3(고속기 : 1980년)

MH, MR 부호화 방식을 채택해서 데이터의 압축을 실현하였으며 A4 표준원고 전송시간이 1분이다. 디지털 변조 방식(QAM)에 의해서 전송대역폭의 압축 및 고속전송을 실현했다. 전송오류 시 제어신호를 재전송할 수 있는 기능이 있고 공중 전화망과 접속이 가능해졌다. 전송방식은 아날로그와 디지털을 사용한다. 현재 상용화되고 있다.

④ Group 4(초고속기 : 1983년)

MMR 방식을 채용한다. 데이터의 압축률을 G3보다 약 2배 정도 개선시켰으며 A4 표준원고 전송시간이 3초 정도 걸린다. 해상도가 400(dpi) 정도로 높아서 선명한 화상을 얻을 수 있다. 디지털 망 접속의 디지털 팩시밀리이다. 또한 텔레텍스와의 통신 호환성 여부에 따라 class1~3으로 분별하고 있다.

- class 1 : 부호화로 체계화 된 팩시밀리 정보가 포함된 문서를 송수신한다.
- class 2 : class 1 기능에 추가되어서 텔레텍스와 혼합형 단말기의 문서를 수신 하도록 만든 기능
- class 3 : class 2 기능에 추가되어서 텔레텍스와 혼합형 단말기의 문서를 수신 하도록 만든 기능

실전문제 1 다음 중 대역 압축 방식으로 MH, MR 부호화 방식을 사용하여 전송하는 것은?

가. G1 FAX　　나. G2 FAX
다. G3 FAX　　라. G4 FAX

답 다

실전문제 2 다음 중 G3 FAX에 대한 설명이 아닌 것은?

가. 디지털 전송방식을 사용한다.
나. PM 또는 FM 변조방식을 사용한다.
다. 전송제어절차는 권고 T.30에 규정되어 있다.
라. 전송 시 MH 또는 MR 방식을 이용하여 데이터를 압축 전송한다.

답 나

실전문제 3 다음 중 팩시밀리 통신에서 송신원고 내용을 베이스밴드의 전기신호로 바꾸는 과정은?

가. Reflection　　나. Scanning
다. Modulation　　라. Light variation

답 나

실전문제 4 다음 중 G4팩스에서 사용하는 압축 부호화 방식은?

가. MMR 부호화　　나. MMH 부호화
다. MR 부호화　　라. MH 부호화

답 가

5 화상통신 서비스의 분류

화상통신 서비스 화상 정보의 형태에 따라서 정지 화상과 동화상 통신으로 분류된다.

(1) 정지화상 통신방식

현재 사용하고 있는 아날로그 전송망에 전송 전송망을 그림이나 도형과 문자 등을 전송하는 방식을 말한다.

① End to End **형 단말기** : 팩시밀리 통신

② Center to End **형 단말기** : 비디오텍스 통신

(2) 동화상 통신 방식

TV 방송 등과 같이 움직이는 동화상을 전송하는 통신 방식을 말한다.

① End to End **형 단말기** : CCTV, TV, CATV, TV 회의, TV 전화, 텔레라이팅

② Center to End **형 단말기** : 화상응답서비스, 쌍방향 케이블 TV

6 주사(Scanning)의 정의

전송하고자 하는 화상 정보를 일정한 순서에 따라서 화소로 분해하고 분해된 화소를 같은 순서로 조립하는 작용을 주사(scanning)라 한다. 그리고 주사에는 좌에서 우 방향으로 주사하는 수평주사(horizontal scanning)와 상에서 하 방향으로 주사하는 수직주사(vertical scanning)가 있다.

7 TV방식의 비교

항목 \ 방식	NTSC 방식	PAL 방식	SECAM 방식
주사선수	525라인	625라인	
비월주사	2 : 1		
매초 송상 수	30장	25장	25장
field 주파수	60[Hz]	50[Hz]	
line 주파수	15,750[Hz]	15,625[Hz]	
화면의 가로세로비	4 : 3		
영상대역	4.2[MHz]	5(5.5)[MHz]	6[MHz]
channel 대역폭	6[MHz]	7[MHz]	8[MHz]
영상변조방식	VSB		
음성변조방식	FM		FM
주파수 편이	±25[KHz]	±50[KHz]	
음성반송파주파수	±4.5[MHz]	±5.5[MHz]	±6.5[MHz]
색부반송파주파수	3.58[MHz]	4.43[MHz]	f_R=4.41[MHz] f_R=4.25
색부반송파의 변조방식	반송파 억압 직각 2상 변조		FM변조
사용국	한국, 미국, 일본	독일, 중국, 서유럽	

실전문제 1 TV에서 NTSC방식과 PAL방식에 대한 설명으로 틀린 것은?

가. 주사선수는 NTSC 방식은 525개, PAL방식은 625개이다.

나. 화면의 가로세로비는 NTSC은 4:3이고, PAL방식은 16:9이다.

다. NTSC방식은 미국, 한국 등이고, PAL방식은 독일, 서유럽 등에서 사용된다.

라. NTSC 및 PAL방식에서 음성 변조는 모두 FM 방식이다.

답 나

8 현재 TV와 HDTV의 비교

특징	현재 TV	HDTV
프레임 당 주사선수	525	1125
주사 방식	비월주사	비월주사
화면종횡비	3 : 4	3:5(9:16)
대역폭	6[MHz]	60[MHz] 압축하여 27[MHz]
영상 및 음성 신호처리 방식	아날로그	디지털
음성품질	FM급 방송	CD급
신호 전송 방식	아날로그	디지털, 아날로그

실전문제 1 디지털 TV방송의 특성에 대한 설명으로 틀린 것은?

가. 영상 및 음향신호의 압축이 용이하고 녹화 재생 시 화질이나 음질의 열화가 적다.

나. 다양한 멀티미디어의 많은 정보를 서비스할 수 있다.

다. 오류진성을 사용할 수 있고 저장 및 복제에 따른 손실이 적다.

라. 상호간섭이 비교적 많고 신호의 열화가 완만하다.

답 라

실전문제 2 다음 중 HDTV에 대한 설명으로 틀린 것은?

가. 변조방식은 NTSC 방식이다.　　나. 화면의 종횡비는 9:16이다.

다. 주사선수는 1050개 이상이다.　　라. 음성품질은 CD급 수준이다.

답 가

9 CATV(CAble TeleVision)란?

케이블 텔레비전의 약어로서 방송국부터 가입자 단말기까지 케이블을 통해서 방송 프로그램을 전송하는 통신 방식이다. 기본적인 CATV 시스템의 기구성은 전체 시스템을 통제하고 관리하는 헤드앤드(유선국 : 센터계)와 서비스를 송 · 수신하는 서비스 분배 전송로 그리고 정보를 제공받는 가입자 단말장치로 구성된다. 요즘은 분배 전송로에 광섬유로 연결하여 보다 빠르고 선명한 화질의 방송을 전송하고 있다.

(1) CATV의 기본구성

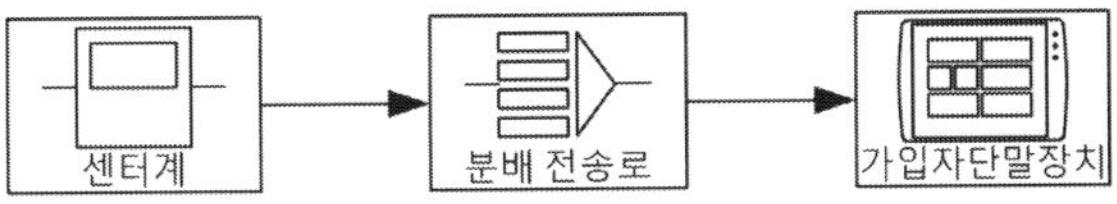

실전문제 1 다음 중 CATV의 기본구성요소가 아닌 것은?

가. 헤드앤드　　　　나. 중계전송망

다. 가입자설비　　　　라. 교환장치

답 라

10 CATV의 특징

① 타 지역에 재송신 CATV 및 재방송 CATV 그리고 지역발전의 일꾼

타 지역 TV 방송을 수신하여 녹화한 후에 중계 재송신하는 서비스를 시작하였고, 자체 스튜디오에서 제작한 프로그램을 재방송하고 지역적인 문화의 특성을 살려서 지역홍보와 지역의 전반적인 사항을 송출하였다.

② 전국적 CATV 시대 개막

위성, 동축케이블과 광전송로를 통해서 방송국 운영자에게 CATV 프로그램을 동시에 배분하는 전국적CATV 시대로의 접어들었다.

③ 쌍방향 통신이 가능

④ 광대역 전송매체를 사용하여 많은 양의 전송 정보를 전송할 수 있다.

⑤ 채널의 다양화로 가입자들의 선택권이 다양화 되었다.

⑥ 프로그램의 밀도 있는 제작이 가능해 졌다.

11 쌍방향 CATV발전 단계

Data Base와 가정용 컴퓨터를 연결하여 고도의 정보매체로서의 기능을 수행하고 있다. 분류는 4단계로 된다.

① **제1단계** : 가입자가 단말 장치로 원하는 프로그램을 신청하게 되면 가입자에게 해당 프로그램을 보급하는 방식이다.

② **제2단계** : 센터 계와 가입자 상호간에 질문과 응답이 동시에 가능한 방식으로 대화형이다. 주로 교육방송이나 종교방송에 주 로 사용된다.

③ **제3단계** : 가입자 장치가 지능형 장비를 갖추어서 전력계와 보안 장치 그리고 가스미터기 등을 원격 감지하는 방식이다.

④ **제4단계** : 가입자 장치에 RAM이 추가되어 중앙컴퓨터가 DB를 할 수 있는 방식(홈쇼핑, 홈뱅킹)이다.

12 CATV의 구성요소

(1) 헤드앤드(HE : Head End)의 구성

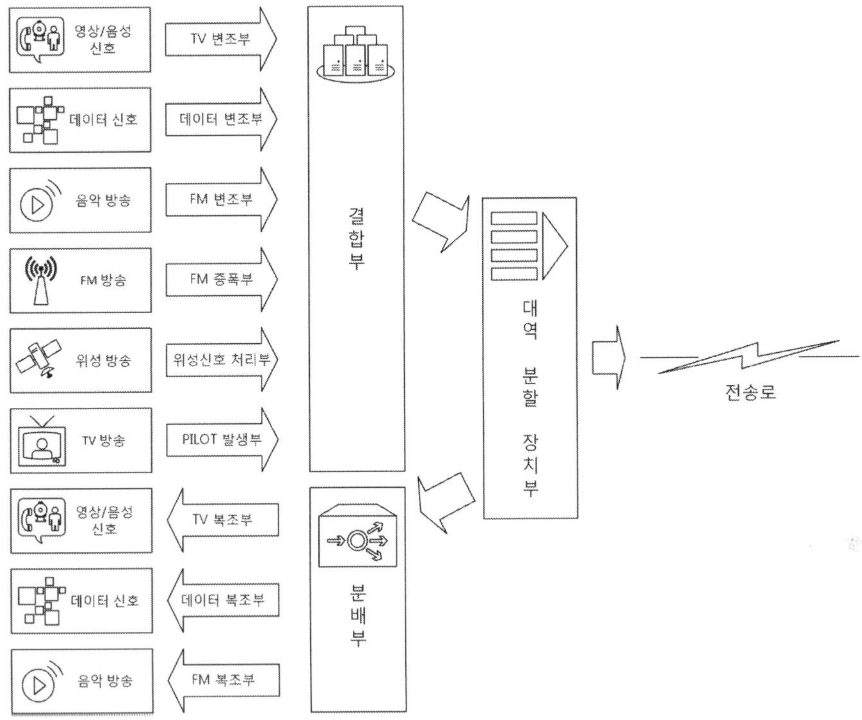

헤드 앤드란, CATV 시스템의 가장 중요한 장치로서 Cable Head의 Head와 Antenna End의 End를 합성하여 만들어진 용어이다. 방송신호를 자체적으로 제작하여 서비스 신호(영상, 음성, 데이터신호)를 전송로에 송출하는 곳이다. 즉, 수신안테나에서 수신한 각 채널의 방송 신호를 중간 주파수로 변환하고 영상 및 음성 레벨을 조정한 후 VHF나 UHF로 재 변환하여 중계 전송망으로 송출하는 것이다. 시설로서 수신안테나, 증폭기, 주파수 변환기, 변조 · 복조기, 헤드앤드 중계 장치로 구성되어 있다.

실전문제 1 다음 중 CATV의 헤드엔드(Head-end)의 구성요소가 아닌 것은?

가. FM 증폭기　　나. PILOT 신호 발생기

다. TV 변조기　　라. 간섭 증폭기

답 라

실전문제 2 CATV의 센터설비에서 헤드엔드의 주요 기능과 거리가 먼 것은?

가. 프로그램의 검색 및 편집　　나. 변조

다. TV 신호처리　　라. Pilot 신호발생

답 가

실전문제 3 CATV의 구성요소 중 각 채널의 방송신호를 중계 전송망으로 송출하기 위한 센터의 핵심 역할을 하는 것은?

가. 헤드엔드　　나. 컨버터

다. 원격 조정기　　라. 가입자설비

답 가

① **헤드앤드의 주요 기능**

- 채널 변환 기능
- 신호 분리 · 혼합 기능
- 변족 · 복조 기능
- 신호 송출 기능

② **헤드앤드의 역할**

- 수신 설비 : 공중파 신호를 수신하여 헤드 앤드에 공급하여주는 부분이다.
- 헤드 앤드 설비 : 수신 설비에서 입력된 신호를 변조 하거나 복조 하여서 전송로에 신호를 전송해 주는 부분이다.
- 스튜디어 설비 : 프로그램을 제작해 주는 부분이다.
- 송출설비 : 전송로에서 프로그램을 송출하는 부분이다.
- 편집, 검색 설비 : 영상과 자막처리를 하고 프로그램을 편집해 주는 부분이다.
- 망 감시 설비 : 전송로의 증폭기 상태를 감시하는 부분이다.
- 가입자 관리 설비 : 가입자 관리, 과금 등의 처리를 하는 부분이다.

• 국사 및 부속설비 : 방송센터와 조명설비, 공조 설비, 소방 설비와 방음설비를 말한다.

(2) 전송장치(분배 전송로)

① 전송장치는 기본적으로 분배장치, 중계증폭기, 전송로로 구성되고 있다.

② 전송로는 유선방송국에서 공급할 수 있는 서비스를 각 가정의 단말장치에 전송이 되는 통로역할을 한다.

③ 중계 증폭기(TA)는 전송로의 동축케이블에서 발생하는 일정한 전송 손실을 보상해 주기 위해 신호를 증폭하는 장치이다. CATV가 단방향이면 중계기가 단일 방향 증폭이고, 쌍방향이면 중계기가 양방향 중계증폭기를 사용한다.

④ 분배 전송로의 종류

• 간선 : 헤드 앤드 계에서 송출되는 신호를 전체 서비스 구역에 전달해 주는 전송로로서 전송 특성을 좋게 하기 위해서 간선 증폭기가 꼭 필요하다.

• 분배선 : 간선에 갈라져서 각 가입자에게 필요한 신호를 분배하기 위한 전송로로 가입자의 인입단자 수를 제한한다. 가입자가 많아지면 증폭기가 별도로 필요하다.

• 인입선 : 분배 선으로부터 가입자 인입 단자 선까지의 전송선로

실전문제 1 다음 CATV의 구성 중 전송계의 구성요소가 아닌 것은?

가. 분배선	나. 간선증폭기
다. 연장증폭기	라. 헤드엔드

답 라

(3) 가입자 단말장치

① 헤드앤드에서 최종적으로 가입자의 인입선을 통해서 접속된 장치를 말한다.

② 가입자계는 옥내 분내기, CATV 컨버터, 홈터미널 장치(Home Terminal Unit :HTU), TV로 구성

13 CCTV(Closed Circuit Television : 폐쇄회로 텔레비전)

화상정보를 특정의 목적을 가지고 특정인에게 전달하는 전용 시스템이다. 원거리를 관찰하거나 보이지 않는 영역을 관찰할 때 또는 인체의 접근이 불가능한 환경의 관찰할 때에도 사용되고 은행, 교통상황 감시용을 사용된다. 크게 공업용, 교육용, 의료용으로 나눌 수 있다. 전화에도 사용이 가능하다.

(1) CCTV의 시스템 구성

CCTV의 시스템 구성은 촬상장치, 전송장치, 표시장치의 3개 부분이며 최근에는 여기에 기록 장치를 부가하는 경우가 많다.

14 CATV와 CCTV의 비교

분류	CCTV	CATV
전송 형식	단방향성 전송	쌍방향성 전송
방송 기능	상태의 감시와 보안	공중파 재전송, 자주적 방송
채널 수	단일채널	다수 채널
서비스 범위	한정된 지역에서 사용	광역 지역
시스템 구성	간단	복잡
망 구성 방식	성(Star)형	성(Star)형, 나무(Tree), 가지(Branch)형

실전문제 1 다음 중 호텔, 병원, 학교 등에서 방범, 방제 등의 목적에 주로 이용되는 것은?

가. CATV　　나. CCTV

다. VRS　　라. HDTV

답 나

실전문제 2 다음 CCTV의 기본적인 구성요소가 아닌 것은?

가. 촬상장치　　　　나. 전송장치

다. 교환장치　　　　라. 표시장치

답 다

15 팩시밀리(Facsimile)

문자나 도형으로 구성된 문서를 전기적인 수단에 의해 부호소자(화소전류)로 분해하여 송신하고 수신측에서 이를 조합하여 지면상에 재현시키는 통신 방식

(1) 팩시밀리의 원리

① **주사**(Scanning) : 송신부에서 송신 원화를 미세하게 분해해서 수신부에서 수신 원화를 다시 조립해 주는 것을 말한다. 즉, 화소(Pixels)수를 의미한다. 주사의 종류에는 원통주사와 평면주사가 있다.

② **광전변환**(O/E 변환) : 연속적인 신호를 다수 개 화소로 분해하면 명암 농도를 화소전류로 변환해야 한다. Analog식과 Digital이 있다.

③ **전송** : 변화된 화소전류를 송신 부로부터 멀리 떨어져 있는 수신 부에 전송하는 것을 말한다. 전송 매체로는 전화선 케이블과 동축케이블 그리고 광케이블이 있다.

④ **전광변환**(E/O 변환) : 전송되어진 화소전류 양의 변화에 따라서 본래 명암의 화소로 변환하여 수신기록 한다. 즉 기록 변환이다.

⑤ **동기** : 송 · 수신 장치의 회전과 위상 동기를 맞춘다.

(2) 팩시밀리의 협동계수

주사선 길이(L)와 주사선밀도(F)와의 곱을 말한다. K값이 송신측과 수신측이 일치하면 송신 화에서 보냈던 신호와 동일한 수신화가 얻어진다. 원통 방식인 경우에는 원통형 지

름과 주사선 밀도의 곱을 협동계수라 말한다. ITU-T에서 권고하는 송신협동계수는 264, 수신협동계수는 352로 정의하고 있다.

① 평면 협동계수(K) = 주사선 길이(L) × 주사선 밀도(F)

② 원통형 협동계수(M) = 원통의 지름(D) × 주사선 밀도(F)

(3) 사용목적에 따라서 분류할 때

① 특수 팩시밀리 ② 사진 팩시밀리

③ 문서 팩시밀리 ④ 컬러 팩시밀리

(4) 수신기록방식에 따라서 분류할 때

① 통전 감열 기록방식 ② 전해 기록방식

③ 방전 파괴 기록방식 ④ 전자 사진 기록방식

⑤ 전자 프린터 방식 ⑥ 정전 기록방식

(5) 팩스의 특징

① 정보 전달의 정확성 ② 정보 전달의 신속성

③ 정보 내용의 임의성 ④ 편리성

⑥ 송 · 수신자의 무제한성 ⑦ 기밀유지

⑧ 타기종과의 호환성 ⑨ 비용의 절감

(6) 부호화 방식

① 1차원 부호화 방식

동일 주사선상에 있는 화소 정보 간의 상관관계를 이용하여 부호화하는 방식이다.

② 2차원 부호화 방식

인접 주사선상에 있는 화소 정보 간의 상관관계를 이용하여 부호화하는 방식이다.

※ 전송 비용을 줄이기 위해서 ITU-T에서 권고하는 압축 기술이 있다.

① **1차원 부호화 방식**(MH : Modified Huffman) : 동일 주사선상에 화소정보(흑색과 백색)간의 상관관계를 이용해서 부호화하는 방식

② **2차원 부호화 방식**(MR : Modified Relative Element Address Designate) : 연속적인 2차원 정보에 대하여 부호화하고자 하는 주사선과 이전 주사선의 상관관계를 이용해서 부호화하는 방법

③ **고능률 부호화 방식**(MMR : Modified MR) : Group 4 팩스에서 화상정보 데이터를 부호화시켰을 때 사용하는 방식으로 1차원 방식이나 2차원 방식보다 높은 압축률을 가진다. 단점으로는 데이터 오류가 있으며 그 뒤의 화소는 다시 재현할 수 없기 때문에 오류 없는 데이터라고 인식이 되었을 때만 비로소 사용할 수 있는 방법

(7) FAX 권고안

<table>
<tr><th>분류
항목</th><th>Group 1</th><th>Group 2</th><th>Group 3</th><th>Group 4</th></tr>
<tr><td>팩시밀리 신호</td><td colspan="2">ANALOG</td><td colspan="2">DIGITAL</td></tr>
<tr><td>표준 원고크기</td><td colspan="2">A4</td><td>A4, B4, A5, B5</td><td>A4, B4, A3</td></tr>
<tr><td>접속망의 형태</td><td colspan="3">공중전화망</td><td>데이터망</td></tr>
<tr><td>화소의 수</td><td colspan="2">극히 제한적임</td><td>1728</td><td>1728/2074
/2592/3456</td></tr>
<tr><td>변조 방식</td><td>FM</td><td>AM-PM-VSB</td><td>PSK / QAM</td><td>망에서 사용하는
방식</td></tr>
<tr><td>전송속도</td><td colspan="2">2400[kbps]이하</td><td>2.4/4.8/
9.6[kbps]</td><td>2.4~48[kbps]
64[kbps](ISDN)</td></tr>
<tr><td>전송시간(A4)</td><td>6분</td><td>3분</td><td>1분</td><td>3 ~ 5(초)</td></tr>
<tr><td>대역압축기술</td><td colspan="2">없다.</td><td>MH, MR</td><td>MMR</td></tr>
<tr><td>오류정정</td><td colspan="2">없다.</td><td>재전송</td><td>HDLC 오류정정</td></tr>
</table>

16 텔레라이팅(Tele-Writing)

(1) 설명

① 문자, 음성, 도형 등 손으로 쓴 그래픽 wd보를 전화 회선을 통해 전송하는 기능을 갖는 것을 말한다.

② 전화기로 통화하면서 태블릿 위에다가 그림으로 전송할 수도 있다.

③ 쌍방향 통신이 가능하다.

④ ISDN 단말기에서 RS-232C 케이블을 연결하여 데이터를 전송할 수 있다.

(2) 텔레라이팅의 응용분야

① 전화 통화 시 약도의 전송이 가능하다.

② 사무소와 현장간의 도면의 실시간 조회와 검사가 가능하고 회의할 때 통화용 칠판으로도 사용된다.

③ 의료용과 교육용으로 사용된다.

17 믹스 모드형 단말기(MMT : Mixed Mode Terminal)

문자정보를 송수신할 수 있는 텔레텍스 단말기와 화상정보를 송수신할 수 있는 팩시밀리 단말기의 기능을 결합된 단말기를 말한다.

(1) MMT의 기능 문서 보관 기능 : 편집된 문서를 보관하는 기능

① **문서 편집 기능** : 도형/문자/화상정보를 편집할 수 있는 기능

② **문서 인쇄 기능** : 편집된 문서를 인쇄할 수 있는 기능

③ **문서 보관 기능** : 편집된 문서를 보관할 수 있는 기능

④ **문서 통신 기능** : Teletex, Group 4 Fax, MMT 연동해 통신할 수 있는 기능

CHAPTER 10

뉴미디어기기

1 뉴미디어의 특징
2 뉴미디어의 종류
3 비디오텍스
4 비디오텍스 도형 정보처리 기술
5 비디오텍스의 이용분야
6 부가가치 통신망(VAN : Value Added Network)
7 VAN의 서비스 제공기능
8 근거리 통신망
9 LAN의 기본기능
10 LAN의 특성
11 매체에 따른 전송제어 방식
12 종합정보통신망
13 ISDN 서비스
14 사용자 · 망 인터페이스
15 가입전신(Telex : 텔렉스)
16 문자전송(Teletex : 텔레텍스)
17 문자다중방송(Teletext : 텔레텍스트)
18 텔레텍스트의 특징
19 텔레텍스트 시스템의 전송방식
20 원격자동검침
21 정지화 방송
22 EDI와 E-MAIL의 비교
23 메시지 통신 시스템
24 메시지의 기본 구성
25 메시지 통신 시스템의 서비스
26 멀티미디어
27 멀티미디어의 기능
28 기타 출제경향

1 뉴미디어의 특징

① 상대방과 상호적으로 대화형식의 통신이 가능해야 한다.

② 뉴미디어는 쌍방향 통신기능이 있기 때문에 정보 접근이 쉽고 여러 가지 기능을 선택할 수 있다. 데이터를 보낸 측과 받는 측의 정보처리기술이 대등하게 비약적으로 발전되어야 한다.

③ 뉴미디어는 방송 매스미디어의 정보전달방법(end to center)과 전화와 같은 음성 정보전달방법(end to end)을 모두 갖추어야 한다.

④ 정보화 사회에서 뉴미디어는 매스미디어와 확연히 틀리게 개별적인 메시지 교환의 기능을 가지고 있기 때문에 다양한 정보제공 기능이 가능하고 정보의 획일화 현상에서 탈피할 수 있다.

⑤ 뉴미디어의 비동시성과 다양성은 사용자에게 선택의 폭을 넓게 해주고, 능동적으로 이용자로서의 위치를 나타내게 할 수 있다.

⑥ 데이터를 송 · 수신한 측의 정보처리기술이 대등해야 된다.

2 뉴미디어의 종류

(1) 유선계 뉴미디어

기존에 사용 중인 유선계 미디어가 단방향 CATV나 전화이었다면 현재의 유선계 뉴 미디어계는 쌍방향 CATV, 비디오텍스, 화상응답 시스템(VRS), 텔레비전 전화, 팩시밀리통신, PC통신, 텔레텍스, 근거리통신망(LAN), 부가가치통신망(VAN)등이 있는 선로를 근간으로 하는 통신을 말한다.

(2) 무선계 뉴미디어

기존에 무선계 미디어가 라디오나 텔레비전이었다면 무선계 뉴 미디어계는 위성통신, 문자다중방송(텔레텍스트), 고품위 텔레비전, 정지화 방송, 팩시밀리 방송, 직접위성 방송 등으로 공간을 매체로 하는 통신을 말한다.

(3) 패키지계(독립계)

기존에 패키지계 미디어가 VTR, 테이프, 레코드였다면 패키지계 뉴미디어는 비디오디스크, 디지털 오디오 디스크, 광디스크 등으로 독립적인 이동이 가능한 통신을 말한다.

실전문제 1 뉴미디어를 방송계, 통신계, 패키지계로 구분할 때 통신계에 해당하지 않는 것은?

가. VRS　　나. LAN

다. 위성방송　　라. 비디오 텍스

답 다

3 비디오텍스★

유선 쌍방향 화상정보 시스템을 말한다. 정보센터에 축적된 문자와 도형정보를 전화망을 이용하여 사용자 단말장치에 접속하는 쌍방향 통신기능을 가진 회화형 화상정보통신 서비스이다.

(1) 특징

① 대용량의 화상 정보의 축적이 가능하고, 빠른 검색 또한 가능해졌다.

② 쌍방향 대화형 화상 통신 서비스가 제공되어서 고객이 요구하는 것들을 상세하고 자세히 들을 수 있다.

③ 통신망으로는 전화망이 가장 일반적이지만 패킷교환망과 CATV망 그리고 구내 망 등도 이용된다.

④ TV 수상기로 정보를 제공하고 있다.

⑤ 정보검색, 예약업무, 홈뱅킹, 홈쇼핑 등 다양한 서비스를 제공할 수 있다.

⑥ 중앙 정보 센터에서 새로운 정보를 갱신할 수 있게 되었다.

⑦ 우리나라는 1980년대 데이콤에서 천리안이라는 서비스를 시작으로 비디오텍스 서비스가 처음 선보이게 되었다.

4 비디오텍스 도형 정보처리 기술

비디오텍스에서는 도형의 표시방법에 따라 알파 모자이크, 알파 지오메트릭, 알파 포토그래픽 방식이 "비디오텍스 서비스를 위한 국제 인터워킹" 에 제정되었다. 또한 IDS(국제 교신용데이터 신텍스)가 논의되어 3개의 데이터구문간에 상호통신이 가능하게 되었다.

(1) 알파 모자이크 방식(Alpha-Mosaic)

영국에 인근한 대부분의 유럽지역에서 사용하고 있다. 모자이크 도형은 1매의 그림을 일정한 크기의 블록으로 분할해서 미리 정해져 있는 모양으로 블록에 그림을 맞추는 표현방식이다. 이러한 모자이크 방식은 도형정보와 문자를 동일한 방법으로 인식하기 때문에 데이터양이 적을수록 좋고 표시 제어와 전송제어가 간단하다는 장점이 있다. 그러나 단점으로는 표현할 수 있는 능력의 한계가 크다. 이 방식은 시간표, 뉴스, 기상정보 등의 텍스트 정보 전송에 대부분 사용한다.

(2) 알파 포토 그래픽 방식(Alpha-photographic)

패턴방식이라고도 하며 일본의 CAPTAIN에서 처음 선택한 방식이다. 포토 그래픽 도형은 팩스와 같은 원리로 사용된다. 즉, 문자와 도형을 포함한 모든 정보를 도트 단위(화소)

로 분해하여, 그 도트 단위로 도형을 표출하는 방식이다. 이 방식의 장점은 단말장치가 간단하고 도형을 표현할 수 있는 능력이 높고 해상도가 가장 좋다. 그러나 단점은 많은 양의 데이터 전송 시 시간이 오래 걸린다.

(3) 알파 지오 메트릭 방식(Alpha-geometric)

캐나다 및 미국 등 주로 북미지역에서 이용되며 지오 메트릭 도형은 한 장의 그림윤곽을 근사적으로 점, 원호, 직선, 다각형의 기하학적 현상을 가진 도형요소를 사용해서 분해한다. 분해된 이 요소를 조합시켜서 표현하는 방식이다. 알파 모자이크 방식과 거의 유사하다. 그러나 알파 지오 메트릭 방식은 알파 모자이크 방식에 비해 더욱 세밀한 도형을 나타낼 수 있다는 장점이 있다. 그러나 단점은 장치가 고가이다.

※ 알파 모자이크 방식은 CEPT(Conference of European Postsland Telecommunication)이라 하고, 알파 포토 그래픽 방식은 CAPTAIN (Character And Pattern Telephone Access Information Network) 마지막으로 알파 지오 메트릭 방식 NAPLPS(North American Presentation Level Protocol Syntax)라고 한다.

실전문제 1 다음 비디오텍스의 방식 중 알파 지오 매트릭 방식이라고도 부르는 것으로 도형을 점, 선, 원호, 사각 등의 위치나 조합으로 표현한 것은?

가. CEPT 방식 나. CAPTAIM 방식
다. NAPLPS 방식 라. 패턴 방식

답 다

실전문제 2 비디오텍스의 기술방식에서 점, 선, 호, 원, 다각형과 같은 기하학적 요소의 조합에 의해 표현되는 방식은?

가. 알파 지오메트릭 방식 나. 알파 스캔 방식
다. 알파 모자이크 방식 라. 알파 포토그래픽 방식

답 가

5 비디오텍스의 이용분야

① **메시지 전달** : 전자우편, 여론조사, 실시간 주요뉴스

② **정보검색** : 주식정보, 일기예보, 인기 검색

③ **원격감지 서비스** : 의료정보(u-health), 도난이나 화재경보, 에너지 관리

④ **거래처리 서비스** : 홈쇼핑, 홈뱅킹

⑤ **전산처리 서비스** : 워드프로세서, 산술계산, 회계업무

6 부가가치 통신망(VAN : Value Added Network)

기간통신사업자(KT, 하나로)로부터 통신회선을 임차해서 기본적인 기능이 외의 기능을 추가하여 부가적인 가치를 창출하는 통신사업을 말한다.

7 VAN의 서비스 제공기능

① **전송기능** : 가장 기본적인 기능으로서 물리적 회선 전송 기능은 물리적 회선을 의미한다. 정보에 아무런 부가처리 없이 단순하게 전송하기만 하는 고유한 기능으로 경우에 따라서 VAN의 기능을 제외하기도 한다.

② **정보처리기능** : 일반적으로 현재 기업 전산실에서 사용되는 응용 소프트웨어를 사용한 제반 컴퓨터 처리를 말한다. 예를 들면 기업 내의 급여 관리 체계나 회계 관리, 판매 관리 등의 서비스를 처리하는 기능을 Network에서 제공하는 것을 의미한다.

③ **통신처리기능** : 정보가 가지고 있는 의미를 바꾸지 않고 표현 형식을 바꾸는 처리라고 한다. 기능은 전자사서함, 데이터 교환, 동보통신, 집 · 배신 기능, 프로토콜 변환, 속도 변환, 축적이 있다.

④ **교환기능** : 회선교환과 패킷교환 그리고 메시지 교환이 있다. VAN에서 가장 대표적인 기능이며 대종을 이루는 방식이 패킷교환방식이라 하고 최초의 VAN은 이 방식만을 지칭하였다. 현재는 고속 접속 회선교환방식이나 메시지교환방식도 VAN 서비스를 제공하고 있다.

8 근거리 통신망

한 건물이나 연구소 또는 대학과 같은 가까운 거리로 한정된 지역 내에서 분산 되어 있는 PC, 단말기, DB, 프린터와 같은 컴퓨터 연관된 자원을 서로 연결해서 정보를 처리 · 저장 · 전송하는 통신 시스템 방식을 말한다. 근거리 통신망에서는 다양한 정보기기와 많은 양의 정보들을 고속으로 교환할 수 있다. 근거리 통신망은 필요한 선로의 수를 축약할 수 있고 네트워크 제어방법과 함께 고성능 전달매체를 제공하기도 한다. 근거리 통신망은 연결 장비의 절차를 간소화 하고, 접속경비의 비율을 낮추며 대부분 근거리 통신의 특성인 간단하고 집중적인 데이터 트래픽 등을 다룰 수 있다.

① **전송 속도** : 0.1 ~ 100[Mbps]정도의 고속전송이 가능하다.

② **적용 거리** : 0.1 ~ 10[km]

③ **전송매체** : 광케이블이나 동축케이블과 같은 광대역 전송매체를 이용하며 근거리를 전송하고 있기 때문에 신호의 전송 반전시간이 아주 짧고 높은 속도로 전송 할 수 있다.

④ **프로토콜** : 전송로배정과 전송제어가 아주 간단한 편이다.

⑤ **전송오류율** : 일반 통신망 시스템과 똑같이 자원이 분배되어 있어 오류가 지역적으로 분산되고 있어서 전체 통신망 시스템의 전송오류율이 낮고 높은 품질의 전송매체를

이용하기 때문에 전송오류율이 매우 낮다.

⑥ **경제성** : 고성능의 기기를 공유함으로써 LAN의 전체적인 구성 가격은 비싸다. 허나 고성능의 시스템으로 구성할 수 있기에 경제성은 높다.

9 LAN의 기본기능

① 통신제어 기능

② 정보전달 기능

③ 신호변환 기능

10 LAN의 특성

① 경로설정이 불필요하다.

② 패킷의 지연이 거의 없다.

③ 종합적인 정보처리 능력이 있다.

④ 확장성과 재 배치성이 풍부

⑤ 단일 기간의 소속

⑥ 에러율이 매우 낮다.

⑦ 네트워크 내의 어떠한 기기 간에도 정보의 전송이 가능하다.

⑧ 광케이블의 사용으로 고속 통신이 가능하다.

11 매체에 따른 전송제어 방식

(1) CSMA(Carrier Sense Multiple Access)

① 반송파 감지 다중 접근 방식이라 말한다.

② 회선이 사용 중이면 메시지 송신을 다음으로 미루고, 사용 중이 아니면 송신을 하는 방식이다.

③ 통신 중에 데이터의 충돌을 감소시키기 위한 방식이다.

(2) CSMA/CD(Carrier Sense Multiple Access/Collision Detect)

① 반송파 감지 다중 접근의 충돌 검출방식이다.

② CSMA와는 다르게 데이터 메시지를 송신했을 때 데이터 메시지를 송신한 다음에도 계속해서 통신회선을 감시해서 충돌했는지 여부를 감지한다. 만약에 메시지가 충돌했다면 충돌한 지점에서 메시지 송신을 중지한 후에 충돌이 있나 다시 조사하고 없으면 그때 송신을 수행하는 방식이다.

(3) 토큰 전달 방식

① 미리 결정된 순서대로 채널의 사용 권리를 인수 · 인계하는 방법이다.

② 토큰이란 "전송권리" 또는 "사용우선순위권"을 의미한다.

③ 가장 큰 장점은 한 노드가 메시지 전송하기 위해서 반드시 토큰을 획득해야 하기 때문에 전송을 원하는 노드들 간의 충돌이 절대 없다.

④ 토큰버스 방식과 토큰링 방식이 있다.

⑤ 토큰을 획득한 노드는 자신의 메시지 전송을 완료한 후에 토큰을 다음 노드에게 인계해서 모든 노드를 비교적 균등하게 전송 제공받게 된다.

12 종합정보통신망

ISDN은 음성 및 비 음성(데이터, 화상 등)의 다양해진 통신서비스를 하나의 통신망으로 통합하여 종합적으로 제공할 수 있는 통신 시스템을 말한다.

13 ISDN 서비스

ISDN 서비스란 망과 단말장치가 사용자에게 제공하는 통신기능을 말한다.

① **베어러 서비스** : 하위계층(1 ~ 3계층) 기능만을 제공하는 서비스

② **텔레 서비스** : 하위계층(1 ~ 3계층)에서 상위계층(4 ~ 7계층)까지의 기능 모두를 제공하는 서비스

③ **부가 서비스** : 음성, 데이터, 텍스트와 영상 등의 기본서비스에 추가되어서 새로운 서비스 기능을 부가적으로 추가한 서비스를 말하며, 독립적인 서비스로는 존재할 수 없다.

④ **텔레커뮤니케이션 서비스** : 종합정보통신망에서 제공하는 통신서비스 기능을 모두를 말한다.

14 사용자 · 망 인터페이스

① ISDN의 채널 종류에는 3가지가 있는데 B · D · H 채널로 구분된다.

② **B채널** : 64[kbps]이하의 전송속도로 사용하며 사용자 정보를 채널로 사용한다.

③ **D채널** : 다이얼링 신호 등과 같은 신호 정보채널로 사용한다.

④ **H채널** : 고속 Fax나 동영상과 같은 고속의 사용자 정보를 운반한다.

⑤ **A채널** : 아날로그 음성 신호를 전송하는데 사용된다.
(음성주파수 약 4[㎑]를 의미한다.)

종류	채널 구조	비고
기본 액세스	B + B + D = 2B + D	B : 64[kbps], D : 16[kbps]
다중 액세스	nB + D	n : 최대 23, D : 64[kbps]
고속 액세스	H + D	H : 384, 1536[kbps]
복합 액세스	mH + nB + D	D : 16/64[kbps]

15 가입전신(Telex : 텔렉스)

(1) 가입전신의 설명

가입전신은 교환기를 통해서 임의의 대상을 호출해서 통신하는 방식으로서 50[baud]정도의 저속으로 통신을 행하는 방식을 말한다.

(2) 가입전신의 장점과 단점

① 기록통신이 가능하다.

② 요금이 저렴하다.

③ 부재중 통신이 가능하다.

④ 국제간 통신에 유리하다.

⑤ 특정 가입자간 방송통신이나 회의 통신이 가능하다.

⑥ 에러 검출 기능이 미흡하다.

⑦ 통신 속도가 저속이다.

⑧ 사용 문자에 제한이 있다.

16 문자전송(Teletex : 텔레텍스)

텔렉스(Telex)를 사용하기 편리하게 발전시킨 것으로 문서를 편집하거나 수정 또는 보관, 검사할 수 있는 워드 프로세서기능과 함께 회선 교환망, 패킷 교환망, 전화 교환망 등의 통신망을 사용해서 빠른 속도로 문서를 송 · 수신할 수 있는 통신기능을 가진 단말장치를 말한다. 텔레텍스는 HDLC의 데이터 통신 전송 제어를 적용함으로써 FCS의 오류정정 기능을 적용한다. 2400[bps]의 기본속도를 이용해서 공중망(PSTN, PSDN)의 일반형 통신단말로 이용되어 양방향 통신이 가능하다.

(1) 텔레텍스의 기능

① 워드 프로세서 기능 보유(텔레텍스 = 텔렉스 + 워드 프로세서 기능)

② 2,400[bps] 전이중 고속통신이 가능하다.

③ 문서의 에러검사 기능과 보관기능이 있다.

④ 로컬부와 통신부의 완전 분리가 가능하다.

- 로컬부 : 문서 전송 중에도 계속적으로 문서작성과 편집이 가능
- 통신부 : 송수신 메모리 장치 간에도 통신이 수행되기 때문에 무인이어도 단말기 간에 자동으로 정보전송이 가능

⑤ 타 통신 서비스와의 호환이 가능하여 통신 프로토콜이 ISO의 OSI 참조 모델을 충실히 따름으로 국내외 통신이 가능하고, Fax나 Mixed Terminal과의 통신도 가능하다.

17 문자다중방송(Teletext : 텔레텍스트)

Television의 "Tele"와 문자 또는 글이란 뜻을 지닌" Text"의 합성용어로서 각종 정보를 부호화하여 TV전파에 송출하는 첨단기술이다.

실전문제 1 TV 채널대역 내에서 영상신호와 음성신호 대역으로 사용되지 않는 부분을 이용하는 방식은?

가. 텔레텍스트　　나. 비디오텍스
다. 텔렉스　　라. 텔렉텍스

답 가

18 텔레텍스트의 특징

① 단방향 통신

② DATA와 TV수상기를 합친 형태

③ 전파를 효율적으로 사용

④ 재방영 가능

19 텔레텍스트 시스템의 전송방식

(1) 코드화 방식

각 문자나 도형마다 지정된 코드를 사용하도록 하는 방식이다. 수신측에서는 문자나 도형의 형태와 크기, 종류 등을 메모리에 저장한 후에 문자 발생기가 마련되면 부호를 수신하면 문자 발생기가 대응되는 메모리부터 읽어내어서 화면에 출력하는 방식을 말한다. 특징은 전송속도가 빠르고, 정보 전송량이 많고 입력방법이 복잡하다.

(2) 패턴 방식(이미지 방식)

문자나 도형 패턴을 0과 1이라는 디지털 신호의 형태로 저장하여 전송하는 방식이다. 수신측에서는 메모리에 저장한 후에 원래의 상태로 재생하여 화면에 표현 하는 방식이다. 특징은 값이 싸고, 오자와 탈자가 적지만 전송속도가 느리고 정보전송량이 적다.

(3) 하이브리드 방식

부호화 방식과 패턴 방식의 혼합형으로 전송속도가 빠른 코드 방식으로 전송하고 문자는 부호화 방식으로 도형과 한자는 패턴 방식을 이용한다.

20 원격자동검침

공중전화통신망과 센서기술을 이용하여 전화회선이 사용되고 있지 않을 시간에 멀리 떨어져 있는 지점의 가스나 전기, 수도 등의 계량기에 사용량을 전기적 신호로 변환하여 통신회선으로 전송하는 자동 검침 시스템이다.

21 정지화 방송

정지 화면을 1화면만 전송하는 방식으로 수신 측의 메모리에 저장 후에 연속적으로 읽어 TV 수상기에 화상을 표시하는 방송을 말한다.

22 EDI와 E-MAIL의 비교

EDI(Electronic Data Interchange)는 기업간 거래에 관한 데이터와 문서를 표준화하여 컴퓨터 통신망으로 거래 당사자가 직접 전송 또는 수신하는 정보전달 시스템이다. (예 : 주문서, 납품서, 청구서 등)

	EDI	E-MAIL
전송방식	전자적	
신호의 형태	전자신호	
문서의 교환형태	시스템이 자동적으로 문서를 판독하거나 교환한다.	사람이 판독 가능한 상태로 문서를 보관한다.
재입력의 필요성	불필요	필요
전송 데이터의 형태	정형화된 상태의 데이터	비정형화된 상태의 데이터
최종 수신자 및 정보처리대상	컴퓨터 응용 프로그램	사람

실전문제 1 문서의 정형화 및 표준화된 양식과 코드를 이용하여 컴퓨터 처리가 가능한 상호간 통신에 의해 교환되는 시스템은?

가. TELETEXT　　나. MHS

다. EDI　　라. FAX

답 다

23 메시지 통신 시스템

문자 서비스로서 전 세계 메시지 교신의 규약인 ITU-X. 400계열 권고안을 사용하며 기존의 전자 사서함보다 발전된 형태로 사용하고 있는 일명 "전자우편 시스템"을 말한다.

(1) MHS(Message Handing system)의 기능

① **사용자 대응 기능** : 사용자의 지시에 따라서 편지의 형태를 편집한다.

② **메시지 전송 기능** : 주소가 적힌 봉투만을 보고 메시지를 전송한다.

③ **사서적 기능** : 수신한 메시지를 저장하는 기능

④ **물리적으로 메시지를 송신하는 기능**

⑤ **동보 서비스 기능** : 복수의 사용자에게 같은 메시지 전달 기능

⑥ **컴퓨터의 기능** : 다양한 부가 서비스를 제공한다.

실전문제 1 MHS(Message Handing System)의 기본 구성이 아닌 것은?

가. Message Transfer Agent(MTA) 나. User Agent(UA)

다. Message Analysis(MA) 라. Message Store(MS)

답 다

실전문제 2 MHS(Message Handing System)의 구성 요소로서 텔레텍스, 팩시밀리 등의 텔레매틱스 User가 이용하도록 하는 기능을 제공하는 것은?

가. UA(User Agent) 나. MTA(Message, Transfer Atent)

다. MS(Message Store) 라. AU(Access Unit)

답 라

24 메시지의 기본 구성

(1) 메시지 엔벨로프(message envelope)

수신 주소나 배달 방법의 제어 정보를 포함하고 있다.

(2) 메시지 콘텐트(message content)

우편 시스템의 실제적인 부분에 해당되며, 헤딩(Heading)과 보디(body)로 구성된다.

헤딩에는 메시지의 제목에 관한 정보가 포함되어 있고, 보디에는 사용자가 상대편에게 전달하려는 정보가 포함되어 있다.

25 메시지 통신 시스템의 서비스

(1) 메시지 전송(MT) 서비스

① **우선순위 지정 :** 느림, 보통, 고속의 우선순위에 의한 전송 서비스

② **동시통신(동보통신) :** 복수의 수신자들에게 동일한 메시지를 한번에 전달하는 서비스

③ **착신 메시지 정보 :** 메시지의 배달시각과 발신시각 그리고 부호화 정보타입 의 표시 서비스

④ **발신 메시지 정보 :** 발신지의 발신 접수시각, 부호화 정보타입 등의 표시 서비스

(2) 개인 간 메시지 통신(IPM) 서비스

① **비밀도 표시 :** 낮음, 보통, 중요의 수준으로 따른 등급 표시 서비스

② **문서 순서번호 :** 수신 확인과 반신 통지 등을 위한 메시지 순서번호의 서비스

③ **주제 표시 :** 메시지 내용의 요약을 표시 해 주는 서비스

④ **동보 수신자명 통지 :** 동보 수신처의 모든 수신자명에게 동시에 통지 서비스

⑤ **상호 참조 표시 :** 다른 메시지와 유사한 관련 표시 서비스

26 멀티미디어

다양한 미디어가 하나의 미디어로 통합된 새로운 형태의 미디어 말한다. 컴퓨터상에서 통합적으로 처리하기 위한 수단으로 사용되는 제반 미디어이다. 즉, 인식과 표현 그리고 지각, 저장, 전송미디어 등의 집합체를 말한다.

reference 멀티미디어 관련 정보처리의 요구사항

① 고성능 압축 기술
② 고속 통신망 구축
③ 다중 디지털 변환 기술
④ 대용량 저장 기술

27 멀티미디어의 기능

① 정보를 저장, 전송, 표현하는 기능 등 다양한 기능이 통합되어 있어야 한다.

② 저장 매체 : 음성과 그래픽 또는 동영상 등의 저장을 하기 위해 CD-ROM 등을 사용한다.

③ 데이터의 압축과 복원이 기능이 가능해야 한다.

28 기타 출제경향

실전문제 1 이동통신 단말기 중 안드로이드, 심비안, ios, 바다 등의 운영체제를 탑재하여 구동하는 단말기를 무엇이라 하는가?

답 스마트폰

실전문제 2 음성 신호를 패킷 데이터로 변환하여 인터넷망에서 전화 서비스를 제공하는 것은?

답 VoIP

실전문제 3 다음 중 전자 칩을 부착하고 무선통신기술을 이용하여 사물의 정보를 확인하고 감지하는 센서기술을 이용한 것은?

답 RFID

실전문제 4 고품질의 영상서비스를 언제 어디서나 제공할 수 있는 이동 멀티미디어 방송서비스가 가능한 것은?

답 DMB

실전문제 5 인공위성을 이용하여 위치, 속도 및 시간 측정을 가능하게 해주는 시스템은?

답 GPS

실전문제 6 인터넷 서핑은 물론 다양한 멀티미디어의 이용이 가능한 TV는?

답 스마트 TV

실전문제 7 다음 중 위치정보와 무선통신망을 이용하여 교통안내, 긴급구난, 인터넷 등 Mobile office를 제공하는 것은?

답 Telematics

저자 약력

김한기

현) (주)글로리원 연구개발 팀장

고광채

현) 경기과학기술대학교 전자통신과 겸임교수

정보전송공학(개론)&정보통신기기

1판 1쇄 발행 2015년 10월 10일
1판 3쇄 발행 2020년 04월 06일
저　　자 김한기, 고광채
발 행 인 이범만
발 행 처 **21세기사** (제406-00015호)
경기도 파주시 산남로 72-16 (10882)
Tel. 031-942-7861　　Fax. 031-942-7864
E-mail : 21cbook@naver.com
Home-page : www.21cbook.co.kr
ISBN 978-89-8468-559-8

정가 25,000원

이 책의 일부 혹은 전체 내용을 무단 복사, 복제, 전재하는 것은 저작권법에 저촉됩니다.
저작권법 제136조(권리의침해죄)1항에 따라 침해한 자는 5년 이하의 징역 또는 5천만 원 이하의 벌금에 처하거나 이를 병과(倂科)할 수 있습니다. 파본이나 잘못된 책은 교환해 드립니다.